高等职业教育精品工程规划教材

电工技能训练

张明金　主　编

范爱华　朱　涛　副主编

王成琪　参　编

赵成民　主　审

电子工业出版社

Publishing House of Electronics Industry

北京·BEIJING

内 容 简 介

本书依据高等职业技术教育机电类、电气类及相关专业的培养计划对电工技能的要求，从职业技术教育教学改革的角度出发，以能力为本位，重视操作技能的培养，是集理论与实践为一体的专业课程教材。

本书共 8 个项目：安全用电及触电急救、电工基本操作工艺、常用电工仪表的使用、室内照明控制线路的装配、电动机的拆装与检修、常用低压电器的拆装与检修、继电器—接触器基本控制线路的装配与检修、典型机床电气控制线路的分析与检修。

本书可作为高等职业院校、高等专科学校、成人高校机电类、电气类专业的教材，也可供工程技术人员参考。

未经许可，不得以任何方式复制或抄袭本书之部分或全部内容。

版权所有，侵权必究。

图书在版编目（CIP）数据

电工技能训练 / 张明金主编. —北京：电子工业出版社，2015.7

ISBN 978-7-121-26082-7

Ⅰ. ①电… Ⅱ. ①张… Ⅲ. ①电工技术—高等职业教育—教材 Ⅳ. ①TM

中国版本图书馆 CIP 数据核字（2015）第 103795 号

策划编辑：郭乃明
责任编辑：郝黎明
印　　刷：涿州市京南印刷厂
装　　订：涿州市京南印刷厂
出版发行：电子工业出版社
　　　　　北京市海淀区万寿路 173 信箱　邮编　100036
开　　本：787×1 092　1/16　印张：16.25　字数：416 千字
版　　次：2015 年 7 月第 1 版
印　　次：2015 年 7 月第 1 次印刷
定　　价：36.00 元

凡所购买电子工业出版社图书有缺损问题，请向购买书店调换。若书店售缺，请与本社发行部联系，联系及邮购电话：（010）88254888。

质量投诉请发邮件至 zlts@phei.com.cn，盗版侵权举报请发邮件至 dbqq@phei.com.cn。

服务热线：（010）88258888。

前　　言

本书依据高等职业技术教育机电类、电气类及相关专业的培养计划对电工技能的要求，从职业技术教育教学改革的角度出发，以能力为本位，重视操作技能的培养，是集理论与实践为一体的专业课程教材。

本书根据高职高专人才培养的目标，以"工学结合，项目引导，任务驱动，'做中学、学中做、学做一体、边学边做'一体化"为原则编写，以操作工艺为主线，结合维修电工中级工技术要求，以工作任务引领的方式将相关知识点融入完成工作任务所必备的工作项目中，突出对学生进行规范化的工程技能训练。本书在内容上注重广泛性、科学性和实用性，从工程实际角度出发，培养学生分析和解决实际问题的能力、工程实践能力和创新意识。

本书在编写的过程中，本着"精选内容，打好基础，培养能力"的精神，力求讲清基本概念。各项目分成若干任务，各任务以任务引入、任务目标、相关知识、技能训练、问题思考为主线而编写。在知识讲解中，语言力求简练流畅。

本书由徐州工业职业技术学院张明金担任主编，负责制定了编写大纲。扬州工业职业技术学院范爱华老师、徐州工业职业技术学院朱涛老师担任副主编，徐州经贸高等职业学校王成琪老师为参编。其中项目1、2由范爱华编写，项目3、4由朱涛编写，项目5由王成琪编写，项目6、7、8由张明金编写。全书由张明金统稿、定稿。

本书由徐工轮胎集团有限公司赵成民高级工程师担任主审，他对本书的书稿进行了认真仔细的审阅，并提出了许多宝贵的意见。

本书编写过程中，得到了编者所在学院的各级领导及同事们的支持与帮助，在此表示感谢。同时对书后所列参考文献的各位作者表示深深的感谢。

由于编者水平所限，书中不妥之处在所难免，在取材新颖和实用性等方面定有不足，敬请各位读者提出宝贵意见。

编　者
2015 年 2 月

目　　录

项目 1　安全用电及触电急救

 **项目内容**

电有"电老虎"之称，从事电气操作的人员不但应该拥有一定的操作技能，还必须首先掌握进行电气作业时的人身安全、电气消防与触电急救常识。本项目的主要内容有：

✦ 安全用电常识。
✦ 节约用电的意义和措施。
✦ 触电的种类和方式、触电的原因及预防措施。
✦ 触电急救的措施。
✦ 电气防火、防爆、防雷常识。

 **项目目标**

✦ 掌握安全用电的要求，遵守安全用电的规定，了解安全用电和节约用电的方法。
✦ 了解触电的种类和方式。
✦ 了解预防触电的措施，理解保护接地和保护接零的原理。
✦ 能分析触电的常见原因，能对触电现场进行处理，会快速实施人工急救。
✦ 了解电气防火、防爆、防雷技术。

任务 1.1　安全用电与节约用电常识

 **任务引入**

电能在人类社会的进步与发展过程中起着极其重要的作用，电能作为二次能源的应用也越来越广泛。现代人类的日常生活和工农业生产中，越来越多地使用品种繁多的家用电器和电气设备。电能虽然能够给人们的生活和生产带来极大的便利，但是它对人类也构成了威胁：电气事故不仅能够毁坏用电设备，还会引起火灾；供电系统的故障可能导致用电设备的损坏或人身伤亡事故，也可能导致局部或大范围停电，甚至造成严重的社会灾难；触电会造成人员的伤亡。因此，宣传安全用电知识和普及安全用电技能是人们安全合理地使用电能，避免用电事故发生的关键因素。为了保障人身、设备的安全，国家按照安全技术要求颁布了一系列的规定和规程。这些规定和规程主要包括电气装置规程、电气装置检修规程和安全操作规程，统称为安全技术规程。

随着国家电力工业的飞跃发展，工农业生产和人民群众的日常生活对电能的需求量越来越大，但电力供应的缺口仍然很大。养成节约用电的习惯、推广节约用电的经验和方法是所有电气工作从业人员义不容辞的责任。

任务目标

了解触电的概念、方式和原因；理解安全用电的原则；掌握安全用电的措施；遵守安全用电操作规程；养成安全用电和节约用电的良好习惯。

任务实施

【相关知识】——学一学

1.1.1 安全用电

1. 安全用电的意义

电，一方面造福人类，另一方面又对人类构成威胁。在用电过程中，必须特别注意电气安全，如果稍有麻痹或疏忽，就有可能造成严重的人身触电事故，或者引起火灾或爆炸。触电事故是人体触及带电体的事故，主要是电流对人体造成的危害，是电气事故中最为常见的。

2. 人体触电的基本知识

（1）触电的危害

在日常生活和工作中，人体因触及带电体而受到电压作用，造成局部受伤甚至死亡的现象，称为触电。人体触电时，电流通过人体而产生伤害。电流对人体的伤害，按其性质可分为电击和电伤两种。

① 电击。是指电流使人体内部器官受到损害。触电时，肌肉发生收缩，如果触电者不能迅速摆脱带电部分，电流将持续通过人体，最后因神经系统受到损害，使心脏和呼吸器官停止工作而趋于死亡。所以电击危险性最大，而且也是经常遇到的一种伤害。

② 电伤。是指因电弧或熔丝熔断时飞溅的金属微粒等对人体造成的外部伤害，如烧伤、金属微粒溅伤等。电伤的危险虽不像电击那样严重，但也不容忽视。

（2）电流对人体的伤害程度

人体触电伤害程度与通过人体电流的大小、电流通过人体时间的长短、电流通过人体的部位、通过人体电流的频率、触电者的身体状况等有关。

① 电流的大小。通过人体的电流越大，致命危险就越大。以工频电流为例，实验表明：当1mA 左右的电流通过人体时，会产生麻刺等不舒服的感觉；10～30mA 的电流通过人体，会产生麻痹、剧痛、痉挛、血压升高、呼吸困难等症状，但通常不致有生命危险；若电流达到 50mA 以上，就会引起心室颤动而有生命危险；100mA 以上的电流足以致人于死地。

② 触电时间。电流通过人体的时间越长，会使人体发热和人体组织的电解液成分增加，导致人体电阻降低，反过来又使通过人体的电流增加，触电的危险亦随之增加。即电流通过人体的时间越长，危险也就越大；触电时间超过人体的心脏搏动周期（约 750ms），或触电正好开始于搏动周期的易损伤期时，危险最大。

③ 电流路径。触电后电流通过人体的路径不同，伤害程度也不同。最危险的是电流由左手流经胸部，这时心脏直接处在电路中，途径最短，会造成心跳停止。

④ 电流的种类。电流的类型不同，对人体的损伤也不同。直流电一般引起电伤，而交流电则电伤与电击同时发生，特别是 40～100Hz 的交流电对人体最危险。不幸的是，人们日常使用的

工频市电（我国为 50Hz）正是这个危险的频段。当交流电的频率达到 20000Hz 时对人体危害很小，用于理疗的一些仪器采用的就是这个频段。

⑤ 人体的体质。对患有心脏病、内分泌失调、肺病、精神病等疾病的人员，触电时最危险。

⑥ 人体的电阻。人的皮肤干燥或者皮肤较厚的部位其电阻比较高。通常人体的电阻在 1～100kΩ 范围内变化，人体电阻越大，受电流伤害越轻。细嫩潮湿的皮肤，电阻可降到 1kΩ 以下。接触的电压升高时，人体电阻会大幅度下降。

（3）触电的方式

① 单相触电。在低压电力系统中，若人站在地上接触到一根相线，即为单相触电或称单线触电，如图 1-1 所示，这是常见的触电方式。如果系统中性点接地，则加于人体的电压为 220V，流过人体的电流足以危及生命，如图 1-1（a）所示。中性点不接地时，虽然线路对地绝缘电阻可起到限制人体电流的作用，但线路对地存在分布电容、分布电阻，作用于人体的电压为线电压 380V，触电电流仍可达到危害生命的程度，如图 1-1（b）所示。人体接触漏电的设备外壳，也属于单相触电，如图 1-1（c）所示。

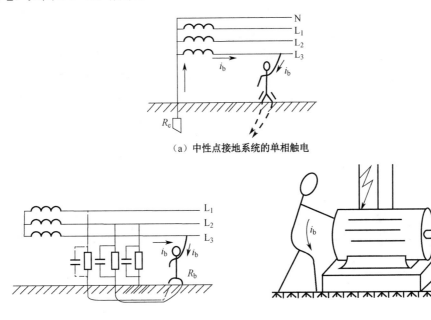

（a）中性点接地系统的单相触电

（b）中性点不接地系统的单相触电　　　　（c）接触漏电设备外壳的单相触电

图 1-1　单相触电

② 两相触电。人体不同部位同时接触两相电源带电体而引起的触电称为两相触电，如图 1-2 所示。无论电网中性点是否接地，人体所承受的线电压均比单相触电时要高，危险性更大。

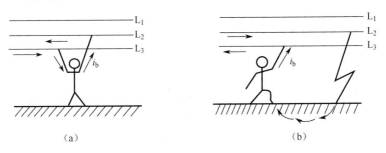

（a）　　　　　　　　　　　　　　　　（b）

图 1-2　两相触电

③ 跨步电压触电。当外壳接地的电气设备绝缘损坏而使外壳带电，或导线断落发生单相接地故障时，电流由设备外壳经接地线、接地体（或由断落导线经接地点）流入大地，向四周扩散，在导线接地点及周围形成强电场，其电位分布以接地点为圆心向周围扩散，一般距接地体20m远处的电位为零。电流在接地点周围土壤中产生电压降。

人在接地点周围，两脚之间出现的电位差即为跨步电压。由此造成的触电称为跨步电压触电，如图1-3（a）所示。

在低压380V的供电网中，如果有一根线掉在水中或潮湿的地面，在此水中或潮湿的地面上就会产生跨步电压。

在高压故障接地处，同样会产生更加危险的跨步电压，所以在检查高压设备接地故障时，室内不得接近故障点4m以内，室外（土地干燥的情况下）不得接近故障点8m以内。一般离接地体20m以外，就不会发生跨步电压触电。

④ 接触电压触电。电气设备由于绝缘损坏或其他原因造成漏电故障时，如果人体的两个部分（手和脚）同时接触设备外壳和地面时，人体两部分会处于不同的电位，其电位差即为接触电压，如图1-3（b）所示。由接触电压造成的触电事故称为接触电压触电。在电气安全技术中，接触电压是以站立在距漏电设备接地点水平距离为0.8m处的人，当其手触及的漏电设备外壳距地1.8m高时，手脚间的电位差U_T作为衡量基准，如图1-3（b）所示。接触电压值的大小取决于人体站立点与接地点的距离，距离越远，则接触电压值越大；当距离超过20m时，接触电压值最大，即等于漏电设备上的电压U_{Tm}；当人体站在接地点与漏电设备接触点时，接触电压为零。

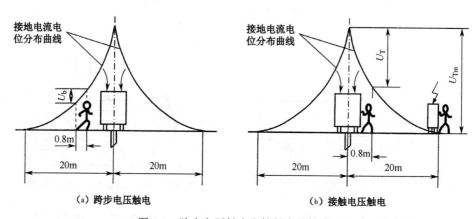

图1-3　跨步电压触电和接触电压触电

接触电压和跨步电压的大小与接地电流、土壤电阻率、设备接地电阻及人体的位置有关。当接地电流较大时，接触电压和跨步电压会超过允许值而引发人身触电事故，特别是在发生高压接地故障或雷击时，会产生很高的接触电压和跨步电压。

⑤ 静电触电。在检修电器或科研工作中，有时电气设备虽已断开电源，但在接触设备某些部位时仍会发生触电，这在有高压大容量电容器的情况下会有一定的危险。特别是质量好的电容器能长期储存电荷，容易被忽略。

（4）触电原因

触电分为直接触电和间接触电两种情况。直接触电是指人体直接接触或过分接近带电体而触电；间接触电是指人体触及正常时不带电而发生故障时才带电的金属导体。

触电的场合不同，引起触电的原因也不同。常见的触电原因主要有以下几种情况。

① 线路架设不合规格。线路架设不合规格主要表现在：室内外线路对地距离、导线之间的

距离小于容许值；通信线、广播线与电力线间隔距离过近或同杆敷设；线路绝缘破损；有的地区为节省电线而采用一线一地制送电等。

②　电气操作制度不严格。电气操作制度不严格主要表现在：带电操作时，不采取可靠的保护措施；不熟悉电路和电器时，盲目修理；救护已触电的人时，自身却未采用安全保护措施；停电检修时，不挂电气安全警示牌；使用不合格的保护工具检修电路和电器；人体与带电体过分接近，又无绝缘措施或屏护措施；在架空线上操作，不在相线上加临时接地线；无可靠的防高空跌落措施；高压线路落地，造成跨步电压引起对人体的伤害等。

③　用电设备不合要求。用电设备不合要求表现在：电气设备内部绝缘低或损坏，金属外壳无保护接地措施或接地电阻太大；开关、闸刀、灯具、携带式电器绝缘外壳破损，失去防护作用；开关、熔断器误装在中性线上，一旦断开，就使整个线路带电。

④　用电不规范。用电不规范表现在：违反布线规程，在室内乱拉电线；随意加大熔断器的熔丝规格；在电线上或电线附近晾晒衣物；在电杆上拴牲口；在电线（特别是高压线）附近打鸟、放风筝；在未切断电源时，移动家用电器；打扫卫生时用水冲洗或用湿布擦拭带电器或线路等。

⑤　其他偶然因素，如人体受雷击等。

3．电工安全操作知识

国家有关部门颁布了一系列的电工安全规程规范，各地区电业部门及各单位主管部门也对电气安全有明确规定，电工必须认真学习，严格遵守。为避免违章作业引起触电，首先应熟悉以下电工基本的安全操作要点。

①　工作前必须检查工具、测量仪表和防护用具是否完好。上岗时必须戴好规定的防护用品，一般不允许带电作业。工作前应详细检查所用工具是否安全可靠，了解场地、环境情况，选好安全工作位置。

②　任何电气设备在未经验明无电时，一律视为有电，不准用手触及。各项电气工作要认真严格执行"装得安全，拆得彻底，检查经常，修理及时"的规定。在线路上、设备上工作时要切断电源，并挂上警告牌，验明无电后才能进行工作。不准无故拆除电气设备上的熔丝及过负荷继电器或限位开关等安全保护装置。机电设备安装或修理完工后在正式送电前，必须仔细检查绝缘电阻及接地装置和传动部分的防护装置，使之符合安全检查要求。

③　发生触电事故应立即切断电源，并采用安全、正确的方法立即对触电者进行救助和抢救。当电器发生火警时应立即切断电源。在未断电前，应用四氯化碳、二氧化碳或干粉灭火器灭火，严禁用水或普通酸碱泡沫灭火器灭火。

④　装接灯头时开关必须控制相线。临时线路敷设时应先接地线，拆除时应先拆相线。在使用电压高于 36V 的手电钻时，必须戴好绝缘手套，穿好绝缘鞋。使用电烙铁时，安放位置不得有易燃物或靠近电气设备，用完后要及时拔掉插头。工作中拆除的电线要及时处理好，带电的线头必须用绝缘带包扎好。

⑤　高空作业时应系好安全带，扶梯脚应有防滑措施。登高作业时，工具、物品不准随便向下扔，必须装入工具袋内做吊送式传递。地面上的人员应戴好安全帽，并离开施工区 2m 以外。

⑥　雷雨或大风天气严禁在架空线路上工作。

⑦　低压架空带电作业时应有专人保护，使用专用绝缘工具，戴好专用防护用品。低压架空带电作业时，人体不得同时接触两根线头，不得越过未采取绝缘措施的导线之间。在带电的低压开关柜（箱）上工作时，应采取防止相间短路及接地等安全检查措施。

⑧ 配电间严禁无关人员入内。外单位参观时必须经有关部门批准，由电气工作人员带入。倒闸操作必须由专职电工进行，复杂的操作应由两人进行，一人操作，一人监护。

4．安全用电的措施

（1）直接触电预防

① 绝缘措施。良好的绝缘是保证电气设备和线路正常运行的必要条件，是防止触电事故的重要措施。选用绝缘材料必须与电气设备的工作电压、工作环境和运行条件相适应。不同的设备或电路对绝缘电阻的要求不同。例如，新装或大修后的低压设备和线路，绝缘电阻不应低于 $0.5M\Omega$；运行中的线路和设备，绝缘电阻要求每伏工作电压 $1k\Omega$ 以上；高压线路和设备的绝缘电阻不低于每伏 $1000M\Omega$。

② 屏护措施。采用屏护装置，常用电器的绝缘外壳、金属网罩、金属外壳，变压器的遮栏、护罩、护盖、栅栏等可将带电体与外界隔绝开来，以杜绝不安全因素。凡是金属材料制作的屏护装置，应妥善接地或接零。

③ 间距措施。为防止人体触及或过分接近带电体，在带电体与地面间、带电体与其他设备间，应保持一定的安全间距。间距大小取决于电压的高低、设备类型、安装方式等因素。

④ 漏电保护。漏电保护又称为残余电流保护或接地故障电流保护。漏电保护仅能作附加保护而不应单独使用，其动作电流最大不宜超过 30mA。

⑤ 使用安全电压。电流通过人体时，人体承受的电压越低，触电伤害就越轻。当电压低于某一值后，就不会造成触电了。这种不带任何防护设备，对人体各部分组织均不造成伤害的电压值，称为安全电压。世界各国对于安全电压的规定值有 50V、40V、36V、25V、24V 等，其中以 50V、25V 居多。国际电工委员会（IEC）规定安全电压限定值为 50V，我国规定 12V、24V、36V 三个电压等级为安全电压级别。在湿度大、狭窄、行动不便、周围有大面积接地导体的场所（如金属容器内、矿井内、隧道内等）使用的手提照明，应采用 12V 的安全电压。凡手提照明器具，在危险环境、特别危险环境的局部照明灯，高度不足 2.5m 的一般照明灯、携带式电动工具等，若无特殊的安全防护装置或安全措施，均应采用 24V 或 36V 安全电压。安全电压的规定是从总体上考虑的，对于某些特殊情况，某些人也不一定绝对安全，所以，即使在规定的安全电压下工作，也不可粗心大意。

（2）间接触电预防

① 加强绝缘。对电气设备或线路采取双重绝缘，可使设备或线路绝缘牢固，不易损坏。即使工作绝缘损坏，还有一层加强绝缘，不致发生因金属导体裸露而造成的间接触电。

② 电气隔离。采用隔离变压器或具有同等隔离作用的发电机，使电气线路和设备的带电部分处于悬浮状态。即使线路或设备的工作绝缘损坏，人站在地面上与之接触也不易触电。必须注意，被隔离回路的电压不得超过 500V，其带电部分不能与其他电气回路或大地相连。

③ 自动断电保护。在带电线路或设备上采取漏电保护、过流保护、过压或欠压保护、短路保护、接零保护等自动断电措施，当发生触电事故时，在规定时间内能自动切断电源，起到保护作用。

④ 等电位环境。是将所有容易同时接近的裸导体（包括设备外的裸导体）互相连接起来等化其间电位，防止接触电压。等电位范围不应小于可能触及带电体的范围。

（3）使用安全标志

安全标志由安全色、几何图形和图形符号构成，用以表达特定的安全信息。安全标志可提醒人们注意或按标志上注明的要求去执行，是保障人身和设施安全的重要措施，一般设置在光线充足、醒目、稍高于视线的地方。

安全色是表达安全信息含义的颜色，表示禁止、警告、指令、提示等。为了使人们能迅速发现或分辨安全标志和提醒人们注意，国家标准《安全色》（GB2893-82）中已规定传递安全信息的颜色。安全色规定为红、蓝、黄、绿四种颜色，其含义及用途为：红色表示禁止、停止或防火；蓝色表示指令必须遵守；黄色表示警告；绿色提示安全状态、通行。

为使安全色更加醒目的反衬色称为对比色。国家规定的对比色是黑、白两种颜色。安全色与其对应的对比色是：红—白，黄—黑，蓝—白，绿—白。

黑色用于安全标志的文字、图形符号和警告标志的几何图形。白色作为安全标志红、蓝、绿色的背景色，也可以用于安全标志的文字和图形符号。

《电力工业技术管理法规》（GB2681-81）中规定：电器母线和引下线应涂漆，并要按相分色。其中第 1 相（L1）为黄色；第 2 相（L2）为绿色；第 3 相（L3）为红色。涂漆的目的是区别相序、防腐蚀和便于散热。

该标准还规定：交流回路中零线和中性线用淡蓝色，接地线用黄—绿双色线；双芯导线或绞合线用红、黑色线并行；直流回路中正极用棕色，负极用蓝色，接地中线用淡蓝色。

国家标准《手持式电动工具的管理、使用、检查和维修安全技术规程》（GB3787-93）中特别强调在手持式电动工具的电源线中，黄—绿双色线在任何情况下只能用作保护接地线或零线。

（4）采用保护接地和保护接零措施

电气设备内部的绝缘材料若因老化或其他原因损坏出现带电部件与设备外壳形成接触，使外壳带电，极易造成人员触及设备外壳而发生触电事故。为防止事故发生，通常采用的技术防护措施有电气设备的低压保护接地和低压保护接零，以及在设备供电线路上安装低压漏电保护开关。

① 保护接地。就是将电气设备在正常情况下不带电的金属部分与大地做金属性连接，以保证人身的安全。在中性点不接地的系统中，设备外壳不接地而意外带电，外壳与大地间存在电压，人体触及外壳时，电流就会经过人体和线路对地阻抗形成回路，发生触电的危险，如图 1-4（a）所示。为了避免这种触电危险，应尽量降低人体所能触到的接触电压，应将电气设备的金属外壳与接地体相连接，即保护接地，如图 1-4（b）所示，此时碰壳的接地电流则沿着接地体和人体两条通路流过，流过每一通路的电流值将与其电阻的大小成反比，其接地电阻 R_e 通常小于 4Ω，人体电阻 R_b 在恶劣的环境下为 1000Ω 左右，因此，流过人体的电流很小，完全可以避免或减轻触电危害。

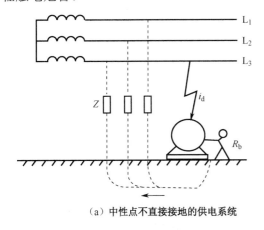

（a）中性点不直接接地的供电系统

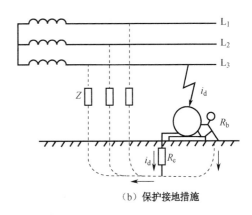

（b）保护接地措施

图 1-4　保护接地

保护接地适用于中性点不接地的低压电力系统中，如发电厂和变电所中的电气设备实行保护接地，并尽可能使用同一接地体。每一年都要测试接地电阻，确保阻值在规定的范围内。

　　② 保护接零。在中性点接地的电力系统中，将电气设备正常不带电的金属外壳与系统的零线相连接，这就是人们常说的保护接零，如图 1-5 所示。当电气设备的某一相因绝缘损坏而发生碰壳短路时，短路电流经外壳和零线构成闭合回路，由于相线和零线合成电阻很小，所以短路电流很大，立即将熔断器的熔丝熔断或使其他保护装置动作，迅速切断电源，防止触电。

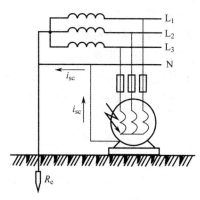

图 1-5　保护接零

　　为使保护接零更加可靠，零线上禁止安装熔断器和单独的开关，以防零线断开，失去保护接零的作用。

　　保护接零主要用于 380V/220V 及三相四线制电源中性点直接接地的配电系统中。

　　如图 1-6（a）所示为未采用重复接地，如果零线断开，当电气设备发生单相碰壳时，由于设备外壳既未接地，也未接零，其碰壳故障电流较小，不能使熔断器等保护装置动作而及时切除故障点，使设备外壳长期带电，人体一旦触及就会发生触电危险。故必须采用重复接地，即在三相四线制电力系统中，除将变压器的中性点接地外，还必须在中性线上不同处再行接地，即重复接地。重复接地电阻应小于 10Ω，如图 1-6（b）所示。可见，重复接地可使漏电设备外壳的对地电压降低，也使在中性线断线时的触电危险减少。

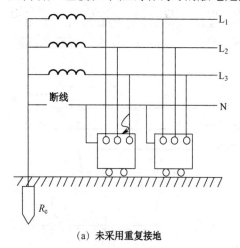
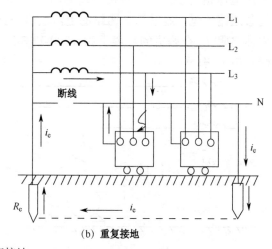

（a）未采用重复接地　　　　　　　　　　（b）重复接地

图 1-6　重复接地

　　应当注意，在同一个配电系统中，不能同时有一部分设备采用保护接地，而另一部分设备采用保护接零，否则当采用保护接地的设备发生单相接地故障时，采用保护接零的设备外露，可导电部分将带上危险的电压，这是十分危险的。保护接零只适用于中性点接地的三相四线制电力系统，保护接地只适用于中性点不接地的电力系统。

1.1.2 节约用电

随着国家电力工业的飞跃发展，工农业生产和人民群众的日常生活对用电的需求量也越来越大，但电力供应的缺口仍然很大。养成节约用电的习惯，推广节约用电的经验和方法是所有电气工作的从业人员义不容辞的责任。

1. 节约用电的科学管理方法

① 加强电能管理，建立和健全合理的管理机构和制度。

② 实行统筹兼顾，适当安排，确保重点，兼顾一般，择优供应的原则，做好电力供需平衡，对用电单位进行合理的电力分配。

③ 实行计划、供用电，提高电能利用率。

④ 实行"削峰填谷"的负荷调整。供电部门根据用户的不同用电规律，合理、有计划地安排各用户的用电时间，以降低负荷高峰，填补负荷低谷（即"削峰填谷"）。

⑤ 加强电力设备的运行维护和管理。

2. 节约用电的一般措施

（1）输配电节能

工农业生产中输配电的节能，主要涉及电力变压器的节能和配电线路的节能，这两项的损耗占工农业生产配电系统总损耗的 95% 以上。

① 电力变压器的节能。合理选择电力变压器：选择节能的变压器，优先选择 SL7、ST、S9 等系列低损耗油浸式电力变压器；在防火要求较高或环境潮湿多尘的场所，应选择 SC6 等系列环氧树脂浇注的干式变压器；对具有化学腐蚀性气体、蒸汽或具有导电性、可燃性粉尘，潮湿的场所，应选择 SL14 等系列密闭式变压器。合理地配置变压器的容量和数量，以减小电能损耗：对季节性变化较大的负荷，宜采用两台变压器、当负荷重时两台均运行，负荷轻时可断开一台，减少一台变压器的损耗；变压器的容量只要满足一、二级负荷的需要即可，计算负荷与额定容量的比值不宜过低，否则应更换较小容量的变压器。

② 配电线路的节能。配电线路网络状况、导线的种类、生产负荷的变化规律等因素都影响着配电线路的损耗，设法减少无功功率损耗是一项非常重要的措施。

（2）电动机节能

电动机所消耗的电能约占全国总发电量的 60%~70%。电动机节能的主要措施有如下几种。

① 优先选用新型节能电动机，如 Y 系列。

② 提高电动机的运行水平。电动机是工厂用得最多的设备，电动机的容量应合理选择。要避免用大功率电动机去拖动小功率设备（俗称大马拉小车）的不合理用电情况，要使电动机工作在高效率的范围内。

③ 当电动机的负载经常低于额定负载的 40% 时，要合理更换，以避免电动机经常处于轻载状态运行，或把正常运行时规定作△接法的电动机改为 Y 接法，以提高电动机的效率和功率因数。对工作过程中经常出现空载状态的电气设备（如拖动机床的电动机、电焊机等），可安装空载自动断电装置，以避免空载损耗。

④ 风机与水泵节电。风机、水泵一般容量较大，而且数量也较多，在工厂用电中占的比重相当大，因此节电潜力很大，风机、水泵节电的主要措施有：合理选择电动机的型号规格，使其与风机、水泵配置合理，提高运行效率；改善流量调节措施，减少流量调节损失；采用变频器控制电动机的转速来调节流量，取代采用挡板或阀控制流量的方法。

（3）提高功率因数

工矿企业在合理使用变压器、电动机等设备的基础上，还可装设无功补偿设备，以提高功率因数。企业内部的无功补偿设备应装在负载侧，例如，在负载侧装设电容器、同步补偿器等，可减小电网中的无功电流，从而降低线路损耗。

（4）推广和应用新技术，降低产品电耗定额

例如，采用远红外加热技术，可使被加热物体所吸收的能量大大增加，使物体升温快，加热效率高，节电效果好。远红外加热技术和硅酸铝耐火纤维材料配合使用，节电效果更佳。又如，采用硅整流器或晶闸管整流装置以代替其他整流设备，则可使整流效率提高。在工矿企业中有许多设备需要使用直流电源，如同步电机的励磁电源，化工、冶金行业中的电解、电镀电源，市政交通电车的直流电源等。以前这些直流电源大多是采用汞弧整流器或交流电动机拖动直流发电机发电，它们的整流效率低，若改用硅整流器或晶闸管整流装置，则效率可大为提高，节电效果甚为显著。此外，采用节能型照明灯，在大电流的交流接触器上安装节电消声器（即直流无声运行），加强用电管理和做好节约用电的宣传工作等，也都是节约用电的重要措施。

（5）家庭节约用电

照明用电约占我国用电量的 5%左右，一些发达国家高达 14%，提高照明节电的效率是节约电能的一个重要途径，具体措施如下。

① 合理选择高效率的电光源，如荧光灯、电子镇流器荧光灯、稀土三基色紧凑型荧光灯（节能灯）等。

② 充分利用自然光采光。采用节电照明控制电路，如楼梯、走廊的声光控制电路。

③ 电视机节电主要是控制好音量和亮度；电冰箱应放置在通风良好，远离热源的地方；洗衣机弱洗比强洗省电；电风扇运转速度越高，耗电越大，一般情况下电风扇低速运转既可消暑纳凉，又可节电；使用空调器应合理控制室内温度，并注意定期清洗滤网。

【问题研讨】——想一想

（1）人体触电有哪几种类型？试比较其危害程度。

（2）电流对人体的伤害与哪些因素有关？

（3）触电方式有哪些？

（4）什么是安全电压？我国规定的 12V、24V、36V 安全电压各适用于哪些场合？

（5）常见的触电原因有哪些？怎样预防触电？

（6）安全用电要注意哪些事项？

（7）工业中节约用电的主要措施有哪些？

（8）在日常生活中，应如何注意安全用电与节约用电？

（9）什么是保护接地？什么是保护接零？保护接地和保护接零是如何起到人身安全作用的？

（10）哪些电气设备的金属外壳要接地或接零？

（11）为什么在电源中性线上不允许安装开关或熔断器？

任务 1.2　触电急救

任务引入

人体触电以后，伤害程度严重时会出现神经麻痹、呼吸中断、心脏停止跳动等症状，如果处

理及时和正确，则因触电而假死的人有可能获救。所以，触电急救一定要做到动作迅速，方法得当。我国规定电工从业人员必须具备触电急救的知识和技能。

能区分触电的类型；掌握预防触电的措施、触电急救的要点；会处理触电现场；能快速实施人工急救；掌握口对口人工呼吸方法和人工胸外挤压法进行救护。

【相关知识】——学一学

1.2.1　触电急救知识

一旦发生触电事故，对触电者进行紧急救护的关键是在现场采取积极和正确的措施，以减轻触电者的伤情，争取时间，尽最大努力抢救生命，使触电而呈假死状态的人员获救；反之，任何拖延和操作失误都有可能带来不可弥补的后果，电工技术人员必须掌握触电急救技术。

1. 首先要尽快使触电者脱离电源

人体触电后，除特别严重的当场死亡外，常常会暂时失去知觉，形成假死。如果能使触电者迅速脱离电源并采取正确的救护方法，则可以挽救触电者的生命。实验研究和统计结果表明，如果从触电后 1min 开始救治，则 90%触电者可以被救活；从触电后 6min 开始救治，则仅有 10%的救活可能性；如果从触电后 12min 开始救治，则救活的可能性极小。因此，使触电者迅速脱离电源是触电急救的重要环节。

当发现有人触电时，不可惊慌失措，首先应当立即设法使触电者迅速而安全地脱离电源。根据触电现场的情况，通常采用以下几种方法使触电者脱离电源。

① 出事地附近有电源开关或插头时，应立即断开开关或拔掉电源插头，切断电源。

② 若电源开关远离出事地点时，应尽快通知有关部门立即停电。同时如果触电者穿的是比较宽松的干燥衣服，救护者可站在干燥木板上，用一只手抓住触电者的衣服将其拉离电源，如图 1-7 所示。但切不可触及带电者的皮肤。也可以用绝缘钳或干燥木柄斧子切断电源或用干燥木棒、竹竿等绝缘物迅速将导线挑开，如图 1-8 所示。

图 1-7　将触电者拉离电源　　　　　　　图 1-8　将触电者身上的电线挑开

③ 如果是低压触电，可用干燥的衣服、手套、绳索、竹竿、木棒等绝缘物作救护工具，使触电者脱离电源，不得直接用手或其他金属及潮湿的物体作为救护工具。

④ 对登高工作的触电者，解救时需采取防止摔伤的措施，避免触电者摔下造成更大的伤害。

④ 在使触电者脱离电源的过程中，抢救者要防止自身触电。例如，在没有绝缘防护的情况下，切勿用手直接接触触电者的皮肤。

2. 脱离电源后的判断

触电者脱离电源后，应迅速判断其症状。根据其受电流伤害的不同程度，采用不同的急救方法。

① 判明触电者有无知觉。触电如引起呼吸暂停及心脏颤动、停搏，要迅速判明，立即进行现场抢救。因为超过 5min，大脑将发生不可逆的损害，过 10min，大脑会死亡。因此，必须迅速判明触电者有无知觉，以确定是否需要抢救。可以用摇动触电者肩部、呼叫其姓名等方法检查他有无反应，若是没有反应，就有可能呼吸、心搏停止，这时应抓紧进行抢救工作。

② 判断呼吸是否停止。将触电者移到干燥、宽敞、通风的地方，将衣裤放松，使其仰卧，观察胸部或腹部有无因呼吸而产生的起伏动作，若不明显，可用手或小纸条靠近触电者的鼻孔，观察有无气流流动；或用手放在触电者胸部，感觉有无呼吸动作，若没有，说明呼吸已停止。

③ 判断脉搏是否搏动。用手检查颈部的颈动脉或腹股沟处的股动脉，看有无搏动，如有，说明心脏还在工作。另外，还可用耳朵贴在触电者心区附近，倾听有无心脏跳动的声音，若有，也说明心脏还在工作。

④ 判断瞳孔是否放大。瞳孔是受大脑控制的一个自动调节的光圈。如果大脑机能正常，瞳孔可随外界光线的强弱自动调节大小。处于死亡边缘或已死亡的人，由于大脑细胞严重缺氧，大脑中枢失去对瞳孔的调节功能，瞳孔会自行放大，对外界光线强弱不再做出反应。

1.2.2　现场急救的方法

1. 对不同情况的救治

触电者脱离电源之后，应根据实际情况，采取正确的救护方法，迅速进行抢救。

① 触电者神智尚清醒，但感觉头晕、心悸、出冷汗、恶心、呕吐等，应让其静卧休息，减轻心脏负担。

② 触电者神智有时清醒，有时昏迷。这时应一方面请医生救治，一方面让触电者静卧休息，密切注意其伤情变化，做好万一恶化的抢救准备。

③ 触电者已失去知觉，但有呼吸、心跳。应在迅速请医生的同时，解开触电者的衣领裤带，平卧在阴凉通风的地方。如果出现痉挛，呼吸衰弱，应立即施行人工呼吸，并送医院救治。如果出现"假死"，应边送医院边抢救。

④ 触电者呼吸停止，但心跳尚存，则应对触电者施行人工呼吸；如果触电者心跳停止，呼吸尚存，则应采取胸外心脏按压法；如果触电者呼吸、心跳均已停止，则必须同时采用人工呼吸法和胸外心脏按压法施行抢救。

2. 口对口人工呼吸法

人工呼吸法是帮助触电者恢复呼吸的有效方法，只对停止呼吸的触电者使用。在几种人工呼吸方法中，以口对口呼吸法效果最好，也最容易掌握。操作步骤如下：

（1）先使触电者仰卧，解开衣领、围巾、紧身衣服等，除去口腔中的黏液、血液、食物、假牙等杂物。

（2）将触电者头部尽量后仰，鼻孔朝天，颈部伸直。救护人一只手捏紧触电者的鼻孔，另一只手掰开触电者的嘴巴，救护人深吸气后，紧贴着触电者的嘴巴大口吹气，使其胸部膨胀；之后救护人换气，放松触电者的嘴、鼻，使其自动呼气。如此反复进行，吹气 2s，放松 3s，大约 5s 一个循环。

（3）吹气时要捏紧触电者鼻孔，用嘴巴紧贴触电者嘴巴，不使漏气，放松时应能使触电者自动呼气。其操作示意图如图 1-9 所示。

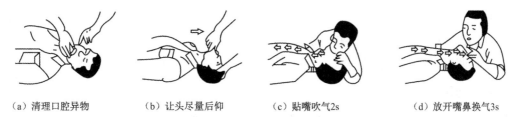

　（a）清理口腔异物　　　　（b）让头尽量后仰　　　　（c）贴嘴吹气2s　　　　（d）放开嘴鼻换气3s

图 1-9　口对口人工呼吸法

④ 如触电者牙关紧闭，无法撬开，可采取口对鼻吹气的方法。

⑤ 对体弱者和儿童吹气时用力应稍轻，不可让其胸腹过分膨胀，以免肺泡破裂。当触电者自己开始呼吸时，人工呼吸应立即停止。

3. 胸外心脏按压法

胸外心脏按压法是帮助触电者恢复心跳的有效方法。当触电者心脏停止跳动时，救护者有节奏地在胸外廓加力，对触电者心脏进行挤压，代替心脏的收缩与扩张，以达到维持血液循环的目的。其操作要领如图 1-10 所示。

① 将触电者衣服解开，使其仰卧在硬板上或平整的地面上，找到正确的挤压点。通常是，救护者伸开手掌，中指尖抵住触电者颈部凹陷的下边缘，手掌的根部就是正确的压点，如图 1-10（a）所示。

② 救护人跪跨在触电者腰部两侧的地上，身体前倾，两臂伸直，两手相叠（左手掌压在右手背上），如图 1-10（b）所示，以手掌根部放至正确压点。

③ 掌根均衡用力，连同身体的重量向下挤压，压出心室的血液，使其流至触电者全身各部位。压陷深度为成人 3～5cm，如图 1-10（c）所示，对儿童用力要轻。太快、太慢或用力过轻过重，都不能取得好的效果。

④ 挤压后掌根突然抬起，见图 1-10（d）所示，依靠胸廓自身的弹性，使胸腔复位，血液流回心室。

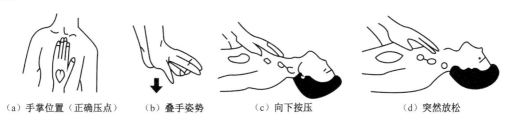

　（a）手掌位置（正确压点）　　（b）叠手姿势　　　（c）向下按压　　　（d）突然放松

图 1-10　胸外心脏按压法

重复（3）、（4）步骤，每分钟 60 次左右为宜。

总之，使用胸外心脏按压法要注意压点正确，下压均衡，放松迅速，用力和速度要适宜，要坚持做到心跳完全恢复。如果触电者心跳和呼吸都已停止，则应同时进行胸外心脏按压法和人工呼吸。一人救护时，两种方法可交替进行；两人救护时，两种方法应同时进行，但两人必须配合默契。

【技能训练】——做一做

1．训练内容

常用触电急救方法的观察与操作训练。

2．训练目的

① 学会根据触电者的触电症状，选择合适的急救方法。

② 掌握两种常用触电急救方法：口对口人工呼吸法和胸外心脏按压法的操作要领。

3．器材与工具

放像机、口对口人工呼吸法和胸外心脏按压法教学录像带，棕垫、医用纱布。

4．训练指导

（1）组织学生观看口对口人工呼吸法和胸外心脏按压法教学录像。

（2）口对口人工呼吸法模拟训练。

① 以一人模拟停止呼吸的触电者，另一人模拟施救人。"施救人"将"触电者"仰卧于棕垫上，宽松衣服，再将颈部伸直，头部尽量后仰，掰开口腔。

② "施救人"位于"触电者"头部一侧，用靠近头部的一只手捏住"触电者"的鼻子，并将这只手的外缘压住额部，另一只手托其颈部，将颈上抬，使头部尽量自然后仰。

③ "施救人"深呼吸后，用嘴紧贴"触电者"的嘴（中间垫一层纱布）吹气。

④ 吹气至"触电者"要换气时，应迅速离开"触电者"的嘴，同时放开捏紧的鼻孔，让其自动向外呼气。

按照上述步骤反复进行，对模拟触电者每分钟吹气 15 次左右。

以上模拟训练两人一组，交换进行，一定要认真体会操作要领。

（3）胸外心脏按压法模拟训练

① 将"触电者"仰卧在硬板上或平整的硬地面上（课堂练习时可仰卧在棕垫上），解松衣裤，"施救人"跪跨在模拟"触电者"腰部两侧。

② "施救人"将一只手的掌根按于触电者胸骨以下三分之一处，中指指尖对准颈根凹陷下边缘，另一只手压在那只手背上呈两手交叠状，肘关节伸直，向"触电者"脊柱方向慢慢压迫胸骨下端，使胸廓下陷（3～4）cm。

③ 双掌突然放松，使胸腔复位。放松时，交叠的两掌不要离开胸部。

重复上面第②、③步骤，每分钟 60 次左右，挤压时间和放松时间大体一样。

以上模拟训练两人一组，交换进行，认真体会操作要领。

（4）注意事项

① 为增加可操作性，本训练若有条件可用假人进行模拟训练，也可通过多媒体演示等电化教学手段来替代，增强直观性。

② 在训练时应听从指导教师的现场指导，以免因操作不规范而使"触电者"受到伤害。

③ 进行胸外心脏按压法模拟训练时，挤压位置和手势必须正确，下压时要有节奏，不能太用力，以免造成"触电者"胸部骨骼损伤。

5. 作业记录

① 写出"口对口人工呼吸法"急救方法操作要点。

② 写出"胸外心脏按压法"急救方法操作要点。

6. 成绩评定

本项任务的评分标准见表 1-1。

表 1-1　触电救护模拟训练考核的评分标准

项目内容	配　　分	扣分标准	扣　　分	得　　分
口对口人工呼吸法模拟训练	45 分	1）救护姿势不正确，扣 20 分 2）人工呼吸时，吹气时间过长或过短，扣 10 分 3）人工呼吸时频率太快或太慢，扣 10 分 4）操作错误导致人身受伤，扣 45 分		
胸外心脏按压法模拟训练	45 分	1）按压位置不正确，扣 20 分 2）按压步骤、方法不正确，扣 25 分 3）操作错误导致人身受伤，扣 45 分		
安全操作	10 分	1）不遵守实训室规章制度，违反操作规程，扣 10 分 2）不服从指导教师安排，扣 10 分		
总评：				

（注：各项内容中扣分总值不超过各项内容所配分数）

【问题研讨】——想一想

（1）发现有人触电，怎样使触电者尽快脱离电源？触电者脱离电源后，如何进行正确的救护？

（2）口对口人工呼吸法在什么情况下使用？试简述其动作要领。

（3）胸外心脏按压法在什么情况下使用？试简述其动作要领。

任务 1.3　电气防火、防爆、防雷常识

 任务引入

　　电气火灾和由电引起的爆炸都是危害性极大的灾难性事故，其特点是来势凶猛，蔓延迅速，既可能造成人身伤亡，设备、线路和建筑物的重大破坏，还可能造成大规模长时间停电，给国家财产造成重大损失。雷电是一种自然现象，它产生的强电流、高电压、高温、高热具有很大的破坏力和多方面的破坏作用，能给电力系统和人类造成严重的灾害。所以有必要了解电气火灾、电引起的爆炸、雷电产生的原因及预防的措施。

 任务目标

　　了解电气火灾的原因；掌握电气火灾预防及扑救的措施、电气防爆的措施；了解雷电的种类及危害，掌握防雷电常识。

任务实施

【相关知识】——学一学

1.3.1 电气防火

1. 电气火灾的主要原因

电气火灾是指由电气原因引发燃烧而造成的灾害。短路、过载、漏电等电气事故都有可能导致火灾。设备自身缺陷、施工安装不当、电气接触不良、雷击静电引起的高温、电弧和电火花是导致电气火灾的直接原因。周围存放易燃易爆物是电气火灾的环境条件。

（1）电气火灾产生的直接原因

① 设备或线路发生短路故障。电气设备由于绝缘损坏、电路年久失修、疏忽大意、操作失误及设备安装不合格等将造成短路故障，其短路电流可达正常电流的几十倍甚至上百倍，产生的热量（正比于电流的平方）使温度上升至超过自身和周围可燃物的燃点，引起燃烧而导致火灾。

② 过载引起电气设备过热。选用的线路或设备不合理，线路的负载电流量超过了导线额定的安全载流量，电气设备长期超载（超过额定负载能力），引起线路或设备过热而导致火灾。

③ 接触不良引起过热。如接头连接不牢或不紧密、动触点压力过小等使接触电阻过大，在接触部位发生过热而引起火灾。

④ 通风散热不良。大功率设备缺少通风散热设施或通风散热设施损坏，造成过热而引发火灾。

⑤ 电器使用不当。如电炉、电熨斗、电烙铁等未按要求使用，或用后忘记断开电源，引起过热而导致火灾。

⑥ 电火花和电弧。有些电气设备正常运行时就能产生电火花、电弧，如大容量开关、接触器触点的分、合操作，都会产生电弧和电火花。电火花温度可达数千度，遇可燃物便可点燃，遇可燃气体便会发生爆炸。

（2）易燃易爆环境

日常生活和生产的各种场所中，广泛存在着易燃易爆物质，如石油液化气、煤气、天然气、汽油、柴油、酒精、棉、麻、化纤织物、木材、塑料，等等，另外一些设备本身可能会产生易燃易爆物质，如设备的绝缘油在电弧作用下分解和气化，喷出大量油雾和可燃气体；酸性电池排出氢气并形成爆炸性混合物等。一旦这些易燃易爆环境遇到电气设备和线路故障导致的火源，便会立刻着火燃烧。

2. 电气火灾的防护措施

电气火灾的防护措施主要致力于消除隐患、提高用电安全，具体措施如下。

① 正确选用保护装置，防止电气火灾发生。对正常运行条件下可能产生电热效应的设备，应采用隔热、散热、强迫冷却等结构，并注重耐热、防火材料的使用。按规定要求设置包括短路、过载、漏电保护设备的自动断电保护。对电气设备和线路正确设置接地、接零保护，为防雷电安装避雷器及接地装置。根据使用环境和条件正确设计选择电气设备。恶劣的自然环境和有导电尘埃的地方应选择有抗绝缘老化功能的产品，或增加相应的措施；对易燃易爆场所则必须使用防爆

电气产品。

②　正确安装电气设备，防止电气火灾发生。合理选择安装位置。对于爆炸危险场所，应该考虑把电气设备安装在爆炸危险场所以外或爆炸危险性较小的部位。开关、插座、熔断器、电热器具、电焊设备和电动机等应根据需要，尽量避开易燃物或易燃建筑构件。起重机滑触线下方，不应堆放易燃品。露天变配电装置不应设置在易于沉积可燃性粉尘或纤维的地方等。

保持必要的防火距离。对于在正常工作时能够产生电弧或电火花的电气设备，应使用灭弧材料将其全部隔围起来，或将其与可能被引燃的物料，用耐弧材料隔开或与可能引起火灾的物料之间保持足够的距离，以便安全灭弧。

安装和使用有局部热聚焦或热集中的电气设备时，在局部热聚焦或热集中的方向与易燃物料必须保持足够的距离，以防引燃。

电气设备周围的防护屏障材料，必须能承受电气设备产生的高温（包括故障情况下）。应根据具体情况选择不可燃、阻燃材料，或在可燃性材料表面喷涂防火涂料。

③　保持电气设备的正常运行，防止电气火灾发生。正确使用电气设备是保证电气设备正常运行的前提。因此，应按设备使用说明书的规定操作电气设备，严格执行操作规程。保持电气设备的电压、电流、温升等不超过允许值。保持各导电部分连接可靠，接地良好。保持电气设备的绝缘良好，保持电气设备的清洁与良好通风。

3．电气火灾的扑救

发生火灾，应立即拨打 119 火警电话报警，向公安消防部门求助。扑救电气火灾时必须注意触电危险，为此要及时切断电源，通知电力部门派人到现场指导和监护扑救工作。

①　正确选择使用灭火器。在扑救尚未确定断电的电气火灾时，应选择适当的灭火器和灭火装置，否则，有可能造成触电事故和更大危害，如使用普通水枪射出的直流水柱和泡沫灭火器射出的导电泡沫会破坏绝缘。常用灭火剂的种类、用途及使用方法见表 1-2。

使用四氯化碳灭火器灭火时，灭火人员应站在上风侧，以防中毒；灭火后空间要注意通风。使用二氧化碳灭火时，当其浓度达 85% 时，人就会感到呼吸困难，要注意防止窒息。

②　正确使用喷雾水枪。带电灭火时使用喷雾水枪比较安全，因为这种水枪通过水柱的泄漏电流较小。用喷雾水枪灭电气火灾时，水枪喷嘴与带电体的距离可参考以下数据：10kV 及以下者不小于 0.7m；35kV 及以下者不小于 1 m；110kV 及以下者不小于 3 m；220kV 不应小于 5 m。带电灭火必须有人监护。

③　灭火器的保管。灭火器在不使用时，应注意对它的保管与检查，保证随时可正常使用。其具体保养和检查见表 1-2。

表 1-2　常用电气灭火器的主要性能及使用方法

种　类	二氧化碳灭火器	干粉灭火器	1211 灭火器
规格	2kg，2~3kg，5~7kg	8kg，50kg	1kg，2kg，3kg
药剂	瓶内装有液态二氧化碳	筒内装有钾盐或钠盐干粉，并备有盛装压缩空气的小钢瓶	筒内装有二氟-氯-溴甲烷，并充填压缩氮
用途	不导电。可扑救电气、仪器、油类、酸类等火灾。不能用于钾、钠、镁、铝等物质的火灾	不导电。可扑救电气设备、石油、油漆、天然气等火灾。不能用于旋转电机火灾	不导电。可扑救油类、电气设备、化工、化纤原料等火灾

续表

种类	二氧化碳灭火器	干粉灭火器	1211 灭火器
功效	接近着火地点，保护 3m 距离	8kg 喷射时间 14～18s，射程 4.5m 内；50kg 喷射时间 50～55s，射程 6～8m	1kg 喷射时间 6～8s，射程 2～3m
使用方法	一手将喇叭口对准火源，另一只手打开开关	提起圈环，干粉即可喷出	拔下铅封或横锁，用力压下压把
保养	置于方便处，注意防冻、防晒和使用期	置于干燥通风处、防潮、防晒	置于干燥处，勿摔碰
检查	每月测量一次，低于原重量 1/10 时应充气	每年检查一次干粉是否结块，每半年检查一次压力	每年检查一次重量

1.3.2　防爆

1．由电引起的爆炸

由电引起的爆炸也是危害性极大的灾难性事故。爆炸的原因是广泛的，主要发生在含有易燃易爆物体、粉尘的场所。当空气中汽油的含量比例达到 1%～6%、乙炔达到 1.5%～82%、液化石油气达到 3.5%～16.3%、家用管道煤气达到 5%～30%、氢气达到 4%～80%、氨气达到 15%～28% 时，如遇火花或高温、高热，就会引起爆炸。碾米厂的粉尘、各种纺织纤维粉尘达到一定程度也会引起爆炸。

2．防爆措施

为了防止电气引爆的发生，在有易燃易爆气体、粉尘的场所，必须制定严密的防爆措施，包括合理选用防爆电气设备和敷设电气线路，保持场所的良好通风；保持电气设备的正常运行，防止短路、过载；安装自动断电保护装置，使用便携式电气设备时应特别注意安全；防爆场所一定要选用防爆电机等防爆设备；采用三相五线制与单相三线制电源供电。

1.3.3　防雷

雷电是一种自然现象，它产生的强电流、高电压、高温、高热具有很大的破坏力和多方面的破坏作用。比如对建筑物或电力调度的破坏、对人畜的伤害、引起大规模停电、造成火灾或爆炸等。雷击的危害是严重的，必须采取有效的防护措施。

1．雷电的形成与活动规律

雷鸣与闪电是大气层中强烈的放电现象。雷云在形成过程中，由于摩擦、冻结等原因，积累起大量的正电荷或负电荷，产生很高的电位。当带有异性电荷的雷云接近到一定程度时，就会击穿空气而发生强烈的放电。强大的放电电流伴随高温、高热，发出耀眼的闪光和震耳的轰鸣。

雷电在我国的活动比较频繁，总的规律是：南方比北方多，山区比平原多，陆地比海洋多，热而潮湿的地方比冷而干燥的地方多，夏季比其他季节多。在同一地区，凡是电场分布不均匀、导电性能较好、容易感应出电荷、云层容易接近的部位或区域，更容易引雷而导致雷击。

一般来说，下列物体或地点容易受到雷击，在雷雨时应特别注意。

① 空旷地区的孤立物体、高于 20m 的建筑物，如水塔、宝塔、尖形屋顶、烟囱、旗杆、天线、输电线路杆等。在山顶行走的人畜，也易遭受雷击。

② 金属结构的屋面、砖木结构的建筑物。

③ 特别潮湿的建筑物、露天放置的金属物。

④ 排放导电尘埃的厂房、排废气的管道和地下水出口、烟囱冒出的热气（含有大量导电质点、游离态分子）。

④ 金属矿床、河岸、山谷风口处、山坡与稻田接壤的地段、土壤电阻率小或电阻率变化大的地区。

2. 雷电的种类及危害

根据雷电的形成机理及侵入形式，雷电可分为以下几种。

① 直击雷。雷云较低时，在地面较高的凸出物上产生静电感应，感应电荷与雷云所带电荷相反而发生放电，所产生的电压可高达几百万伏。

② 感应雷。感应雷有静电感应雷和电磁感应雷两种。由于雷云接近地面时，在地面凸出物顶部感应出大量异性电荷。当雷云与其他雷云或物体放电后，地面凸出物顶部的感应电荷失去束缚，以雷电波的形式沿地面极快地向外传播，在一定时间和部位发生强烈放电，形成静电感应雷。电磁感应雷是在发生雷电时，巨大的雷电流在周围空间产生强大的变化率很高的电磁场，可在附近金属上发生电磁感应，产生很高的冲击电压，使其金属回路的断口处发生放电而引起强烈的火光和爆炸。感应雷产生的感应过电压，其值可达数十万伏。

③ 球形雷。球形雷是雷击时形成的一种发红光或白光的火球，通常以 2m/s 左右的速度从门、窗、烟囱等通道侵入室内，在触及人畜或其他物体时发生爆炸、燃烧而造成伤害。

④ 雷电侵入波。雷电侵入波是雷击时在电力线路或金属管道上产生的高压冲击波，顺线路或管道侵入室内，或者破坏设备绝缘窜入低压系统，危及人畜和设备安全。

雷击时，地面附近的雷云，电场强度高达（5～300）kV/m，感应电压高达数十万至数百万伏，电流高达数万至数十万安，而放电时间仅为 50～100μs，放电时温度高达 20000℃，它在极短的时间内释放出巨大的能量，其破坏作用是非常严重的。它的破坏和危害，主要表现在四个方面：一是电磁性质的破坏，雷击时的高电压破坏电气设备和导线的绝缘，使其烧毁，或在金属物体的间隙形成火花放电，引起爆炸，或形成雷电侵入波侵入室内，危及设备和人身安全。二是机械性质的破坏，当雷电击中树木、电杆等物体时，被击物缝隙中的气体，受高热急剧膨胀，造成被击物体的破坏和爆炸。此外，雷击时产生的冲击气浪也对附近的物体造成破坏。三是热性质的破坏，雷击时在极短的时间内释放出强大的热能，使金属熔化、树木烧焦，房屋及物资烧毁。四是跨步电压破坏，雷击电流通过接地装置或地面向周围土壤扩散时，由于存在土壤电阻，在周围形成电压降，人畜在该区域站立或行走，会受到跨步电压的伤害。

3. 防雷电常识

雷击是一种自然灾害，对人类的生产、生活安全构成很大的威胁。在重要设施安装避雷针、避雷线、避雷网、避雷器等，固然可以减少雷电的危害，但人们不可能总是置身于避雷装置的保护之下。因此，具备一定的防雷知识是非常必要的。

① 为防止感应雷和雷电侵入波沿架空线进入室内，应将进户线最后一根支承物上的绝缘子铁脚可靠接地，在进户线最后一根电杆上的中性线应加重复接地线。

② 雷雨时，应关好室内门窗，以防球形雷飘入；不要站在窗前或阳台上、有烟囱的灶前。

③ 应离开照明线、动力线、电话线、无线电天线以及与其相连的各种设备，以防止这些线路或设备对人体的二次放电。

调查资料表明，户内70%以上的对人体二次放电事故，是发生在相距 1m 以内的场合，相距1.5m 以上尚未发现死亡事故。由此可见，当出现雷电时，人体最好离开可能传来雷电侵入波的线路和设备 1.5m 以上。

④ 雷雨时，不要洗澡、洗头，不要待在厨房、浴室等潮湿的场所。

⑤ 雷雨时，不要使用家用电器，应将电器的电源插头拔下，以免雷电沿电源线侵入电器内部，击毁电器，危及人身安全。

⑥ 有雷雨时，不要停留在山顶、湖泊、河边、沼泽地、游泳池等易受雷击的地方；最好不用带金属柄的雨伞；几个人同行，要相距几米，分散避雷。

⑦ 有雷雨时，不能站在孤立的大树、电杆、烟囱和高墙下，不要乘坐敞篷车和骑自行车。避雨应选择有屏蔽作用的建筑或物体，如汽车、电车、混凝土房屋等。

⑧ 如果有人遭到雷击，应迅速冷静地处理。即使雷击者心跳、呼吸均已停止，也不一定是死亡，应不失时机地进行人工呼吸和胸外心脏按压，并送医院抢救。

【问题研讨】——想一想

（1）电气火灾的防护措施有哪些？如何进行电气火灾的扑救？

（2）如何进行电气防爆？

（3）雷电的危害有哪些？有雷雨时，为防止雷击，在户内、户外各应注意哪些问题？

项目 2 电工基本操作工艺

项目内容

有人说电工是"玩钳子"的，能否熟练地玩好电工工具反映出电工技术水平的高低。也有人说电工是"玩电线"的，电工材料主要有两大类：一是导电材料，二是绝缘材料。了解这两种材料的种类、规格、型号及选择与使用的方法是电工的基本技能。本项目的主要内容有：

◆ 常用电工工具的用途、规格及使用方法。
◆ 常用的导电材料、绝缘材料。
◆ 导线的连接、焊接及绝缘层的恢复方法。

项目目标

◆ 熟悉常用电工工具的名称、作用，掌握它们的使用方法。
◆ 了解绝缘材料、导电材料、磁性材料的种类及作用，学会选用导线。
◆ 了解电工基本操作工艺要求；掌握导线连接、焊接及绝缘层恢复、导线封端的方法；能较熟练、正确地进行导线连接、焊接及接头绝缘层处理。

任务 2.1 常用电工工具的使用

任务引入

古人云："工欲善其事，必先利其器"，就是讲工具的重要性。电工操作离不开工具，工具质量不好或使用方法不当，会直接影响操作质量和工作效率，甚至会造成生产事故。正确地使用和保养好工具对提高工作效率和安全生产具有重要的意义。

任务目标

了解常用电工工具的结构；掌握常用电工工具的使用方法。学会使用验电笔检测带电电路，使用钢丝钳和尖嘴钳剪切、钳夹和弯绞导线等；学会使用电工刀剖削或切割导线，学会使用螺丝刀、扳手配合来紧固或拧松螺母；学会使用电烙铁焊接电路元件。

任务实施

【相关知识】——学一学

2.1.1 常用电工工具

电工通用工具是指一般专业电工经常使用的工具。对电气操作人员而言，能否熟悉和掌握电工工具的结构、性能、使用方法和规范操作，将直接影响工作效率、质量以及人身安全。

1. 钢丝钳

钢丝钳又称克丝钳、老虎钳，简称钳子，是电工使用最频繁的工具。

电工使用的钢丝钳由钳头和钳柄两部分组成。钳头包括钳口、齿口、刀口、铡口四个部分，其结构如图 2-1 所示。钳柄是带绝缘的手柄，一般钢丝钳的绝缘护套耐压为 500V，所以只能适应于低压带电设备使用。

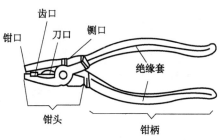

图 2-1　钢丝钳的结构

钳口可用来钳夹和弯绞导线；齿口可代替扳手来拧小型螺母；刀口可用来剪切电线、掀拔铁钉；铡口可用来铡切钢丝等硬金属丝。它们的用途如图 2-2 所示。

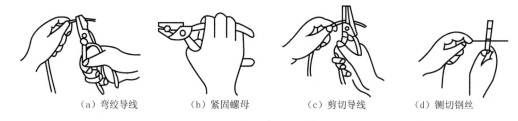

（a）弯绞导线　　（b）紧固螺母　　（c）剪切导线　　（d）铡切钢丝

图 2-2　钢丝钳的用途

使用钢丝钳时应注意如下问题：

① 使用前，必须检查其绝缘柄，确定绝缘状况良好后才能使用，否则，不得带电操作，以免发生触电事故。

② 用钢丝钳剪切带电导线时，必须单根进行，不得用刀口同时剪切相线和零线或者两根相线，以免造成短路事故。并且手与钢丝钳的金属部分必须保持 2cm 以上的距离。

③ 使用钢丝钳时要刀口朝向内侧，便于控制剪切部位。

④ 不能用钳头代替手锤作为敲打工具，以免变形。钳头的轴销应经常加机油润滑，保证其开闭灵活。

⑤ 应根据不同用途来选用不同规格的钢丝钳，一般钢丝钳有 150mm、175mm、200mm 三种规格。

2. 尖嘴钳

尖嘴钳的头部尖细，外形如图 2-3 所示。尖嘴钳适用于狭小的工作空间，或带电操作低压电气设备。钳头用于夹持较小螺钉、垫圈、导线和把导线端头弯曲成所需形状；小刀口用于剪断细小的导线、金属丝等。电工用尖嘴钳绝缘手柄的耐压为 500V。尖嘴钳的规格有 130mm、160mm、180mm、200mm 四种规格。

使用尖嘴钳时应注意如下问题：

① 绝缘手柄损坏时，不可用来切断带电导线。

② 为了使用安全，手离金属部分的距离必须大于2cm。

③ 因为钳头部分尖细，又经过热处理，所以钳夹物不可太大，用力切勿太猛，以防损坏钳头。

④ 尖嘴钳使用后应清洗干净，钳轴要经常加油，以防生锈。

3．斜口钳

斜口钳又称断线钳，其头部扁斜，电工用斜口钳的钳柄采用绝缘柄，外形如图2-4所示，其耐压等级为500V。

斜口钳专供用来剪断较粗的金属丝、线材及电线电缆等。

4．剥线钳

剥线钳用来剥削直径3mm及以下的绝缘导线的塑料或橡胶绝缘层，其外形如图2-5所示，它由钳口和手柄两部分组成。剥线钳钳口分为0.5～3mm的多个直径切口，用于不同规格线芯的剥削。使用时应使切口与被剥削导线芯线直径相匹配，切口过大难以剥离绝缘层，切口过小会切断芯线。剥线钳手柄也装有绝缘套。

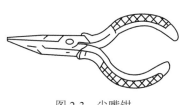　　

图 2-3　尖嘴钳　　　　　　图 2-4　斜口钳　　　　　　图 2-5　剥线钳

5．电工刀

电工刀是用来剖削和切割电工器材的常用工具，电工刀外形如图2-6所示。

电工刀的刀口磨制成单面呈圆弧状的刃口，刀刃部分锋利一些。在剖削电线绝缘层时，可把刀略微向内倾斜，用刀刃的圆角抵住线芯，刀口向外推出。这样既不易削伤线芯，又可防止操作者受伤。

使用电工刀时要注意以下几个问题：

① 使用电工刀时切勿用力过大，以免不慎划伤手指和其他器具。

② 使用电工刀时，刀口应朝外操作，切忌把刀刃垂直对着导线切割绝缘，以免削伤线芯。

③ 一般电工刀的手柄不绝缘，因此严禁用电工刀带电操作。

6．扳手

扳手是用于螺纹连接的一种手动工具，种类和规格很多，有活络扳手和其他常用扳手。

（1）活络扳手的构造和规格

活络扳手又称活络扳头，是用来紧固和松动螺母的一种专用工具。活络扳手由头部和柄部组成，头部由活络扳唇、呆扳唇、扳口、蜗轮和轴销等组成，如图2-7所示，旋动蜗轮可调节扳口的大小。规格用长度×最大开口宽度（单位：mm）来表示，电工常用的活络扳手有150×19（6英寸）、200×24（8英寸）、250×30（10英寸）和300×36（12英寸）等四种。

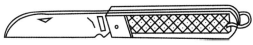　　　　　　

图 2-6　电工刀　　　　　　　　图 2-7　活络扳手

扳动大螺母时，需用较大力矩，手应握在靠近柄尾处。扳动小螺母时，需用力矩不大，但因螺母过小易打滑，因此手应握在接近头部的地方，并且可随时调节蜗轮，收紧活络板唇，防止打滑。活络扳手不可反用，也不可用钢管接长手柄来施加较大的扳拧力矩。活络扳手不得当作撬棒或手锤使用。

（2）其他常用扳手

其他常用扳手有呆扳手、梅花扳手、两用扳手、套筒扳手和内六角扳手等。

① 呆扳手。又称死扳手，其开口宽度不能调节，有单端开口和两端开口两种形式，分别称为单头扳手和双头扳手。单头扳手的规格以开口宽度表示，双头扳手的规格以两端开口宽度（单位：mm）表示，如8×10、32×36等。

② 梅花扳手。梅花扳手是双头形式，它的工作部分为封闭圆，封闭圆内分布了12个可与六角头螺钉或螺母相配的牙型，它适应于工作空间狭小、不便使用活扳手和呆扳手的场合，其规格表示方法与双头扳手相同。

③ 两用扳手。两用扳手的一端与单头扳手相同，另一端与梅花扳手相同，两端适用同一规格的六角头螺钉或螺母。

④ 套筒扳手。套筒扳手由一套尺寸不同的梅花套筒头和一些附件组成，可用在一般扳手难以接近螺钉和螺母的场合。

⑤ 内六角扳手：用于旋动内六角螺钉，其规格以六角形对边的尺寸来表示，最小的规格为3mm，最大的为27mm。

7. 螺丝刀

螺丝刀又称起子或旋凿，是用来紧固或拆卸带槽螺钉的常用工具。螺丝刀按头部形状不同，有一字形和十字形两种，如图2-8所示。

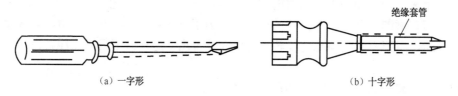

（a）一字形　　　　　　　　　　（b）十字形

图2-8　螺丝刀

一字形螺丝刀用来紧固或拆卸带一字槽的螺钉，其规格用柄部以外的体部长度表示，电工常用的有50mm、150mm两种。

十字形螺丝刀是专供紧固或拆卸带十字槽螺钉的，其长度和十字头大小有多种，按十字头的规格分为四种型号：1号适用的螺钉直径为2～2.5mm，2号为3～5mm，3号为6～8mm，4号为10～12mm。

另外，还有一种组合式螺丝刀，它配有多种规格的一字头和十字头，螺丝刀可以方便更换，具有较强的灵活性，适合紧固和拆卸多种不同的螺丝刀。

螺丝刀的使用方法如图2-9所示。

使用螺丝刀要注意如下几个问题：

① 螺丝刀是电工最常用的工具之一，使用时应选择带绝缘手柄的螺丝刀，使用前先检查绝缘是否良好。

② 电工不得使用金属杆直通柄顶的旋具，否则容易造成触电事故。

③ 为了避免旋具的金属杆触及皮肤或邻近的带电体，应在金属杆上套绝缘管。

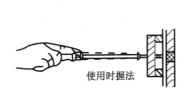
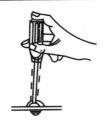

（a）大螺钉旋具的用法　　　　　　　（b）小螺钉旋具的用法

图 2-9　螺钉旋具使用时的握法

④ 旋具在使用时应该使头部顶牢螺钉槽口，防止打滑而损坏槽口。

⑤ 螺丝刀的头部形状和尺寸应与螺钉尾槽的形状和大小相匹配，严禁用小螺丝刀去拧大螺钉，或用大螺丝刀拧小螺钉；更不能将其当凿子使用。

7．验电器

（1）低压验电器

低压验电器又称试电笔。它被喻为电工的"眼睛"，是用来检验导线、电器和电气设备是否带电的一种常用工具，检测范围为 60～500V，有钢笔式、旋具式和组合式多种。

低压验电器由笔尖、降压电阻、氖管、弹簧、笔尾金属体等部分组成，如图 2-10 所示。

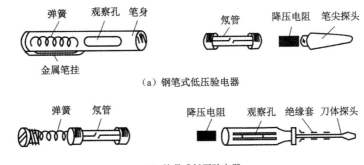

（a）钢笔式低压验电器

（b）旋具式低压验电器

图 2-10　低压验电笔

使用低压验电器时，必须按照如图 2-11 所示的握法操作。注意手指必须接触笔尾的金属体（钢笔式）或测电笔顶部的金属螺钉（旋具式）。这样，只要带电体与大地之间的电位差超过 50V 时，电笔中的氖泡就会发光。

使用低压验电器时要注意如下问题：

① 使用前，先要在有电的导体上检查电笔是否正常发光，检验其可靠性。

② 在明亮的光线下往往不容易看清氖泡的辉光，应注意避光。

（a）钢笔式握法　　　　　　　　　　　（b）旋具式握法

图 2-11　低压验电器的握法

③ 电笔的笔尖虽与螺丝刀形状相同，但它只能承受很小的扭矩，不能像螺丝刀那样使用，否则容易损坏。

④ 低压验电器可以用来区分相线和零线，氖泡发亮的是相线，不亮的是零线。低压验电器

也可用来判别接地故障，如果在三相四线制电路中发生单相接地故障，用电笔测试中性线时，氖泡会发亮；在三相三线制线路中，用电笔测试三根相线，如果两相很亮，另一相不亮，则这相可能有接地故障。

⑤ 低压验电器可用来判断电压的高低。氖泡越暗，表明电压越低；氖泡越亮，则表明电压越高。

（2）高压验电器

高压验电器又称为高压测电笔，主要类型有发光型高压验电器、声光型高压验电器。发光型高压验电器由握柄、护环、紧固螺钉、氖管窗、氖管和金属探针（钩）等部分组成。如图 2-12 所示为发光型 10kV 高压验电器。

握柄　护环　　　　　紧固螺钉　氖管窗　金属探针

氖管

图 2-12　10kV 高压验电器

使用高压验电器应注意如下问题：

① 使用前应首先确定高压验电器额定电压必须与被测电气设备的电压等级相适应，以免危及操作者人身安全或产生误判。

② 验电时操作者应戴绝缘手套，手握在护环以下部分，同时设专人监护。

同样应在有电设备上先验证验电器性能完好，然后再对被验电设备进行检测。注意操作中应将验电器渐渐移向设备，在移近过程中若有发光或发声指示，则必须立即停止验电。高压验电器验电时的握法如图 2-13 所示。

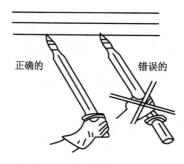

正确的　　　　错误的

图 2-13　高压验电器的握法

③ 使用高压验电器时，必须在气候良好的情况下进行，以确保操作人员的安全。

④ 验电时人体与带电体应保持足够的安全距离，10kV 以下的电压安全距离应为 0.7m 以上。

⑤ 验电器应每半年进行一次预防性试验。

2.1.2　常用电动工具

1. 手电钻

手电钻是一种电动工具，它的作用是对工件钻孔，主要由电动机、钻夹头、手柄等组成，如图 2-14 所示。

使用手电钻要注意如下几个问题：

① 使用前要选用合适的钻头，并用专用钥匙将钻头紧固在卡头上。安

图 2-14　手电钻

装钻头时，不许用锤子或其他金属制品物件敲击，手拿电动工具时，必须握持工具的手柄，不要一边拉软导线，一边搬动工具，要防止软导线擦破、割破和被轧坏等。

② 开始使用时，不要手握电钻去接电源，应将其放在绝缘物上再接电源，用试电笔检查外壳是否带电，按一下开关，让电钻空转一下，检查转动是否正常，并再次验电。

③ 钻孔时不宜用力过大过猛，以防止工具过载；转速明显降低时，应立即把稳，减少施加的压力；突然停止转动时，必须立即切断电源。

④ 较小的工件在被钻孔前必须先固定牢固，这样才能保证钻孔时工件不随钻头旋转，保证作业者的安全。

⑤ 电源线和外壳接地线应用橡胶套软线，外壳应可靠接地。操作人员应戴绝缘手套或穿绝缘鞋，站在绝缘垫上或干燥的木板、木凳上。操作人员禁止戴线手套。

⑥ 外壳的通风口（孔）必须保持畅通；必须注意防止切屑等杂物进入机壳内。

2．冲击钻

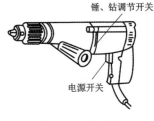

图 2-15　冲击钻

冲击钻也是一种电动工具，其外形如图 2-15 所示。它具有两种功能：一是可作为普通电钻使用，使用时应把调节开关调到标记为"钻"的位置；二是其可用来冲打砌块和砖墙等建筑面的膨胀螺钉孔和导线过墙孔，此时应调至标记为"锤"的位置。冲击钻的头部有钻头。它是内部装有单相整流子电动机、靠旋转来钻孔的手持电动工具。普通电钻装上通用麻花钻，仅靠旋转就能在金属上钻孔。冲击电钻采用旋转带冲击的工作方式，一般带有调节开关，当调节开关在旋转带冲击即"锤"的位置时，装有镶有硬质合金的钻头，便能在混凝土和砖墙等建筑构件上钻孔。通常可冲直径为 6～16mm 的圆孔。

冲击钻使用时应注意下列几个问题：

① 长期搁置不用的冲击钻，使用前必须用 500V 兆欧表测定其相对绝缘电阻，其值不小于 0.5MΩ。

② 使用金属外壳冲击钻时，必须戴绝缘手套，穿绝缘鞋或站在绝缘板上，以确保操作人员的人身安全。

③ 在调速或调挡时，应使冲击钻停转后再进行。

④ 在钻孔遇到坚实物时，不能加过大压力，以防钻头或冲击钻因过载而损坏。冲击钻因故突然堵转时，应立即切断电源。

⑤ 在钻孔时，应经常把钻头从钻孔中拔出，以便排除钻屑。

2.1.3　其他工具

1．电烙铁

电烙铁是手工焊接的主要工具。其结构的主要部分是烙铁头（传热元件）和烙铁芯（发热元件），烙铁头由导热性良好且容易沾锡的紫铜做成，烙铁芯是将电阻丝绕制在云母或瓷管绝缘筒上制成的，通电后烙铁头由烙铁芯加热。

根据电烙铁的结构和传热方式的不同，可分为外热式、内热式和速热式三种。这里只介绍前两种。

外热式：外热式电烙铁的结构如图 2-16 所示，它是将烙铁头插装在烙铁芯的圆筒扎内加热，因而热量损失比较大，热效率低，发热慢。

内热式：内热式电烙铁的结构如图 2-17 所示，它是将烙铁头套装在烙铁芯外面，因而热量损失小，效率高，发热快。但内热式电烙铁发热元件的电热丝和瓷管都比较细，机械强度差，因而容易烧断，使用时应注意防止跌落摔损。

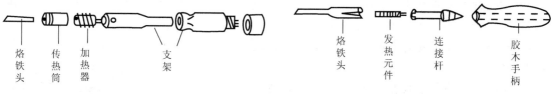

图 2-16　外热式电烙铁　　　　　　　　图 2-17　内热式电烙铁

电烙铁按功率来分，外热式有：25W、45W、75W、100W、150W、200W 等几种；内热式有：20W、25W、50W、70W、100W、150W 等几种。应根据焊接元器件的大小、导线的粗细、焊点面积的大小、散热的快慢等来选择不同形式、不同功率的电烙铁。一般焊接小功率晶体管和小型元件可选 25W 或 45W 电烙铁；焊接粗导线或大型元件时，用 75W 或 100W 电烙铁。值得注意的是：20W 内热式电烙铁的热量相当于 45W 的外热式电烙铁。

使用电烙铁时应注意如下问题：

① 在使用新烙铁前，应用万用表欧姆挡测量一下电烙铁的电源插头两端是否短路或开路，以及插头和外壳间是否短路或漏电。如测量无异常现象，方可通电使用。新烙铁在加热前，先用细锉刀将烙铁头表面的氧化物锉干净，并锉成 10°～15° 的斜角，然后接通电源，当烙铁头加热开始变成紫色时，在它上面涂上一层松香，再将烙铁头放至焊锡上轻擦，使烙铁头均匀地涂上一层薄的光亮的锡（称为上锡）。此后，烙铁便可用来焊接了。

② 焊接时，烙铁头温度要合适。烙铁头合适的温度约为 250℃，这时烙铁头接触焊锡后能使之较快地熔化，且焊锡在烙铁头上又容易附着。若烙铁头温度不合适，可通过改变烙铁头伸出长度进行调节。

烙铁经长时间通电使用后，因加热过度，将使烙铁铜头氧化（烙铁头完全变黑），氧化部分不再传热，焊锡就沾不上去，这种情况叫烙铁头"烧死"。烙铁头烧死后，要像处理新烙铁头那样重新上锡才能使用。为了防止烙铁头烧死，在加热一定时间后（2～3 小时），应拔除电源冷却一下，然后再加热继续使用。

使用烙铁时，要经常使烙铁头表面保持清洁，并经常上锡，不要猛力敲打，以免电阻丝外引线震断。

电烙铁用完后，要上好锡，再拔下电源插头。

2. 烙铁架

焊接时，为了防止烫坏工作台或其他物品，电烙铁应放置在烙铁架上。烙铁架由托架和底座组成，如图 2-18 所示，烙铁架可自制。

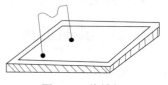

图 2-18　烙铁架

3. 焊料与焊剂

焊料与焊剂是焊接中必不可少的材料。焊接时，焊料被加热熔化成液态，借助于焊剂的使用（去除焊接表面的油污和氧化物，提高焊料在焊接时的流动性，并防止金属表面在焊接过程中受热继续氧化），熔入被焊接金属材料的缝隙，在焊接物面处形成金属合金，依靠金属的附着力将两种金属连接在一起，这样就能得到牢固可靠的焊点。

（1）焊料

焊料简称焊锡，是一种铅锡合金。目前常用的焊锡成分为：锡 63%，铅 36.5%，锑 0.5%，熔点为 190℃。通常将焊锡做成直径为 2～4mm 的焊锡丝。有的焊锡丝被做成 2～4mm 的管状，管中装入松香，称为松香焊丝。用松香焊丝焊接时，不必再加焊剂，使用非常方便。

使用焊锡丝时，应将烙铁头先与焊点接触一段时间，等温度升高后，再用焊锡丝与焊点接触，使焊锡熔化附着在焊点周围，就能与焊点很好地结合，不易虚焊。

（2）焊剂

焊剂又称助焊剂，常用的有松香和焊油（焊膏）。

① 松香。是一种没有腐蚀作用、不导电的物质，松香受热气化时，能将金属表面的氧化膜带走，它具有价廉、无腐蚀性、干后不易沾灰的优点，故松香是焊接中作用最为普遍的一种焊剂。松香有黄色和褐色两种，以淡黄色的为好。

使用松香焊剂的简易方法是用烙铁头吸附固体松香，此法的缺点是松香在烙铁头上易受热挥发和氧化变质，故最好把松香压成粉末溶于酒精中，制成液体松香（1 份松香放 5 份以上 95% 的酒精）来使用，焊接时将此溶液点在待焊接处即可。

② 焊膏（焊油）：焊膏的主要成分是松香，其中掺的氯化锌和其他化学药品，具有一定的腐蚀性并能导电，日久会使电路板、元器件腐蚀，或造成短路、绝缘不良。在焊接较粗大的元件时，可少量使用焊膏，但焊完后必须用酒精把遗留的焊膏擦干净，以免腐蚀元器件。不宜用焊膏作为助焊剂焊接印刷电路板。

4．拉具

拉具又叫拉机、拉模等。在设备维修中主要用作拆卸轴承、联轴器、皮带轮等紧固件。在使用拉具时，其爪钩要抓住工件的内圈，顶杆轴心线与工件重合，如图 2-19 所示。使顶杆上均匀受力，旋转手柄即可渐渐拉下工件。

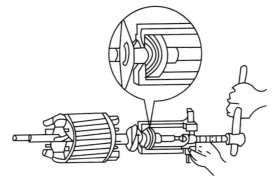

图 2-19　拉具的使用

【技能训练】——做一做

1．训练内容

常用电工工具的使用。

2．训练要求

① 正确识别各种常用电工工具的名称，了解其结构、作用和使用方法。

② 能正确使用各种常用电工工具。

③ 正确使用焊接工具和辅助工具。焊点要符合操作要求。

3. 器材与工具

验电器、螺丝刀、电工刀、钢丝钳、尖嘴钳、断线钳、剥线钳、扳手、冲击钻各 1 只；平口、十字口自攻螺钉各 5 只；单芯硬导线、多芯软导线若干；焊接训练用线路板 1 块；电阻、二极管、三极管若干；电烙铁、焊锡、松香、锉刀、尖嘴钳、镊子、细铁丝等。

4. 训练指导

（1）识别各种常用电工工具的名称、作用

结合各种电工工具的外形特点，指出各工具对应名称，并简要说明其作用。

（2）电工工具的使用

① 用低压验电器检测实训室电源三芯插座的各插孔电压情况。

a. 打开实训室电源开关，用手握住低压验电器尾部的金属部分，用低压验电器的尖端探入其相线端插孔中，观察低压验电器的氖管是否发光，再分别探测另两个插孔，观察氖管发光情况。

b. 断开实训室电源开关，再分别测试各插孔中电压情况。

② 用手电钻练习在木板上钻孔。

a. 给手电钻安装直径合适的钻头（应配合自攻螺钉规格，使钻头直径略小于螺钉直径），注意钻头应上紧。

b. 接通电源，将钻头对准木板，在上面钻 10 个孔，注意孔应垂直于板面，不能钻歪。

③ 用螺丝刀在木板上拧装平口、十字口自攻螺钉各 5 只。

a. 将自攻螺钉放到钻好的孔上，并压入约 1/4 长度。

b. 用与螺钉槽口相一致的螺丝刀，将刀口压紧螺钉槽口，然后顺时针旋动螺丝刀，将螺钉的约 5/6 长度旋入木板中，注意不要旋歪。

④ 钢丝钳、尖嘴钳。

a. 用钢丝钳或尖嘴钳的钳口将旋入木板中的螺钉端部夹持住，再逆时针方向旋出螺钉。

b. 用钢丝钳或尖嘴钳的刀口将多芯软导线、单芯硬导线分别剪为 5 段。

c. 用尖嘴钳将单股导线的端头剥除绝缘层，再将端头弯成一定圆弧的接线端（线鼻子）。

⑤ 剥线钳。将用钢丝钳剪断的 5 段多芯软导线进行端头绝缘层剥除，注意剥线钳的孔径选择要与导线的线径相符。

⑥ 焊接工具的使用。

a. 用尖嘴钳把细铁丝截成 3～4cm 的小段备用。

b. 整理线路板。

c. 检查电烙铁的电源线是否完好，对烙铁进行检查，看是否有氧化层。

d. 准备好后，练习在线路板上焊接小细铁丝及电路元件。

（3）注意事项

注意相关知识中的使用注意问题，在各种电工工具的使用操作时，确保人身和设备的安全。

5. 成绩评定

本项任务的评分标准见表 2-1。

表 2-1　常用电工工具识别与使用的考核评分标准

项目内容	配　分	扣分标准	扣　分	得　分
电工工具认识	20 分	1）工具认识错误，每种扣 5 分 2）工具用途不清楚或混淆，每种扣 5 分		
验电器测插座电压情况	10 分	1）握持不规范，扣 10 分 2）测试结果错误，扣 5 分		
手电钻钻孔	10 分	1）钻头选用不合适，扣 3 分 2）钻头未上紧，扣 5 分 3）钻孔不正，有倾斜，每个扣 5 分		
用螺丝刀旋螺钉	10 分	1）螺钉与板面不垂直，扣 3 分 2）螺钉槽口有明显损伤，每个扣 5 分 3）螺丝刀口损伤，扣 10 分		
用尖嘴钳、钢丝钳旋螺钉、夹断导线、弯羊眼圈	15 分	1）螺钉有明显损伤，每只扣 5 分 2）导线端面不平整，每处扣 2 分 3）导线除端部外，其他地方有绝缘层损伤，每处扣 2 分 4）单芯硬导线剥除有损伤，每处扣 2 分 5）羊眼圈形状不规范或折断，每个扣 3 分		
使用剥线钳	10 分	1）口径选择不当导致损伤导线，每处扣 5 分 2）导线裸线端过长或过短，每处扣 2 分 3）绝缘层端面不平整，扣 2 分		
焊接工具的使用	15 分	1）元器件成形不符合要求的，每处扣 2 分 2）元器件焊接不牢，有虚焊的，每处扣 3 分 3）焊点不规范的，每处扣 5 分		
安全操作	10 分	1）不遵守实训室规章制度，违反操作规程，扣 10 分 2）不服从指导教师安排，扣 10 分		
总评：				

（注：各项内容中扣分总值不超过各项内容所配分数）

【问题研讨】——想一想

（1）钢丝钳、尖嘴钳、斜口钳、剥线钳、扳手、螺丝刀等各由哪几部分组成？各有什么用途？使用时应各注意哪些事项？

（2）低压验电器、高压验电器各由哪几部分组成？使用时各应注意什么问题？

（3）使用手电钻、冲击钻时，各应注意什么问题？

（4）电烙铁的作用、分类和结构是怎样的？如何正确使用？

任务 2.2　常用电工材料的种类与选择

 任务引入

　　常用的电工材料有绝缘材料、导电材料和导磁材料。电工材料按其电阻率的大小又分为绝缘材料（电阻率为 $10^9 \sim 10^{22}\,\Omega \cdot m$）、导电材料（电阻率为 $10^{-6} \sim 10^{-2}\,\Omega \cdot m$）及半导体材料（电阻

率为 $10^{-2} \sim 10^{9}\Omega \cdot m$）三类。一般可认为绝缘材料是不导电的，实际上绝缘材料在直流电压作用下会有极微弱的泄漏电流通过。绝缘材料也称为电介质。

任务目标

了解常用绝缘材料、导电材料、磁性材料的种类和使用条件。能识别常用的绝缘材料、导电材料和磁性材料，学会选用导线。

任务实施

【相关知识】——学一学

2.2.1　常用的绝缘材料

电绝缘材料，又称为电介质，是一种相对的不导电的物质，主要作用是把带电部分与不带电部分分开，把电位不同的导体相互隔开。

1．绝缘材料的分类及耐热温度等级

按化学性质可将绝缘材料分为无机绝缘材料（如云母、石棉、大理石、瓷器、玻璃、硫磺等）、有机绝缘材料（如树脂、橡胶、棉纱、纸、麻、丝、漆、塑料等）和混合绝缘材料（由以上两种材料经加工制成的各种成型绝缘材料）。

常用绝缘材料按其正常运行条件下允许的最高工作温度分为七个耐热等级，见表2-2。

表2-2　绝缘材料的耐热等级

级　　别	绝　缘　材　料	极限工作温度（℃）
Y	纯有机材料，如棉、麻、丝、纸、木材、塑料等	90
A	有机材料的化学处理，如黑胶布、沥青漆等	105
E	有机材料的化学处理，成为复合材料，如高强度漆包线等	120
B	无机材料的化学处理，如聚酯漆、聚酯漆包线等	130
F	无机材料和有机材料混合高温高压，如层压制品、云母制品等	155
H	无机材料的化学补强处理，如复合云母、硅有机漆等	180
C	纯无机材料，如石英、石棉、云母、电瓷、玻璃等	180 以上

2．电工漆和电工胶

电工漆主要分为浸渍漆和覆盖漆。浸渍漆主要用来浸渍电气线圈和绝缘零部件，填充间隙和气孔，以提高绝缘性能和机械强度。覆盖漆主要用来涂刷经浸渍处理过的线圈和绝缘零部件，形成绝缘保护层，以防机械损伤和气体、油类、化学药品等的侵蚀。

电工胶有电缆胶和环氧树脂胶。电缆胶由石油沥青、变压器油、松香脂等原料按一定比例配制而成，可用来灌注电缆接头、电器开关及绝缘零部件。环氧树脂胶低分子量的用来浇注绝缘使用，中分子量的用来制造高强度的黏合剂，高分子量的用来调制各种漆。

3．塑料

塑料是由天然树脂或合成树脂、填充剂、增塑剂、着色剂、固化剂和少量添加剂配制而成的

绝缘材料。其特点是比重小，机械强度高，介电性能好，耐热、耐腐蚀、易加工。塑料可分为热固性塑料和热塑性塑料两类。

热固性塑料主要用来制作低压电器、电表的外壳及零部件。热塑性塑料主要用来制作各种电线、电缆的绝缘层，也可以制成管材。

4．橡胶橡皮

橡胶分天然橡胶和人工合成橡胶。天然橡胶是橡胶树干中分泌出的乳汁经加工而制成的，其可塑性、工艺加工性好，机械强度高，但耐热、耐油性差，硫化后可用来制作各类电线、电缆的绝缘层及电器的零部件等。合成橡胶是碳氢化合物的合成物，可制作橡皮和电缆的防护层及导线的绝缘层等。

橡皮是由橡胶经硫化处理而制成的，分硬质橡皮和软质橡皮两类。硬质橡皮主要用来制作绝缘零部件及密封剂和衬垫等。软质橡皮主要用于制作电缆和导线绝缘层、橡皮包布和安全保护用具等。

5．绝缘布（带）和层压制品

绝缘布（带）的主要用途是在导线和电缆连接处的绝缘包扎。

层压制品是由天然或合成纤维、纸或布浸（涂）胶后，经热压而成，常制成板、管、棒等形状，以供制作绝缘零部件和用作带电体之间或带电体与非带电体之间的绝缘层，其特点是介电性能好，机械强度高。

6．电瓷

电瓷是用各种硅酸盐或氧化物的混合物制成的，其性质稳定，机械强度高、绝缘性能好、耐热性能好。主要用于制作各种绝缘子、绝缘套管、灯座、开关、插座、熔断器零部件等。

（1）低压绝缘子

低压绝缘子用于绝缘和固定 1kV 及以下的线路导线。低压绝缘子分为针式绝缘子、蝶式绝缘子、柱式绝缘子和拉线绝缘子，如图 2-20 所示。

（a）针式绝缘子　　　　　（b）蝶式绝缘子　　　　　（c）柱式绝缘子　　　　　（d）拉线绝缘子

图 2-20　低压绝缘子

（2）高压绝缘子

高压绝缘子用于绝缘和支持高压架空线路。高压绝缘子分为针式绝缘子、蝶式绝缘子、悬式绝缘子和拉线绝缘子，如图 2-21 所示。

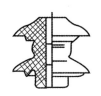

（a）针式绝缘子　　　　　（b）蝶式绝缘子　　　　　（c）悬式绝缘子　　　　　（d）拉线绝缘子

图 2-21　高压绝缘子

2.2.2　常用的导电材料

导电材料的用途是传输电流。导电材料一般分为良导体材料和高电阻材料两类。

常用良导体材料有铜、铝、钢、钨、锡等。其中，铜、铝、钢主要用于制作各种导线或母线；钨的熔点较高，主要用于制作灯丝；锡的熔点低，主要用作导线的接头焊料和熔丝（保险丝）。

常用的高电阻材料有康铜、锰铜、镍铬铝和铁铬铝等，主要用作电阻器和热工仪表的电阻元件。

1. 导线

导线又称为电线，常用的导线可分为绝缘导线和裸导线两类。导线的线芯要求导电性能好，机械强度大，质地均匀，表面光滑、无裂纹，耐腐蚀性好。导线的绝缘包层要求绝缘性能好，质地柔韧且具有相当的机械强度，能耐酸、油、臭氧的侵蚀。

（1）裸导线

没有绝缘包皮的导线称为裸导线。裸导线一般分为铜绞线、铝绞线、钢绞线，是由多根单线绞合在一起的。铝绞线又分带钢芯和不带钢芯的，其中带钢芯的又有单芯和多芯之分。

铜绞线一般用在低压架空线，铝绞线一般用在高压架空线，钢绞线一般用在高压架空线的屏蔽线（避雷线）及电杆拉线。裸导线的材料、形状常用符号表示：铜用字母"T"表示；铝用"L"表示；钢用"G"表示；硬型材料用"Y"表示；软型用"R"表示；绞合线用"J"表示；截面用字母和数字表示。例如，LJ-35 表示截面为 35mm^2 的铝绞线，LGJ-50/8 表示截面为 50mm^2 的钢芯铝绞线（50 是指铝芯截面，8 是指钢芯截面）。绞线的型号及作用见表 2-3。

表 2-3　绞线的型号及作用

型　　号	名　　称	绝缘材料	主　要　用　途
LJ	硬铝绞线		用于低压及高压架空输电
LGJ	钢芯铝绞线		用于需要提高拉力强度的架空输电
TJ	硬铜绞线		用于低压及高压架空输电

（2）绝缘导线

① 绝缘导线的结构和型号。具有绝缘包层的电线称为绝缘导线。绝缘导线按其芯线材料分为铜芯和铝芯；按股数分单股和多股；按线芯分单芯、双芯、三芯、四芯、五芯和多芯；按绝缘分为橡皮（X）绝缘和塑料（V）绝缘。

绝缘导线的型号。例如，BV-1.5 表示截面为 1.5mm^2 的塑料铜芯线；BVVR-3×2.5 表示是三芯、截面为 2.5mm^2 铜芯塑料软护套线；BVL-6 表示截面为 6mm^2 的铝芯塑料线。

② 橡皮绝缘导线。橡皮绝缘导线是由橡皮作绝缘层再包一层棉纱或玻璃纤维作保护层的导线。单股用作室内敷设，多股用于低压架空线。由于塑料绝缘线的优势与推广，橡皮绝缘线已基本被取代。

③ 塑料绝缘导线。塑料绝缘导线用聚氯乙烯作绝缘包层，又称塑料线，具有耐油、耐酸、耐腐蚀、防潮、防霉等特点，常用在 500V 以下室内照明线路，也可直接敷设在空心板或墙壁上。

常用绝缘导线的载流量参考值见表 2-4。

表 2-4　绝缘导线在常温下参考载流量

线芯截面积（mm²）	橡皮绝缘电线安全载流量（A）		聚氯乙烯绝缘电线安全载流量（A）	
	铜芯	铝芯	铜芯	铝芯
0.75	18	—	16	—
1.0	21	—	19	—
1.5	27	19	24	18
2.5	33	27	32	25
4	45	35	42	32
6	58	45	55	42
10	85	65	75	59
16	110	85	105	80

2．母线

母线（汇流排）简称铜排、铝排，是用来汇集和分配电流的导体。有硬母线和软母线之分。软母线用在 35kV 以上的高压配电装置中，硬母线用在高低压开关柜和变电所、开关站的设置连接中。

硬母线用铜、铝材料做成，其形状有管型、矩形、槽型。矩形母线规格按宽厚有 25mm×4mm、25mm×5mm、40mm×4mm、40mm×5mm、…、125mm×8mm、125mm×10mm 等。为了便于识别线序及防腐蚀，母线要进行涂漆，黄、绿、红三色分别代表 L1、L2、L3 三相。硬母线造型有立弯、折弯（波弯）、平弯和扭弯。母线固定安装的螺栓处要挂锡或者涂银以防氧化，为加强绝缘，有的还要套冷、热缩管。

3．电缆

电缆是一种多芯导线，其线芯互相绝缘，外加各种护套保护层。种类有电力电缆、控制电缆、通信电缆和光纤电缆。

（1）电力电缆

电力电缆是传输电能的载体，以前有油浸纸绝缘、橡胶绝缘，现在基本被全塑电缆所代替。全塑电缆有单芯、两芯、三芯、四芯和五芯，材质有铜芯和铝芯。电力电缆的外形如图 2-22 所示。

图 2-22　电力电缆的外形图

35kV 及以下电力电缆型号及产品表示方法。

① 用汉语拼音第一个字母的大写表示绝缘种类、导体材料、内护层材料和结构特点。如用 Z 代表纸（zhi）；L 代表铝（lü）；Q 代表铅（qian）；F 代表分相（fen）；ZR 代表阻燃（zu ran）；NH 代表耐火（nai huo）。

② 用数字表示外护层构成，有两位数字。无数字代表无铠装层，无外被层。第一位数字表示铠装，第二位数字表示外被，如粗钢丝铠装纤维外被表示为 41。

③ 电缆型号按电缆结构的排列一般依次序为：绝缘材料；导体材料；内护层；外护层。

④ 电缆产品用型号、额定电压和规格表示。其方法是在型号后再加上说明额定电压、芯数和标称截面积的阿拉伯数字。

电力电缆型号各部分的代号及其含义如下。

绝缘种类的代号：V—聚氯乙烯；X—橡胶；Y—聚乙烯；YJ—交联聚乙烯；Z—纸。

导体材料的代号：T—铜；L—铝。

内护层的代号：V—聚氯乙烯护套；Y—聚乙烯护套；L—铝护套；Q—铅护套；H—橡胶护套；F—氯丁橡胶护套。

特征的代号：D—不滴流；F—分相；CY—充油；P—贫油干绝缘；P—屏蔽；Z—直流。

外护层代号的十位：0—无铠装；2—双钢带铠装；3—细钢丝铠装；4—粗钢丝铠装。

外护层代号的个位：0—无外被套；1—纤维外被套；2—聚氯乙烯护套；3—聚乙烯护套。

阻燃电缆在代号前加 ZR；耐火电缆在代号前加 NH。

例如，TV42－10/3×50 表示铜芯、聚氯乙烯绝缘、粗钢线铠装、聚氯乙烯护套、额定电压为 10kV、3 芯、标称截面积为 $50mm^2$ 的电力电缆。

（2）控制电缆

控制电缆用在配电装置中，连接电气仪表、继电保护和自动控制回路，起传导、控制电流的作用。其结构比较简单，只是线芯较多，一般运行在交流 500V，直流 1kV 以下。

（3）光纤电缆

光纤电缆是由玻璃或透明聚合物构成的波导纤维作缆芯，加涂覆盖包层和外套保护层构成，主要用在通信、自动化网络工程中，传递通信和网络的信号。

4．熔体

熔体是一种保护性导电材料。将熔体串联在电路中，由于电流的热效应，在正常情况下熔体虽然发热但不会熔断，当发生过载或短路导致电流增大时，就会使熔体温度急剧上升而熔断，切断电路，从而起到保护电气设备的作用。制造熔体的材料有两类：一类是低熔点的材料，如铅、锡、锌及其合金（宜用于小电流情况下使用）；另一类是高熔点材料，如银、铜等（大电流情况下使用）。熔体一般做成丝状（又叫保险丝）或片装，是各种熔断器的核心组成部分。

5．导线的选择

（1）导线选择的一般原则和要求

在供配电线路中，使用的导线主要有电线和电缆，正确地选用这些电线和电缆，对于保证供电系统的安全、可靠、经济、合理的运行，有着十分重要的意义。因此在选择电线和电缆时，应遵循以下一般原则和要求。

① 按使用环境及敷设方式选择。在选择电线或电缆时，应根据具体的环境特征及线路的敷设方式，来确定选用电线和电缆的型号。此处推荐按环境特征及线路敷设方式的要求选择电线和电缆的型号，见表 2-5。

② 按发热条件选择。每一种导线截面按其允许的发热条件，都对应着一个允许的载流量。因此在选择导线截面时，必须使其允许载流量大于或等于线路的计算的电流值。

③ 按电压损耗选择。为了保证用电设备的正常运行，必须使设备接线端子处的电压在允许值范围之内。但由于线路上有电压损耗，因此在选择电线或电缆时，要按电压损耗来选择电线或

电缆的截面。按电压损耗要求来选择后，还要用发热条件进行校验。

表 2-5　按环境特征和敷设方式选择电线和电缆

环 境 特 征	线路敷设方式	常用电线、电缆型号	导 线 名 称
正常干燥环境	绝缘线瓷珠、瓷夹板或铝皮卡子明敷 绝缘线、裸线瓷瓶明敷 绝缘线穿管明敷或暗敷 电缆明敷或放在沟中	BBLX, BLV, BLVV, BVV BBLX, BLV, LJ, LMY BBLX, BLV, BVV ZLL, ZLL₁₁, VLV, YJV YJLV, XLV, ZLQ	BBLX：铝芯玻璃丝编织橡皮线 BLV：铝芯聚氯乙烯绝缘线 BLVV：铝芯塑料护套线 BVV：铜芯塑料护套线 LJ：裸铝绞线
潮湿和特别潮湿的环境	绝缘线瓷瓶明敷（敷高>3.5m） 绝缘线穿管明敷或暗敷 电缆明敷	BBLX, BLV, BVV BBLX, BLV, BVV ZLL₁₁, VLV, YJV, XLV	LMY：硬铝裸导线 ZLL：油浸绝缘纸电缆
多尘环境（不包括火灾及爆炸危险尘埃）	绝缘线瓷珠、瓷瓶明敷 绝缘线穿钢管明敷或暗敷 电缆明敷或放入沟中	BBLX, BLV, BVV, BLVV BBLX, BLV, BVV ZLL, ZLL₁₁, VLV, YJV XLV, ZLQ	VLV：塑料绝缘铝芯电缆 YJV：塑料绝缘铜芯电缆 YJLV：塑料绝缘（氯乙烯）铝芯电缆
有腐蚀性的环境	塑料线瓷珠、瓷瓶明敷 绝缘线穿塑料管明敷或暗敷 电缆明敷	BLV, BVV, BLVV BBLX, BLV, BVV, BV ZLL₁₁, VLV, YJV, XLV	XLV：橡皮绝缘电缆（铝芯） ZLQ：油浸纸绝缘电缆
有火灾危险的环境	绝缘线瓷瓶明敷 绝缘线穿钢管明敷或暗敷 电缆明敷或放入沟中	BBLX, BLV, BVV BBLX, BLV, BVV ZLL, ZLQ, VLV, YJV XLV, XLHF	BV：铜芯塑料绝缘线 XLHF：橡皮绝缘电缆 其他型号的导线和电缆请查阅有关手册
有爆炸危险的环境	绝缘线穿钢管明敷或暗敷 电缆明敷	BBX, BV, BVV ZL₁₂₀, ZQ₂₀, VV₂₀	

④ 按机械强度选择。由于导线本身的重量以及风、雨、冰、雪等原因，会使导线承受一定的应力，如果导线过细，就容易折断，将引起停电事故。因此，还要根据机械强度来选择，以满足不同用途时导线的最小截面要求，见表 2-6。

表 2-6　按机械强度确定的绝缘导线线芯最小截面

用　　途			线芯的最小截面/mm²		
			铜 芯 线	铜　　线	铝　　线
照明用灯头引下线	民间建筑的屋内		0.4	0.5	1.5
	工业建筑的屋内		0.5	0.8	2.5
	屋外		1.0	1.0	2.5
移动式用电设备	生活用		0.2		
	生产用		1.0		
架设在绝缘支持件上的绝缘导线，其支持点间的距离	<1m	屋内		1.0	1.5
		屋外		1.5	2.5
	≤2m	屋内		1.0	2.5
		屋外		1.5	2.5
	≤6m			2.5	4.0
	≤12m			2.5	6.0
	12~25m			4.0	10
	穿管敷设的绝缘导线		1.0	1.0	2.5

在具体选择导线截面时，必须综合考虑电压损耗、发热条件和机械强度等要求，并充分考虑发展，留有足够的余地，以保证低压配电的安全可靠。

（2）导线型号及选择

① 导线型号。室内低压线路一般采用绝缘导线。导电截面在 10mm² 以下的导线通常为单股，较粗的导线大多采用多股。

② 常用绝缘电线。常用的塑料绝缘电线有 BLV（BV）、BLVV（BVV）、RV、RVS 等型号。除此之外，目前正广泛使用一种叫丁腈聚氯乙烯复合物绝缘软线，它是塑料线的新品种，型号为 RFS（双绞复合软线）和 RFB（平型复合软线）。这种电线具有良好的绝缘性能，并具有耐热、耐寒、耐油、耐腐蚀、耐燃、不易老化等性能，在低温下仍然柔软，使用寿命长，远比其他型号的绝缘软线性能优良。

常用的橡皮绝缘电线型号有 BX（BLX）和 BBX（BBLX）。这两种电线是目前仍在应用的旧品种，它们的生产工艺复杂，成本较高，正逐步被塑料绝缘线所替代。橡皮绝缘线的新品种有 BXF，BLXF 系列产品。这种电线绝缘性能良好且耐光照、耐大气老化、耐油、不易发霉，在室外使用的寿命比棉纱编织橡皮绝缘电线高 3 倍左右，适宜在室外推广敷设。

③ 常用电线和电缆类型的选择。在导体材料选择上尽量采用铝芯导线。但是，也应根据不同场合和特殊情况，以及不希望用铝线的场合而采用铜线。在选择导线时，应着重考虑其型号和截面。

电线、电缆的额定电压是指交、直流电压，它是依据国家产品规定制造的，与用电设备的额定电压不同。

配电电线按其使用电压分 1kV 以下交、直流配电线路用的低压导线和 1kV 以上交、直流配电线路用的高压导线。建筑物的低压配电线路，一般采用 380V/220V、中性点直接接地的三相四线制和三相五线制配电系统，因此线路的导线应采用 500V 以下的电线或电缆。

（3）导线截面的选择

① 电线、电缆截面选择主要满足如下要求：有足够的机械强度，避免由于刮风、结冰或施工等原因被拉断；长期通过负荷电流不应该使导线过热，以避免损坏绝缘或造成短路失火等事故；线路上电压损失不能过大，对于电力线路，电压损失一般不能超过额定电压的 10%，对于照明线路一般不能超过 5%。

② 选择导线的方法、步骤如下：

a. 对于距离 $L \leqslant 200m$ 的线路，一般先按发热条件计算的方法来选择导线截面，然后用电压损失条件和机械强度条件进行校验。对于低压电力线路，因其负荷电流较大，均可按此方法来选择。

b. 对于距离 $L > 200m$ 的较长供电线路，一般按允许电压损失的计算方法来选择截面，然后用发热条件和机械强度进行校验。对于低压照明电路，因其电压水平要求较高，可按此方法来选择。

c. 对于高压线路，一般先按经济电流密度来选择导线截面，然后用发热条件和电压损失条件进行校验。对于高压架空线路，还必须校验其机械强度。根据挡距，电工手册中规定了导线截面的最小值。如按经济电流密度选出的导线截面大于此最小值，当然能满足机械强度的要求；如小于此最小值，就应该按规定的最小值来选择截面。

由于民用建筑主要由低压供配电线路供电，所以导线截面的选择方法主要采用发热条件计算和电压损失计算法。

③ 按发热条件选择导线的截面。由于负荷电流通过导线时会发热，使导线温度升高，而过

高的温度将加速绝缘老化，甚至损坏绝缘，引起火灾。裸导线温度过高时将使导线接头处加速老化，接触电阻增大，引起接头处过热，造成断路事故，因此规定了不同材料和绝缘导线的允许载流量，在这个允许范围内运行，导线温度不会超过允许值。按发热条件选择导线截面，就是要求计算电流不超过长期允许的电流，即

$$I_N \geqslant I_{\Sigma N}$$

式中　I_N——不同截面的导线长期允许的额定电流，单位为 A；

　　　$I_{\Sigma N}$——根据计算负荷求出的总计算电流，单位为 A。

$$I_{\Sigma N} = \frac{S_{\Sigma N}}{\sqrt{3}U_N}$$

式中　$S_{\Sigma N}$——视在计算总负荷，单位为 kV•A；

　　　U_N——电网额定电压，单位为 V。

由于允许载流量与环境温度有关，所以选择导线截面时要注意导线安装地点的环境温度。在选择导线时，通过导线的电流一般不允许超过这个规定值。

④ 按允许电压损失选择导线的截面。电流流过输电导线时，由于线路中存在阻抗，必将产生电压损失。由于用电设备的端电压偏移有一定的允许范围，所以要求线路的电压损失也有一定的允许值。如果线路上电压损失超过了允许值，就将影响用电设备的正常运行。为了保证电压损失在允许值范围内，可以用增大导线的截面积来解决。

由于电压等级不同，电压损失的绝对值 ΔU 并不能确切地反映电压损失的程度，工程上通常用与额定电压的百分比来表示电压损失的程度，即

$$\Delta U\% = \frac{U_1 - U_2}{U_N} \times 100\%$$

在进行设计时，常常是给定了电压损失的允许值，来选择导线或电缆的截面积。

电压损失是由电阻和电抗两部分引起的，对于低电压线路而言，由于输电线的线间距离很近，电压又低，电线截面较小，线路的电阻值比电抗值要大得多，所以可忽略电抗的作用，因此功率因数近似为 1。故在计算电压损失时，只需要考虑线路的电阻和输送的功率。这样电压损失 $\Delta U\%$ 仅与有功负荷 P 的大小和线路的长度 L 成正比，与导线截面积 A 成反比。由此得到计算导线截面积的公式为：

$$A = \frac{PL}{C\Delta U\%}$$

式中　A——导线或电缆的截面积，单位为 mm²；

　　　P——负荷的功率（单相或三相），单位为 kW；

　　　L——线路的长度（指单程距离），单位为 m；

　　　$\Delta U\%$——允许电压损失，单位为%；

　　　C——由电路的相数、额定电压及导线材料的电阻率等决定的常数，称为电压损失计算常数。

⑤ 零线截面积的选择方法。三相四线制供电线路中的零线截面积，可根据流过的最大电流值发热条件进行选择。根据运行经验，也可按小于相线截面积的 1/2 选择，但必须保证零线截面积不得小于机械强度要求的最小允许值。

对于可能发生逐相切断电源的三相电路，其零线截面积应与相线截面积相等。对于单相线的零线截面积，应与相线相同。对于两相带零线的线路，可以近似认为流过零线的电流等于相线电流，故零线截面积应与相线相同。

在选择导线截面积时，除了考虑主要因素外，为了同时满足前述几个方面的要求，必须以计算所求得的几个截面积中的最大者为准，最后从电线产品目录中选用稍大于所求得的线芯截面积即可。

2.2.3　常用的磁性材料

磁性材料分为软磁材料和硬磁材料两大类。

1．软磁材料

软磁材料又称为导磁材料，具有磁导率高、剩磁弱的特点。在外界磁场的作用下，软磁材料能产生较强的磁性，而且随着外界磁场强度的增强，会出现磁饱和的现象；当外界磁场消失后，软磁材料的磁性就基本消失。

常用的软磁材料有硅钢片、电工用纯铁、普通低碳钢片等。

① 硅钢片。硅钢片的磁导率高，电阻率也较高，适用于各种交变磁场，分为热轧和冷轧两种。冷轧硅钢片有单取向和无取向之分。单取向冷轧硅钢片的磁导率与轧制的方向有关，沿轧制方向的磁导率最高，与轧制方向垂直的磁导率最低。无取向冷轧硅钢片的磁导率没有方向性。

电气设备上常用的硅钢片厚度有 0.35mm 和 0.5mm，多用于变压器、交直流电机和各种电器。

② 电工用纯铁。电工用纯铁的电阻率很低，磁性能与纯度有关，纯度越高，磁性能越好。电工用纯铁一般只用于直流磁场或低频工作的设备，常用的型号有 DT3、DT4、DT5、DT6 等。

③ 普通低碳钢片。普通低碳钢片又称无硅钢片，主要用于制造家用电器中的小电机、小变压器中的铁芯。

2．硬磁材料

硬磁材料又称为永磁材料，它最主要的特点是具有较强的剩磁。

硬磁材料在外界磁场的作用下不容易产生较强的磁性，当其达到磁饱和后去掉外界磁场，能够在较长时间内保持较强的磁性。

① 铝镍钴永磁材料。铝镍钴永磁材料是铝镍钴合金，其组织结构稳定，具有优良的磁性能、磁稳定性和较低的温度系数，主要用于制造永磁电机和微电机的磁极。

② 铁氧体永磁材料。铁氧体永磁材料以氧化铁为主，不含镍、钴等较贵重的金属，价格低廉，材料的电阻率高，是应用最多的永磁材料。铁氧体永磁材料的缺点是剩磁较低，温度系数较大。

【技能训练】——做一做

1．训练内容

① 常用电工绝缘材料的识别。
② 常用导电材料的识别。
③ 常用电线电缆的识别。
④ 常用导磁材料的识别。

2．训练要求

① 正确识别不同的电工绝缘材料，并说出它们的名称、性能和用途。
② 正确识别不同的导电材料，并说出它们的名称、性能和用途。
③ 正确识别不同的电线电缆的规格型号。指出其主要用途和敷设方式。
④ 正确识别不同的导磁材料，并说出它们的名称、性能和用途。

3. 器材与工具

常用电工绝缘材料实物若干；常用导电材料实物若干；常用电线电缆等导线实物若干；常用导磁材料实物若干。

4. 训练步骤

① 老师把不同的电工绝缘材料混放在一起，现场的每位同学抽出其中一种材料。每位同学写出所抽材料的名称、性能和用途。

② 老师把不同的导电材料混放在一起，现场的每位同学抽出其中一种材料。每位同学写出所抽材料的名称、性能和用途。

③ 老师把常用的电线电缆混放在一起，现场的每位同学抽出其中一种材料。每位同学写出所抽材料的名称和主要用途。

④ 老师把不同的导磁材料混放在一起，现场的每位同学抽出其中一种材料。每位同学写出所抽材料的名称、性能和用途。

5. 成绩评定

按时间长短和回答正确率来作为检验标准，结果填入表 2-7 中。

表 2-7　常用电工材料的识别检验与评分

工时定额		实用工时	起止时间	时　　分至	时　　分
序号	项目检查	配分	评分标准	扣分	得分

【问题研讨】——想一想

（1）常见的绝缘材料有哪些？各有什么用途？

（2）对导线的线芯有什么要求？对导线的绝缘包层有什么要求？

（3）各种裸导线的用途？绝缘导线的特点及用途？

（4）电力电缆的型号及表示方法？

（5）选用导线的原则是什么？选用导线的方法？

（6）软磁材料、硬磁材料各有哪些类型？各种类型的磁性材料有什么用途？

任务 2.3　导线的连接及绝缘的恢复

导线连接部位是线路的薄弱环节，如果连接部位接触不良或松脱，其接触电阻就会增大，使连接部位处过热，以致损坏绝缘，甚至造成触电或火灾事故。

导线的连接方法有绞接、焊接、压接、螺栓连接等，各种连接方法适用于不同的导线截面及工作地点。导线连接一般按以下四个步骤进行：剖削绝缘层、导线线芯处理、导线连接、绝缘层的恢复。

掌握导线绝缘层的剖削方法，导线的连接、焊接、封端及绝缘层的恢复方法。

任务实施

【相关知识】——学一学

2.3.1　导线绝缘层的剖削

敷设线路时，常常需要在分接支路的接合处或导线不够长的地方连接导线，这个连接处通常称为接头。导线的连接方法很多，有绞接、焊接、压接和螺栓连接等，各种连接方法适用于不同导线及不同的工作地点。导线的连接无论采用哪种方法，都不外乎四个步骤：剖离绝缘层；导线线芯连接；接头焊接或压接；恢复绝缘。

在连接前，必须先剖削导线的绝缘层，要求剖削后的芯线长度必须适合连接需要，不应过长或过短，且不应损伤芯线。

1. 塑料硬线绝缘层的剖削方法

塑料硬线绝缘层的剖削有如下两种方法。

① 用钢丝钳剖削塑料硬线绝缘层。线芯截面在 $4mm^2$ 及以下的塑料硬线，其绝缘层可用电工钢丝钳或剥线钳进行剖削，用电工钢丝钳剖削的方法如图 2-23 所示。先在线头所需长度处，用钢丝钳口轻轻切破绝缘层表皮，然后左手拉紧导线，右手适当用力捏住钢丝钳头部，用力向外勒去绝缘层。在操作中注意：不能用力过大，切痕不可过深，以免伤及线芯，在勒去绝缘层时，不可在钳口处加剪切力，这样会伤及线芯，甚至将导线剪断。

② 对于规格大于 $4mm^2$ 的塑料硬线的绝缘层，直接用钢丝钳剖削较为困难，可用电工刀剖削，方法如图 2-24 所示。先根据线头所需长度，用电工刀刀口对导线成45°角切入塑料绝缘层，注意掌握刀口刚好削透绝缘层而不伤及线芯，如图 2-24（a）所示。然后调整刀口与导线间的角度，以25°角向前推进，将绝缘层削出一个缺口，如图 2-24（b）所示。接着将未削去的绝缘层向后扳翻，再用电工刀切齐，如图 2-24（c）所示。

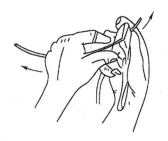

图 2-23　用钢丝钳勒去导线绝缘层

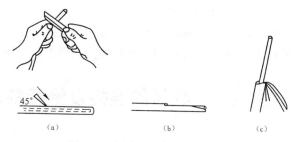

（a）　　　　　　　　　（b）　　　　　　　　　（c）

图 2-24　用电工刀剖削塑料硬线

2. 塑料软线绝缘层的剖削

塑料软线绝缘层剖削除用剥线钳外，仍可用钢丝钳直接剖削截面为 $4mm^2$ 及以下的导线，方法与用钢丝钳剖削塑料硬线绝缘层相同，但不能用电工刀剖削。因为塑料软线太软，线芯又由多股铜丝组成，用电工刀很容易伤及线芯。软线绝缘层剖削后，要求不存在断股（一根细芯线称为一股）和长股（即部分细芯线较其余细芯线长，出现端头长短不齐）现象。否则应切断后重新剖削。

3. 塑料护套线绝缘层的剖削

塑料护套线绝缘层分为外层的公共护套层和内部每根芯线的绝缘层。公共护套层一般用电工

刀剖削,先按线头所需长度,将刀尖对准两股芯线的中缝划开护套层,并将护套层向后扳翻,然后用电工刀齐根切去。

切去护套层后,露出的每根芯线绝缘层可用钢丝钳或电工刀按照剖削塑料硬线绝缘层的方法分别除去。钢丝钳或电工刀在切入时切口应离护套层 0.5～1cm。

4. 橡皮线绝缘层的剖削

橡皮线绝缘层外面有一层柔韧的纤维编织保护层,先用剖削护套线护套层的办法,用电工刀尖划开纤维编织层,并将其扳翻后齐根切去,再用剖削塑料硬线绝缘层的方法,除去橡皮绝缘层。如橡皮绝缘层内的芯线上还包缠着棉纱,可将该棉纱层松开,齐根切去。

5. 花线绝缘层的剖削

花线绝缘层分外层和内层,外层是一层柔韧的棉纱编织层。剖削时先用电工刀在线头所需长度处切割一圈拉去,然后在距离棉纱编织层 10mm 左右处用钢丝钳按照剖削塑料软线的方法将内层的橡皮绝缘层勒去。有的花线在紧贴线芯处还包缠有棉纱层,在勒去橡皮绝缘层后,再将棉纱层松开扳翻,齐根切去。

6. 橡套软电缆线绝缘层的剖削

用电工刀从端头任意两芯线缝隙中割破部分护套层,然后把割破已分成两片的护套层连同芯线(分成两组)一起进行反向分拉来撕破护套层,直到所需长度。再将护套层向后扳翻,在根部分别切断。

橡套软电缆一般作为田间或工地施工现场临时电源馈线,使用机会较多,因而受外界拉力较大,所以护套层内除有芯线外,尚有 2～5 根加强麻线。这些麻线不应在护套层切口根部剪去,应扣结加固,余端也应固定在插头或电具内的防拉板中。芯线绝缘层可按塑料绝缘软线的方法进行剖削。

7. 漆包线绝缘层的去除

漆包线绝缘层是喷涂在芯线上的绝缘漆层。由于线径的不同,去除绝缘层的方法也不一样。直径在 0.6 mm 以上的,可用细砂纸或薄刀片小心磨去或刮去;直径在 0.1 mm 及以下的可用细砂纸或纱布轻轻擦除,但易于折断,需要小心。有时为了确保漆包线的芯线直径准确以便于测量,也可用微火烤焦其线头绝缘层,再轻轻刮去。

8. 铅包线护套层和绝缘层的剖削

铅包线绝缘层分为外部铅包层和内部芯线绝缘层,剖削时先用电工刀在铅包层上切下一个刀痕,再用双手来回扳动切口处,将其折断,将铅包层拉出来。内部芯线的绝缘层的剖削与塑料硬线绝缘层的剖削方法相同,操作过程如图 2-25 所示。

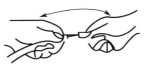

(a)剖切铅包层　　　　　　(b)折断和拉出铅包层　　　　　　(c)剖削芯线绝缘层

图 2-25　铅包线绝缘层的剖削

2.3.2　导线的连接

1. 对导线连接的基本要求

① 接触紧密，接头电阻小，稳定性好。与同长度同截面积导线的电阻比应小于 1 。

② 接头的机械强度应不小于导线机械强度的 80%。

③ 耐腐蚀。对于铝与铝连接，如采用熔焊法，主要防止残余焊剂或熔渣的化学腐蚀；对于铝与铜连接，主要防止电化腐蚀，在接头前后，要采取措施，避免这类腐蚀的存在。

④ 接头的绝缘层强度应与导线的绝缘强度一样。

2. 铜芯导线的连接

（1）单股铜芯线的连接

单股芯线有绞接和缠绕两种方法。绞接法适用于截面较小的导线，缠绕法适用于截面较大的导线。

① 绞接法。用绞接法连接导线的方法是先将芯线直径约 40 倍长剥去线端绝缘层，并勒直芯线，再按以下步骤进行。

a. 把两根线头在离芯线根部的 1/3 处呈 "×" 状交叉，如图 2-26（a）所示。

b. 把两线头如麻花状互相紧绞合 2～3 圈，如图 2-26（b）所示。

c. 先把一根线头扳起与另一根处于下边的线头保持垂直，如图 2-26（c）所示。

d. 把扳起的线头按顺时针方向在另一根线头上紧缠 6～8 圈，圈间不应有缝隙，且应垂直排绕。缠毕切去芯线余端，并钳平切口，不准留有切口毛刺，如图 2-26（d）所示。

e. 另一端头的加工方法，按上述步骤第 c、d 步操作。连接好的导线如图 2-26（e）所示。

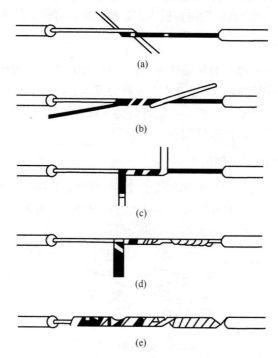

(a)

(b)

(c)

(d)

(e)

图 2-26　单股铜芯线的绞接法连接

② 缠绕法。用缠绕法连接导线的方法是将已去除绝缘层和氧化层的线头相对交叠，再用 1.5mm^2 的裸铜线作缠绕线在其上进行缠绕，当要连接的铜导线直径在 5 mm 及以下时，绑线缠绕

长度为 60mm，如图 2-27（a）所示；当导线直径大于 5mm 时，绑线缠绕长度为 90mm，即如图 2-27（b）中所示绑线缠绕长度为导线直径的 10 倍以上。

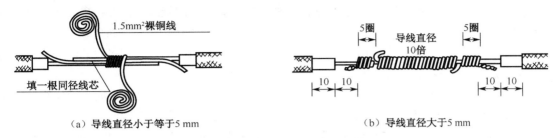

（a）导线直径小于等于5 mm　　　　　（b）导线直径大于5 mm

图 2-27　用缠绕法直线连接单股铜芯线

（2）单股铜芯线的 T 形连接

单股芯线 T 形连接时仍可用绞接法和缠绕法。绞接法是先将除去绝缘层和氧化层的支路芯线与干路芯线剖削处的芯线十字相交，注意在支路芯线根部留出 3～5 mm 裸线，接着顺时针方向将支路芯线在干路芯线上紧密缠绕 6～8 圈，如图 2-28 所示，剪去多余线头，修整掉毛刺。

（3）单股铜芯线打结绞绕连接

打结绞绕连接法，又称为丁字接头打结分支绞线连接法，如图 2-29 所示。把支路导线线头的芯线（导线直径小于 2.6mm）垂直于干线芯线上，并打个"倒背结"绳扣似的倒扣；将支路芯线抽紧扳直，并环绕干线芯线紧密缠绕 5 圈后，用钢丝钳切去余下的芯线；钳平切口毛刺。

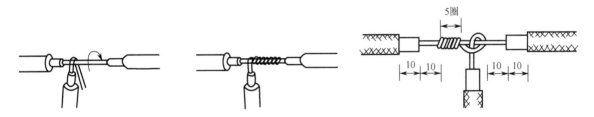

图 2-28　单股铜芯线 T 形连接　　　　图 2-29　单股铜芯导线打结绞绕连接

（4）单股铜芯线十字分支线自绞绕连接

单股铜芯导线小截面十字分支线自绞绕连接法有两种连接方法，如图 2-30 所示。

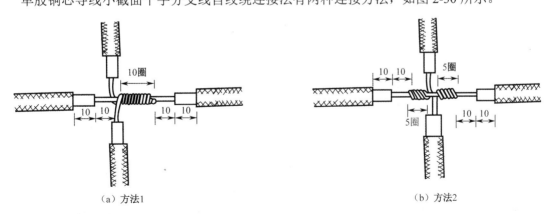

（a）方法1　　　　　　　　　　　（b）方法2

图 2-30　单股铜芯导线十字分支线自绞绕连接

方法 1：把两分支路线头的芯线的相并处，垂直绞在干线的芯线上，并排紧按顺时针方向缠绕在干线上。该方法特点是互相接触而大。

方法 2：把两分支路线头的芯线的相并处，垂直绞在干线的芯线上，分别各自按相反方向缠绕在干线上。该方法特点是互相不绞缠，便于检修。

（5）单股铜芯线与多股铜芯线的分支连接

先按单股铜芯线直径约 20 倍的长度剥除多股线连接处的中间绝缘层，并按多股线的单股芯线直径的 100 倍左右剥去单股线的线端绝缘层，并勒直芯线，再按以下步骤进行。

① 在离多股线的左端绝缘层切口 3～5mm 处的芯线上，用一字旋具把多股芯线分成较均匀的组（如 7 股线的芯线以 3 股、4 股分），如图 2-31（a）所示。

② 把单股铜芯线插入多股铜芯线的两芯线中间，但单股铜芯线不可插到底，应使绝缘层切口离多股铜芯线约 3mm 左右。同时，应尽可能使单股铜芯线向多股铜芯线的左端靠近，以达到距多股线绝缘层的切口不大于 5mm。接着用钢丝钳把多股线的插缝钳平、钳紧，如图 2-31（b）所示。

③ 把单股铜芯线按顺时针方向紧缠在多股铜芯线上，务必要使每圈直径垂直于多股铜芯线轴心，并应使各圈紧挨密排，绕足 10 圈，然后切断余端，钳平切口毛刺，如图 2-31（c）所示。

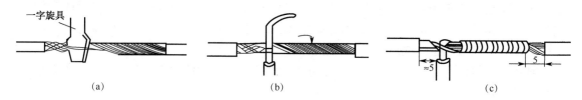

一字旋具

（a）　　　　　　　　　　　（b）　　　　　　　　　　　（c）

图 2-31　单股铜芯线与多股铜线芯线的分支连接

（6）多股铜芯线的直接连接

多股铜芯线的直接连接按以下步骤进行。

① 先将剖去绝缘层的芯线头拉直，接着把芯线头全长的 1/3 根部进一步绞紧，然后把余下的 2/3 根部的芯线头，按如图 2-32（a）所示方法，分散成伞骨状，并将每股芯线拉直。

② 把两导线的伞骨状线头隔股对叉，然后捏平两端每股线，如图 2-32（b）、（c）所示。

③ 先把一端的 7 股线按 2、2、3 股分成三组，接着把第一组第一股芯线扳起，垂直于芯线，如图 2-32（d）所示。然后按顺时针方向紧贴并缠绕两圈，再扳成与芯线平行的直角，如图 2-32（e）所示。

④ 按照与上一步骤相同的方法继续紧绕第二和第三组芯线，但在后一组芯线扳起时，如图 2-32（f）、（g）所示，第三组芯线应紧缠三圈，如图 2-32（h）所示。每组多余的芯线端应剪去，并钳平切口毛刺。导线的另一端连接方法相同。

（7）多股铜芯线的分支连接

先将干线在连接处按支线的单股铜芯线直径约 60 倍长度处剥去绝缘层。支线线头绝缘层的剥离长度约为干线单股铜芯线直径的 80 倍左右，再按以下步骤进行。

① 把支线线头离绝缘层切口根部约 1/10 的一段芯线进一步绞紧，并把余下的 9/10 芯线头松散，并逐根勒直后分成较均匀且排成列的两组（如 7 股线按 3、4 分），如图 2-33（a）所示。

② 在干线芯线中间略偏一点部位，用一字旋具插入芯线股间，分成较均匀的两组。接着把支路略多的一组芯线头插入干线芯线的缝隙中。同时移动位置，使干线芯线约 2/5 和 3/5 分留两段，即 2/5 一段供支线 3 股芯线缠绕，3/5 一段供 4 股芯线缠绕，如图 2-33（b）所示。

③ 先钳紧干线芯线插口处，接着把支线 3 股芯线在干线芯线上按顺时针方向垂直地紧紧排缠至三圈，剪去多余的线头，钳平端头，修去毛刺，如图 2-33（c）所示。

④ 按前一步方法缠绕另 4 股支线芯线头，但要缠足四圈，芯线端口也应不留毛刺，如图 2-33（d）所示。

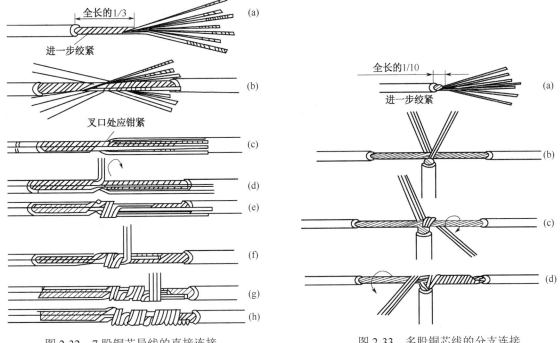

图 2-32 7 股铜芯导线的直接连接

图 2-33 多股铜芯线的分支连接

（6）双芯线的直线连接

双芯线的直线连接如图 2-34 所示，连接方法与单股铜芯导线的直线连接方法相同。

3．导线与针孔接线柱的连接

（1）线头与针孔接线柱的连接

端子板、某些熔断器、电工仪表等的接线部位多是利用针孔附有压接螺钉压住线头完成连接的。线路容量小，可用一只螺钉压接；若线路容量较大，或接头要求较高时，应该用两只螺钉压接。

① 单股芯线与接线柱连接时，最好按要求的长度将线头折成双股并排插入针孔，使压接螺钉顶紧双股芯线的中间。如果线头较粗，双股插不进针孔，也可直接用单股，但芯线在插入针孔前，应稍微朝着针孔上方弯曲，以防压紧螺钉稍松时线头脱出，如图 2-35 所示。

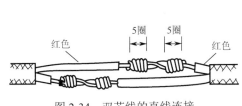

图 2-34 双芯线的直线连接

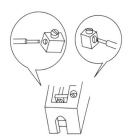

图 2-35 单股芯线与针孔接线压接法

② 在针孔接线柱上连接多股芯线时，应该用钢丝钳将多股芯线进一步绞紧，以保证压紧螺钉顶压时不致松散。注意针孔和线头的大小应尽可能配合，如图 2-36（a）所示。如果针孔过大可选一根直径大小相宜的铝导线做绑扎线，在已绞紧的线头上紧密缠绕一层，使线头大小与针孔合适后再进行压接，如图 2-36（b）所示。如线头过大，插不进针孔时，可将线头散开，适量减去中间几股。通常 7 股可剪去 1～2 股，19 股可剪去 1～7 股，然后将线头绞紧，进行压接，如图 2-36（c）所示。

无论是单股或多股芯线的线头，在插入针孔时，一是注意插到底；二是不得使绝缘层进入针孔，针孔外裸线头的长度也不得超过 3 mm。

　　（a）针孔合适的连接　　　（b）针孔过大时线头的处理　　　（c）针孔过小时线头的处理

图 2-36　多股芯线与针孔接线柱连接

（2）线头与平压式接线柱的连接

平压式接线柱是利用半圆头、圆柱头或六角头螺钉加垫圈将线头压紧，完成导线的连接，对载流量小的单股芯线，先将线头弯成接线圈，再用螺钉压接。其操作步骤如下。

① 离绝缘层根部的 3mm 处向外侧折角，如图 2-37（a）所示。

② 以略大于螺钉直径的曲率弯曲圆弧，如图 2-37（b）所示。

③ 剪去芯线余端，如图 2-37（c）所示。

④ 修整圆圈，如图 2-37（d）所示。

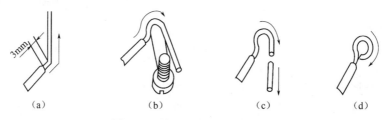

　　　（a）　　　　　　　（b）　　　　　　　（c）　　　　　　　（d）

图 2-37　单股芯线压接圈的弯法

对于横截面积不超过 10mm^2、股数为 7 股及以下的多股芯线，应按如图 2-38 所示的步骤制作压接圈。对于载流量较大、横截面积超过 10mm^2、股数多于 7 股的导线端头，应安装接线耳。

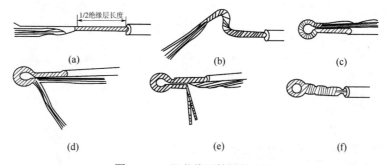

　　　（a）　　　　　　　　　　（b）　　　　　　　　　　（c）

　　　（d）　　　　　　　　　　（e）　　　　　　　　　　（f）

图 2-38　7 股芯线压接圈的弯法

软线线头的连接也可用平压式接线柱。其工艺要求与上述多股芯线的压接相同。

4. 线头与瓦形接线柱的连接

瓦形接线柱的垫圈为瓦形，压接时为了不致使线头从瓦形接线柱内滑出，压接前应先将已去除氧化层和污物的线头弯曲成 U 形，如图 2-39（a）所示，再卡入瓦形接线柱压接。如果在接线柱上有两个线头连接，应将弯成 U 形的两个线头反方向重叠，再卡入接线柱瓦形垫圈下方压紧，如图 2-39（b）所示。

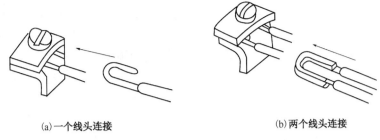

(a) 一个线头连接　　　　　　　　(b) 两个线头连接

图 2-39　单股芯线与瓦形接线柱的连接

5. 铝芯线的连接

（1）小规格铝芯线的连接方法

① 截面积在 $4mm^2$ 以下的铝芯线，允许直接与接线柱连接，但连接前必须经过清除氧化铝薄膜的技术处理。方法是，在芯线端头上涂抹一层中性凡士林，然后用细钢丝刷或铜丝刷擦芯线表面，再用清洁的棉纱或破布抹去含有氧化铝膜屑的凡士林，但不要彻底擦干净表面的所有凡士林。

② 各种形状接点的弯制和连接方法，均与小规格铜质导线的各种连接方法相同，均可参照应用。

③ 铝芯线质地很软，压紧螺钉虽应紧压住线头，不能松动，但也应避免一味拧紧螺钉而把铝芯线压扁或压断。

（2）铜芯线与铝芯线的连接

由于铜与铝在一起时，日久会产生电化腐蚀，因此，对于较大负荷的铜芯线与铝芯线连接应采用铜铝过渡连接管。使用时，连接管的铜端插入铜导线，连接管的铝端插入铝导线，利用局部压接法压接。

2.3.3　导线的焊接

焊接是金属连接的一种方法。利用两金属件连接处理的加热熔化或加压，或两者并用，以造成金属原子之间或分子之间的结合，从而使两种金属永久连接，这个过程称为焊接。电子装配时使用的主要焊接方法是钎焊，就是在固体等焊接材料之间，熔入比待焊材料金属熔点低的焊料，使焊料进入待焊材料之中，并发生化学变化，从而使待焊材料与焊料实现永久的连接。

在电子电路中，焊接的方式有多种，各种方式的适用性也不尽相同。在小批量的生产和维修中，多采用手工电烙铁焊接；成批或大量生产时则采用浸焊和波峰焊等自动化焊接。

1. 焊接的要求

（1）焊接工艺要求

要求每个焊点都有一定的机械强度和良好的电气性能。在焊接过程中，要形成良好的焊点取决于以下几点。

① 被焊金属表面要清洁。被焊金属表面如果存在氧化物或污垢，会不利于焊料在焊接面上形成合金层，造成虚焊、假焊。轻度的氧化物或污垢可通过助焊剂来清除，较严重的要通过化学或机械的方法来清除。

② 被焊金属具有良好的可焊性。可焊性即可浸润性，是指在适当的温度下，被焊金属与焊料在助焊剂的作用下能形成良好焊点的性能。铜是导电性能良好且易于焊接的金属材料，常用元器件的引脚、导线及接点等大多采用铜材料制成。

③ 使用合适的焊料和助焊剂。焊料的成分及性能与被焊金属的可焊性、焊接的温度及时间、焊点的机械强度等相适应，锡焊工艺中使用的焊料是锡铅合金，根据锡铅的比例及含有其他少量金属成分的不同，其焊接特性也不同，应根据不同的要求正确选择焊料。

助焊剂在焊接的过程中可清除被焊金属表面氧化物或污垢，从而保持其表面清洁，提高焊锡的流动性，形成良好的焊点。助焊剂的种类很多，效果也不一样，必须根据被焊金属材料、焊点表面状况和焊接方式来选用。

④ 合适的焊接时间和温度。焊接过程中，通过烙铁加热使焊料熔化浸润被焊金属表面，并在结合面形成合金。焊接温度过低，会造成虚焊；温度过高，会损坏元器件和电路板。合适的焊接温度是保证焊接质量的重要因素。手工焊接中，控制温度的关键是选用合适的电烙铁和掌握焊接时间。

焊接时间是指在焊接过程中，完成一个焊接点所需要的全部时间。需要根据被焊接材料的性质和焊接点的大小，经过反复实践才能够充分掌握焊接时间和温度，焊接时间过短，会使温度太低；焊接时间过长，则温度过高。

（2）焊接质量要求

一个良好的焊点应符合以下条件。

① 电气性能良好。高质量的焊点应是焊料与被焊金属形成牢固的合金层，才能保证良好的导电性。不能简单地将焊料堆附在被焊金属表面上。

② 具有一定的机械强度。焊点的作用是连接两个或两个以上的元器件，并使电气接触良好。电子设备有时要工作在振动的环境中，为使焊件不松动或脱落，焊点必须具有一定的机械强度。

③ 焊点上的焊料要适量。焊点上的焊料过少，不仅降低机械强度，而且由于表面氧化层加深，易造成焊点失效。焊点上的焊料过多，不仅增加成本，而且容易造成桥连（短路），所以焊点上的焊料要适量。

④ 焊点表面应具有良好光泽且表面光滑。良好的焊点应有光泽且表面光滑，不应有凹凸不平等现象，这主要是由于助焊剂中未完全挥发的树脂成分形成的薄膜覆盖在焊点的表面，能防止焊点表面的氧化。

⑤ 焊点不应有毛刺、空隙。焊点表面存在毛刺、空隙不仅不美观，还会给电子产品带来危害，尤其是高频电路中，两个相近的毛刺间易造成尖端放电。

⑥ 焊点表面要清洁。焊接点表面周围要清洁，无助焊剂残渣及污垢，这些物质会降低电路的绝缘性，而且对焊接点也有一定的腐蚀作用。

焊点的正确形状如图 2-40 所示。图中焊点 a，一般焊接比较牢固；焊点 b 为理想状态，但不易焊出这样的形状；焊点 c 焊锡较多，当焊盘较小时，可能会出现这种情况，但是往往有虚焊的可能；焊点 d、e 焊锡太少；焊点 f 提烙铁时方向不合适，造成焊点形状不规则；焊点 g 烙铁温度不够，焊点呈碎渣状，这种情况多数为虚焊；焊点 h 焊盘与焊点之间有缝隙，为虚焊或接触不良；焊点 i 引脚放置歪斜。一般形状不正确的焊点，元件多数没有焊接牢固，一般为虚焊点，应重焊。

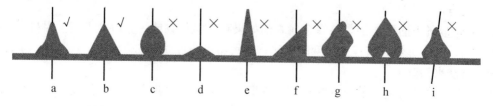

图 2-40　焊点的正确形状

2．焊接工艺

（1）锡焊的方法

锡焊是利用受热熔化的焊锡对铜、铜合金、钢、镀锌薄钢板等材料进行焊接的一种方法。锡焊接头具有良好的导电性、一定的机械强度以及对焊锡加热熔化后，可方便地拆卸等优点，所以在生产上应用较广。

在进行导线焊接前，应对母材焊接处进行清洁处理，这是保证焊接质量的重要条件。常用砂布、锉刀和刀片进行这项工作，以清除焊接处的油漆或氧化层。清洁处理后的母材要及时涂上焊剂。

常用的焊接方法有以下几种：

① 电烙铁焊接。电烙铁的操作很方便，适用于薄板和铜导线的焊接。焊接时要注意控制焊锡的熔化温度。过高的温度易使焊锡氧化而失去焊接能力，过低的温度会造成虚焊，降低焊接质量。

② 沾焊。沾焊时用加热设备（如电炉、煤炉等）将容器中的焊锡熔化，再将涂有焊剂的焊接头浸入熔化的焊锡中实现焊接。这种焊接法生产率很高，焊接质量也较好。

③ 喷灯焊接。喷灯是一种喷射火焰的加热工具。焊接时先用喷灯将母材加热并不时地涂焊剂，当达到合适温度时，将焊锡接触母材，使之熔化并铺满焊接处。这种方法适合较大尺寸母材的焊接。

（2）电烙铁手工焊接要点

① 焊接时的姿势和手法。一般是坐着焊，工作台和坐椅的高度要适当，挺胸端坐，操作者鼻尖与烙铁尖的距离应在 20 cm 以上，选好烙铁头的形状和适当的握法。电烙铁的握法一般有三种，第一种是握笔式，如图 2-41（a）所示，这种握法使用的烙铁头一般是直形的，适合于用小功率电烙铁对小型电子设备及印制电路板的焊接。第二种是正握式，如图 2-41（b）所示，用于弯头烙铁的操作或直烙铁头在机架上焊接。第三种是反握式，如图 2-41（c）所示，这种握法动作稳定，适于用大功率电烙铁对热容量大的工件的焊接。

（a）握笔式　　　　　　（b）正握式　　　　　　（c）反握式

图 2-41　电烙铁的三种握法

② 焊锡丝的拿法。先将焊锡丝拉直并截成 30 cm 左右的长度，用不拿烙铁的手握住，配合焊接的速度和焊锡丝头部熔化的快慢适当向前送进。焊锡丝的拿法有两种，如图 2-42 所示，操作者可以根据自己的习惯选用。

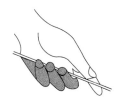　

图 2-42　焊锡丝的拿法

③ 焊接面在焊前的清洁和搪锡。清洁焊接面的工具可用砂纸（布），也可用废锯条做成刮刀。

焊接前应先清除焊接面的绝缘层、氧化层及污物，直到完全露出紫铜表面，其上不留一点脏物为止。有些镀金、镀银或镀锡的母材，由于基材难以上锡，所以不能把镀层刮掉，只能用粗橡皮擦去表面脏物。焊接面清洁处理后，应尽快搪锡，以免表面重新氧化，搪锡前应先在焊接面涂上焊剂。

对扁平集成电路引线，焊前一般不做清洁处理，但焊接前应妥善保存，不要弄脏引线。

④ 掌握好焊接温度和时间。

⑤ 恰当掌握焊点形成的火候。焊接时不要将烙铁头在焊点上来回磨动，应将烙铁头搪锡面紧贴焊点，等到焊锡全部熔化，并因表面张力收缩而使表面光滑后，迅速将烙铁头从斜面上方约45º 角的方向移开，这时焊锡不会立即凝固，一定不要使被焊件移动，否则焊锡会凝成砂粒状或造成焊接不牢固而形成虚焊。

（3）用电烙铁的焊接步骤

手工焊接可用基本的五步操作法，如图 2-43 所示。

图 2-43　焊接五步操作法

第一步：准备。认准焊点位置，烙铁头和焊锡丝靠近，处于随时可以焊接的状态。

第二步：加热。烙铁头放在工件焊点处，加热焊点。

第三步：熔化焊锡。焊锡丝放在焊点上，熔化适量的焊锡。

第四步：拿开焊锡丝。熔化适量焊锡后迅速拿开焊锡丝。

第五步：撤烙铁。焊锡的扩展范围达到要求后，拿开烙铁。注意烙铁头撤离的速度和方向，保持焊点美观。

3．导线的焊接

导线的焊接主要有导线与接线端子的焊接、导线与导线之间的焊接，主要采用绕焊、钩焊和搭焊三种基本形式，如图 2-44 所示。

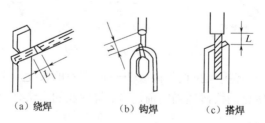

（a）绕焊　　　　（b）钩焊　　　　（c）搭焊

图 2-44　导线与端子的焊接

绕焊：把经过镀锡的导线端头在接线端子上缠绕一圈，用钳子拉紧缠牢后进行焊接。

钩焊：将导线端子弯成钩形，钩在接线端子上，用钳子夹紧后焊接。

搭焊：把镀锡的导线端搭到接线端子上焊接。

2.3.4　导线的封端

安装好的配线最终要与电气设备相连，为了保证导线线头与电气设备接触良好并具有较强的机械性能,对于多股铝线和截面大于 2.5mm² 的多股铜线,都必须在导线终端焊接或压接一个接线端子,再与设备相连。这种工艺过程称为导线的封端。

1. 铜导线的封端

铜导线的封端有以下两种方法:

① 锡焊法。锡焊前,先将导线表面和接线端子孔用砂布擦干净,涂上一层无酸焊锡膏,将线芯搪上一层锡,然后把接线端子放在喷灯火焰上加热,当接线端子烧热后,把焊锡熔化在端子孔内,并将搪好锡的线芯慢慢插入,待焊锡完全渗透到线芯缝隙中后,即可停止加热。

② 压接法。将表面清洁且已加工好的线头直接插入内表面已清洁的接线端子线孔,用压接钳压接。

2. 铝导线的封端

铝导线一般用压接法封端。压接前,剥掉导线端部的绝缘层,其长度为接线端子孔的深度加上 5mm,除掉导线表面和端子孔内壁的氧化膜,涂上中性凡士林,再将线芯插入接线端子内,用压接钳进行压接。当铝导线出线端与设备铜端子连接时,由于存在电化腐蚀问题,因此应采用预制好的铜铝过渡接线端子,压接方法同前所述。

2.3.5　导线绝缘层的恢复

在线头连接完成后,导线连接前破坏的绝缘层必须恢复,且恢复后的绝缘强度一般不应低于剖削前的绝缘强度,才能保证用电安全。在低压电路中,常用的恢复材料有黄蜡布带、聚氯乙烯塑料带和黑胶布等多种。一般采用 20mm 的规格,其包缠方法如下:

① 包缠时,先将绝缘带从左侧的完好绝缘层上开始包缠,应包入绝缘层 30~40mm,包缠绝缘带时要用力拉紧,带与导线之间应保持约 45° 倾斜,如图 2-45(a)所示。

② 进行每圈斜叠缠包,后一圈必须压叠住前一圈的 1/2 带宽,如图 2-45(b)所示。

③ 包至另一端也必须包入与始端同样长度的绝缘带,然后接上黑胶布,并应使黑胶布包出绝缘带层至少半根带宽,即必须使黑胶布完全包没绝缘带,如图 2-45(c)所示。

④ 黑胶布也必须进行 1/2 叠包,包到另一端也必须完全包没绝缘带,收尾后应用双手的拇指和食指紧捏黑胶布两端口,进行一正一反方向拧旋,利用黑胶布的黏性,将两端口充分密封起来,尽可能不让空气流通。这是一道关键的操作步骤,决定着加工质量的优劣,如图 2-45(d)所示。

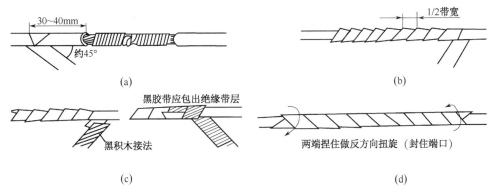

图 2-45　对拉拉点绝缘层的恢复

在实际应用中，为了保证经恢复的导线绝缘层的绝缘性能达到或超过原有标准，一般均包两层绝缘带后再包一层黑胶布。

【技能训练】——做一做

1. 训练内容

导线绝缘层的剖削、连接、焊接、封端与绝缘层的恢复。

2. 训练要求

① 能正确地进行导线的绝缘层剖削、连接、焊接、封端与绝缘层的恢复。

② 掌握焊接工艺。

③ 熟练使用常用电工工具。

3. 器材与工具

电工工具（螺丝刀、电工刀、剥线钳、尖嘴钳、电烙铁）1 套；松香、焊锡若干；单股铜线、多股铜线各 1 米；电工胶布 1 卷。

4. 训练步骤

① 单股和多股铜线的线头绝缘层的剥离训练，剖削导线绝缘层，并将有关数据填入表 2-8 中。

表 2-8　常用导线绝缘层剖削

导 线 种 类	导 线 规 格	剖 削 长 度	剖削工艺要点
塑料硬线			
塑料软线			
塑料护套线			
花线			

② 导线线头连接训练，将常用导线进行连接，并将连接情况填入表 2-9 中。

表 2-9　常用导线的连接

导 线 种 类	导 线 规 格	连 接 方 式	线 头 长 度	绞 合 圈 数	密 缠 长 度	线头连接工艺要点
单股芯线		直连				
单股芯线		T 形连				
7 股芯线		直连				
7 股芯线		T 形连				

③ 导线焊接训练，用铜线分别焊接成正方体和圆锥体，并将连接情况填入表 2-10 中。

表 2-10　导线焊接记录

几 何 图 形	电烙铁规格	焊料、焊剂	图形主要尺寸	图　　示
正方体				

续表

几 何 图 形	电烙铁规格	焊料、焊剂	图形主要尺寸	图 示
圆锥体				

④ 线头绝缘层的恢复。在连接完工的线头上，用符合要求的绝缘材料包缠绝缘层，并将包缠情况填入表 2-11 中。

表 2-11 线头绝缘层包缠

线路工作电压	所用绝缘材料	各自包缠层数	包缠工艺要点
380V			
220V			

5. 注意事项

① 各种电工工具的使用操作时，注意前述内容中的使用注意问题，确保人身和设备的安全。

② 导线的绝缘层的剥离、连接、焊接、绝缘层的恢复方法及操作中应注意的问题。

6. 成绩评定

本项任务的评分标准见表 2-12。

表 2-12 导线的连接、焊接与绝缘层的恢复考核评分标准

项 目 内 容	配　分	扣 分 标 准	扣　分	得　分
导线的剖削	25 分	1）导线剖削方法不正确，扣 10 分 2）工艺不规范，扣 10 分 3）导线损伤为刀伤，扣 10 分 4）导线损伤为钳伤，扣 5 分		
导线的连接	25 分	1）导线缠绕方法不正确，扣 20 分 2）导线缠绕不整齐，扣 15 分 3）导线连接不平直，扣 10 分 4）导线连接不紧凑且不圆，扣 15 分		
导线的焊接	20 分	1）导线的焊接方法不正确，扣 15 分 2）焊接不牢固，扣 10 分 3）焊点不实，有虚焊，扣 10 分		
导线绝缘层的恢复	20 分	1）包缠方法不正确，扣 10 分 2）绝缘层数不够，扣 10 分 3）包缠绝缘带不平直，扣 10 分		
安全操作	10 分	1）不遵守实训室规章制度，违反操作规程，扣 10 分 2）不服从指导教师安排，扣 10 分		
总评：				

（注：各项内容中扣分总值不超过各项内容所配分数）

【问题研讨】——想一想

（1）试叙述剥离塑料软线绝缘层的工艺过程。

（2）试叙述多股铜芯线分支连接的工艺过程。

（3）铝线的连接应注意什么问题？

（4）如何恢复导线接头的绝缘层？

（5）导线焊接应注意哪些问题？

（6）试叙述铜导线和铝导线的封端工艺。

项目 3　常用电工仪表的使用

项目内容

电工仪表是用于测量电压、电流、电能、电功率等电量和电阻、电感、电容等电路参数的仪表，在电气设备安全、经济、合理运行的监测与故障检修中起着十分重要的作用。电工仪表的结构性能及使用方法会影响电工测量的精确度，电工必须能够合理地选用电工仪表，而且要了解常用电工仪表的基本工作原理及使用方法。本项目的主要内容有：

- ◆ 电工测量的基础知识。
- ◆ 电工仪表的基础知识和常用电工仪表的使用。

项目目标

- ◆ 了解电工测量的基础知识。
- ◆ 了解电工仪表的分类、面板符号的意义及仪表的工作原理。
- ◆ 掌握仪表的使用方法及注意事项。
- ◆ 能够正确地选择仪表，熟练地、规范地使用常用电工仪表；能够正确地测量相关物理量。

任务 3.1　电工测量及电工仪表的基础知识

任务引入

电工技术中，在分析、检修电路时往往需要知道电路中各种电量信号的大小、性质等，以便更好地理解和判断电路的工作状态。电工测量就是利用电工测量仪表对电路中的物理量（如电压、电流、电能等）的大小进行测量。电工测量是由电工测量仪表和电工测量技术共同来完成的，仪表是依据，技术是保证。

任务目标

了解电工测量的方法、测量误差的概念、表示方法；掌握测量误差消除的方法；了解常用电工仪表的分类、面板符号的意义、组成及性能指标。

任务实施

【相关知识】——学一学

用来测量电流、电压、功率等电量的指示仪表称为电工测量仪表，简称为电工仪表。常用的电工仪表有电流表、电压表、万用表、钳形电流表、兆欧表、接地电阻测定仪、功率表、电度表等多种。

电工测量仪表还能间接地对各种非电量（如温度、压力、流量等）进行测量。电工测量在电气设备安全、经济、合理运行的监测与故障检修中起着十分重要的作用。

电工测量仪表的结构性能及使用方法会影响电工测量的精确度，电气技术人员必须能够合理地选用电工测量仪表，而且要了解常用电工测量仪表的基本工作原理及使用方法。

3.1.1　电工测量的基础知识

1. 电工测量方法

电工测量就是通过物理实验的方法，将被测量与其同类的单位进行比较的过程，比较的结果一般分为两部分，一部分为数值，一部分为单位。

为了对同一个量在不同的场合进行测量时都有相同的测量单位，就必须采用一种公认的固定不变的单位，所以测量单位的确定和统一非常重要。虽然目前各国还有着自己所特有的某些单位，但现在国际上已经公认和广泛应用的是 1960 年第十届国际计量大会制定的国际单位制，国际单位制已被国际上所有科学领域所接受，包括我国在内的几乎所有国家都以法令或条例的形式正式宣布采用，定为法定的计量单位制度。

测量单位的复制实体称为度量器，如标准电池、标准电阻和标准电感等，分别是电动势、电阻和电感的复制实体。电学度量根据其准确度高、低分为基准器、标准器和工作量具三大类。

在测量过程中，由于采用测量仪器仪表的不同，也就是说度量器是否直接参与，以及测量结果如何取得等，因而形成了不同的测量方法。常用的测量方法主要有以下几种：

（1）直接测量法

直接测量法是指测量结果可以从一次测量的实验数据中得到。它可以使用度量器直接参与比较，测得被测数值的大小；也可以使用具有相应单位分度的仪表，直接测得被测数值。如用电流表测电流、用电压表测电压等都属于直接测量法。直接测量法具有方法简便、读数迅速等优点。但是它的准确度除受到仪表的基本误差的限制外，还由于仪表接入测量电路后，仪表的内阻被引入测量电路中，使电路的工作状态发生了改变，因此直接测量法准确度较低。

（2）比较测量法

比较测量法是将被测量与度量器在比较器中进行比较，从而测得被测量数值的一种方法。比较测量法又可分为零值法、较差法、替代法。

① 零值法。又称指零法或平衡法。它是利用被测量对仪器的作用，与已知量对仪器的作用二者相抵消的办法，由指零仪表做出判断。当指零仪表指零时，表明被测量与已知量相等。与用天平称物体的质量一样，当指针指零时，表明被测物的质量与砝码的质量相等，根据砝码的质量便知被测物质的数值。可见零值法测量的准确度取决于度量器的准确度和指零仪表的灵敏度。电桥就是采用零值法原理的。

② 较差法。是利用被测量与已知量的差值，作用于测量仪器而实现测量目的的一种测量方法，较差法有着较高的测量准确度。标准电池的相互比较就采用这种方法。

③ 替代法。是利用已知量代替被测量，而不改变仪器原来的读数状态，这时被测量与已知量相等，从而获取测量结果，其准确度主要取决于标准量的准确度和测量装置的灵敏度。其优点是准确度和灵敏度都较高；缺点是操作麻烦，设备复杂。此法适用于精密测量。

（3）间接测量法

间接测量法是指测量时，只能测出与被测量有关的量，然后经过计算求得被测量。例如，用伏安法测电阻，先用电压表和电流表测出电阻两端的电压和电阻上的电流，再利用欧姆定律算出电阻的值。显然间接测量法要比直接测量法的误差大。

总之，测量中到底选用哪种测量方法，要由被测量对测量结果准确度的要求及测量设备等因素决定。

2. 测量误差及表示方法

生产过程中需要测量的参数是多种多样的，测量方法和测量原理也各不相同，但测量过程却有相同之处。测量过程实质上是将被测变量与其相应的标准单位进行比较，从而获得确定的量值，实现这种比较的工具就是测量仪表。

测量的目的是为了获得真实值，而测量值与真实值不可能完全一样，两者之间存在一定的差值，这个差值就是测量误差，测量误差有多种分类方式。

（1）按误差的表示方式分类

① 绝对误差。仪表的测量值与真实值之差称为绝对误差。用公式表示为：

$$\Delta x = x - x_0$$

式中　Δx——绝对误差；

　　　x——测量值，即测量仪表的指示值；

　　　x_0——真实值，实际上真实值通常是用更精确的仪表的指示值来近似的。

绝对误差越小，说明测量结果越准确，越接近真实值，但绝对误差不具有可比性。绝对误差的单位与被测量的单位相同。

② 相对误差。相对误差即绝对误差与测量值的百分比。相对误差表示测量误差较为确切。用公式表示为：

$$\delta = \frac{\Delta x}{x} \times 100\%$$

式中　δ——相对误差。

用相对误差来判断测量结果的相对精度。

测量结果可表示为 $x \pm \Delta x$，读作"x 正负偏差 Δx"；也可以表示为 $x(1 \pm \delta)$。

测量值、误差及单位称为测量结果的三要素。

③ 引用误差。引用误差也称为满度相对误差，用绝对误差Δx与仪表满度值x_M之比的百分数来表示，即

$$\gamma = \frac{\Delta x}{x_M} \times 100\% = \frac{\Delta x}{x_上 - x_下} \times 100\%$$

式中　γ——引用误差；

　　　x_M——仪表的满度值，即仪表的量程，$x_M = x_上 - x_下$；

　　　$x_上$——仪表量程的上限值；

　　　$x_下$——仪表量程的下限值。

用最大引用误差表示测量仪表的准确度等级。为了提高测量结果的准确度，实际测量时应使指针的偏转尽可能处于满度值（x_M）的 2/3 以上为佳。

绝对误差与相对误差的大小反映了测量结果的准确度，引用误差的大小反映了测量仪表性能的好坏。

（2）按误差出现的规律分类

① 系统误差（又称为规律误差）。大小和方向具有规律性的误差称为系统误差，一般可以克服。

② 过失误差（又称为疏忽误差）。测量者在测量过程中，因疏忽大意造成的误差称为过失误差。操作者在工作过程中，应加强责任心，提高操作水平，可以克服过失误差。

③ 随机误差（又称为偶然误差）。同样条件下反复测量多次，每次结果均不重复的误差称为随机误差。随机误差是由偶然因素引起的，不易被发现和修正。

（3）按误差的工作条件分类

① 基本误差。仪表在规定的工作条件（如温度、湿度、振动、电源电压等）下，仪表本身所具有的误差。

② 附加误差。在偏离规定的工作条件下，使用仪表时产生的误差。

3．消除测量误差的方法

（1）消除系统误差的方法

① 度量器及测量仪器进行校正。在测量中，度量器和测量仪器的误差直接影响测量结果的准确度，所以常引入其更正值，以消除误差。

② 消除误差的根源。例如，选择合理的测量方法，配置适当的测量仪器，改善仪表、电路的安装质量和配线方式，测量前调整仪表零位，采取屏蔽措施消除外部影响。

③ 采取特殊的测量方法。

a. 替代法。在保持仪表读数状态不变的条件下，用等值的已知量去代替被测量。这样测量结果就与测量仪表的误差及外界的影响无关，从而消除了系统误差。例如，用电桥测量电阻时，用标准电阻代替被测电阻，并调整标准电阻使电桥达到原来的平衡状态，被测电阻值等于这个标准电阻值，这样就排除了电桥本身和外界的影响因素，消除了由它们引起的系统误差。

b. 正负消去法。如果第一次测量误差为正，第二次测量时误差为负，则可对同一量测量两次，然后取两次的平均值，便可消除这种系统误差。

c. 换位法。当系统误差恒定不变时，在两次测量中使它从相反的方向影响测量结果，然后取平均值，从而使这种系统误差得到消除。例如，用等比率电桥进行测量时，为了消除比率臂电阻值不准确造成的误差，可采用换臂措施，即将两个比率臂电阻的位置调换一下，再进行一次测量，然后取测量的平均值即可。

（2）消除随机误差的方法

对于随机误差的消除，只能根据多次测量中各种偶然误差出现的偶然率，用统计的方法加以处理。在足够多次的测量中，绝对值相等的正误差和负误差出现的机会是相同的，而且，小误差比大误差出现的机会总是更多。这样，在足够多次的测量中，随机误差的算术平均值必然趋近于零。这是因为在一系列测量的偶然误差总和中，正、负误差相互抵消的结果。由此可知，为了消除随机误差对测量结果的影响，可以采用增加重复测量次数的方法来达到。测量次数越多，测量结果的算术平均值就越接近实际值。在工程测量中由于随机误差较小，通常可以不考虑。

（3）消除疏忽误差的方法

由于疏忽误差是显然的错误，并且常常严重地歪曲了测量结果，因此，包含疏忽误差的测量结果是不可信的，应以抛弃。

4．有效数字

（1）有效数字的概念

测量时，从仪表指示刻度上直接读出的准确读数加上一位估计数字，称为测量值的有效数字。在表示测量结果时，必须采用正确的有效数字，不能多取，也不能少取。少取了会损害测量的精度，多取了则又夸大了测量的精度。

那么，记录测量数值时，该用几位数字来表示呢？下面通过一个具体的例子来说。如图 3-1 所示，表示一个 0～30A 的电流表在两种测量情况下指针的指示结果。第一次指针在 5～6A 之间，可记作 5.5A。其中数字"5"是可靠的，称为可靠数字，而最一位"5"是估计出来的不可靠数字（欠准数字），两者合称为有效数字。通常只允许保留一位不可靠数字。对 5.5 这个数字来说，有效数字是两位。第二次测量指针在 14A 的地方，应记为 14.0A，这也是三位有效数字。

图 3-1　仪表的读数

数字"0"在数中可能不是有效数字。例如，5.5A 还可写成 0.0055kA，这时前面的三个"0"仅与所用单位有关，不是有效数字，该数有效数字仍为两位。对于读数末位的"0"，不能任意增减，它是由测量设备的准确度来决定的。

（2）有效数字的正确表示

① 记录测量数值时，只保留一位不可靠数字。通常最后一位有效数字可能有 ±1 个单位或 ±0.5 个单位的误差。

② 有效数字的位数应取得与所用仪器的误差（准确度）相一致，并在表示时注意与误差量的单位相配合。大数值和小数值要用幂的乘积形式来表示。

例如，仪器的测量误差为 ±0.01V，而测量数据为 3.212V，其结果应取为 3.21V。有效数字为三位。

③ 在所有计算中，常数（如 π、e 等）及乘除（如 1/2 等）的有效数字的位数可以没有限制，在计算中需要几位就取几位。

④ 表示误差时，一般只取一位有效数字，最多取两位有效数字。例如，±1%、±1.5%。

（3）有效数字的运算规则

处理数字时，常常要运算一些精度不相等的数值。按照一定规则计算，既可以提高计算速度，也不会因数字过少而影响计算结果的精度。常用规则如下。

① 加减运算时，各数所保留的小数点后的位数，一般应与各数中小数点后位数最少的相同。例如，13.6、0.056、1.666 相加，小数点后最少位数是一位（13.6），所以应将其余两个数约到小点后一位，然后相加，即

$$13.6+0.1+1.7=15.4$$

为了减少计算误差，也可以在修约时多保留一位小数，即

$$13.6+0.06+1.67=15.33$$

其结果应为 15.3。

② 乘除运算时，各因子及计算结果所保留的位数，一般与小数点位置无关，应以有效数字位数最小的项为准，例如，0.12、1.057 和 23.41 相乘，有效数字位数最少的是两位（0.12），则

$$0.12 \times 1.06 \times 23 \approx 2.96$$

3.1.2 电工仪表的基础知识

1. 常用电工仪表的分类

电工仪表按不同的分类方法有如下几种。

① 按仪表的工作原理分有：磁电系、电磁系、电动系、感应系等，其中磁电系仪表应用最为普遍。

② 按测量对象不同分有：电流表（安培表）、电压表（伏特表）、功率表（瓦特表）、电度表（千瓦时表）、欧姆表及万用表等，其中万用表是一种综合性的电工测量仪表，使用很广泛。

③ 按被测电量种类的不同分有：交流表、直流表、交直流两用表等。

④ 按使用性质和装置方法的不同分有：固定式（开关板式）和便携式。

⑤ 按误差等级不同分有：0.1 级、0.2 级、0.5 级、1.0 级、1.5 级、2.5 级、5.0 级共七个等级。其基本误差和使用场合见表 3-1。

表 3-1 电工测量仪表的精度等级

精度等级	0.1	0.2	0.5	1.0	1.5	2.5	5.0
基本误差	±0.1%	±0.2%	±0.5%	±1.0%	±1.5%	±2.5%	±5.0%
使用场合	标准表		实验用表		工程测量用表		

⑥ 按仪表取得读数的方法有：指针式、数字式和记录式等。其中指针式仪表使用较多，但数字式仪表作为一种发展趋势，正得到越来越广泛的应用。

2. 电工仪表常用面板符号

在电工仪表的面板上，多标有表示该仪表有关技术特性的各种符号。这些符号表示该仪表的结构、种类、基本参数、使用条件或方法等，它为正确选用仪表提供了重要依据。电工仪表的面板部分符号见表 3-2。

表 3-2 电工测量仪表的面板部分符号

名 称	标 志 符 号	名 称	标 志 符 号
直流表	——	公共端	*
交流表	∼	磁电系仪表	⊓
交直流表	≈	电磁系仪表	⌇
电流表	Ⓐ	电动系仪表	⊟
电压表	Ⓥ	感应系仪表	⊙
功率表	Ⓦ	整流系仪表	⊓▷
瓦时表（电度表）	Ⓦⓗ	精度等级 0.5 级	⓪⑤

续表

名　称	标 志 符 号	名　称	标 志 符 号
垂直使用	⊥	绝缘强度试验电压 500V	☆
水平使用	⊓	II 级防外磁场	II

3. 电工测量仪表的基本组成和工作原理

电工指示仪表的基本原理是将被测电量或非电量变换成指示仪表活动部分的偏转角位移量。一般来说，被测量不能直接加到测量机构上，通常是将被测量转换成测量机构可以测量的过渡量，这个将被测量转换为过渡量的组成部分就是"测量线路"。将过渡量按某一关系转换成偏转角的机构称为"测量机构"。测量机构由活动部分和固定部分组成，它是仪表的核心，其主要作用是产生使仪表的指示器偏转的转动力矩以及使指示器保持平衡和迅速稳定的反作用力矩和阻尼力矩。如图 3-2 所示为电工指示仪表的基本组成框图。

图 3-2　电工指示仪表的基本组成框图

电工指示仪表的基本工作原理是：测量线路将被测电量或非电量转换成测量机构能直接测量的电量时，测量机构活动部分在偏转力矩的作用下偏转。同时，测量机构产生反作用力矩的部件所产生的反作用力矩也作用在活动部件上，当转动力矩与反作用力矩相等时，可活动部分便停止下来。由于可活动部分具有惯性，以至于它在达到平衡时不能迅速停止，仍在平衡位置附近来回摆动。因此，在测量机构中设置阻尼装置，依靠其产生的阻尼力矩使指针迅速停止在平衡位置上，指出被测量的大小。

4. 电工仪表的产品型号

电工仪表的产品型号可以反映出仪表的用途及工作原理，必须按有关规定的标准编制。安装式仪表型号的含义如下：

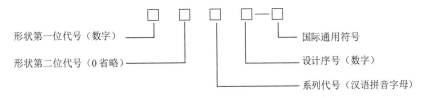

第一位形状代号按仪表面板形状最大尺寸编制；第二位形状代号按仪表的外壳尺寸编制；系列代号按仪表工作原理类别编制，如 C 表示磁电系仪表、T 表示电磁系仪表、D 表示电动系仪表、G 表示感应系仪表、L 表示整流系仪表等；最后一位国际通用符号是用途符号，如 A 表示电流表、V 表示电压表、kWh 表示电能表等。例如，某仪表的型号为 44T2-A，"44"表示形状代号，"T"表示电磁系仪表，"2"为设计序号，"A"表示用于电流测量。

便携式指示仪表有不用形状的代号，它的第一位为组别号，用来表示仪表的各类系列，其他部分则与安装式仪表相同。例如，C51-A 型仪表是磁电系电流表，"51"为设计序号。

5. 电工仪表的选择和使用

在电气测量过程中，为了准确地获取测量数据，要选用合适的测量仪表，如果仪表选择和使用不当，不仅会造成测量误差，甚至还会影响到仪表的使用寿命及人身安全。

（1）仪表类型的选择

按测量对象的性质选择仪表类型，首先视被测量是直流还是交流，以便选用直流仪表或交流仪表。如果测量交流量，要注意是正弦波还是非正弦波，还要区分被测量是平均值、有效值、瞬时值，还是最大值，对于交流量还要注意信号的频率。

（2）仪表准确度等级和量程的选择

测量结果的准确程度不仅与仪表的准确度有关，且还与仪表的量程有关，因此，在考虑准确度的同时必须考虑到量程，要根据待测量的大小，选择量程合适的仪表，以减小测量误差。

（3）仪表内阻的选择

按测量对象和测量线路的电阻大小选择仪表的内阻，仪表内阻的大小直接反映仪表本身的功率损耗。测量过程中，为使仪表接入电路后不致影响电路的工作状态，减小仪表的功率损耗，电压表要并联在电路中，一般电压表的内阻大于与之并联的电阻100倍时，电压表内阻的影响就可忽略不计。电流表要串联在电路中，一般电流表的内阻小于与之串联电阻的1/100倍时，电流表内阻的影响就可忽略不计。

在实际测量中，应根据被测电路的具体情况尽可能地采取相应的措施以减小仪表内阻造成的误差。例如，在使用单相功率表测量功率时，若负载电阻比功率表电流线圈电阻大很多，则应采用电压线圈前接的方式；若负载电阻比功率表电压支路电阻小很多，则应采用电压线圈后接的方式。

（4）其他因素

除上述主要因素外，在选择仪表时还要考虑其他因素对测量准确度的影响。例如，按测量对象选择仪表的允许额定值，仪表是否有足够高的绝缘强度和耐压能力，是否有承受短时间过载的能力等。必须结合测量对象的实际情况，综合考虑各种因素，才能选出合适的仪表，得到准确度较高的测量结果。

【问题研讨】——想一想

（1）电工测量仪表的用途是什么？它们是如何分类的？

（2）常用的测量方法有哪些？各是如何进行测量的？

（3）什么是测量误差？如何进行分类的？如何消除测量误差？

（4）测量仪表由哪些部分组成？其工作原理是什么？

（5）选用电工测量仪表时应考虑哪些因素？

任务 3.2　万用表的使用

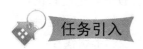 任务引入

万用表是一种多用途、多量程、便携式电量测量仪表，可以用于测量交直流电流、交直流电压、电阻以及音频信号电平、三极管共发射极直流电流放大系数等参数。

了解 MF47 型指针式万用表、DT840 型数字式万用表的结构及用途；掌握它们的面板符号的意义及使用方法。

【相关知识】——学一学

万用表是一种多功能、多量程的便携式电工测量仪表。万用表可以进行直流电压、直流电流、交流电压、交流电流、电阻和晶体管参数的测量，功能相当于电流表、电压表、欧姆表等基本电工仪表的组合。较高档次的万用表还可测量交流电流、电容量、电感量等多种电路参数，万用表因此而得名。近年来，特别是数字式万用表的发展和普及，使得万用表的生产和应用都上了一个新台阶。

万用表根据所应用的测量原理和测量结果显示方式的不同，可分为模拟式（指针式）万用表和数字式万用表两大类。指针式万用表是先通过一定的测量机构将被测的模拟电量转换成电流信号，再由电流信号驱动表头指针偏转，从表头的刻度盘上即可读出被测量的值。

数字式万用表先由模/数转换器将被测量的模拟量转换成数字量，然后由电子计数器进行计数，最后把测量结果用数字直接显示在显示器上。

3.2.1　MF47 型指针式万用表的使用

1. MF47 型指针式万用表的面板结构及用途

一般指针式万用表面板上都具备：多条标度尺的表盘、表头指针、转换开关、机械调零旋钮、电阻挡零欧姆调节旋钮和表笔插孔，其面板如图 3-3 所示。

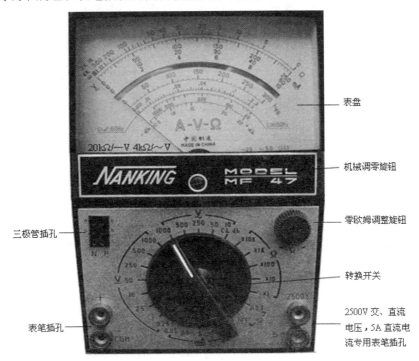

图 3-3　MF47 型万用表的面板结构

MF47 型万用表有 24 个挡位，可分别测量直流电压、直流电流、交流电压、电阻、电容、电感、电平及晶体管的共发射极直流放大系数。它们是通过改变面板上转换开关的挡位，从而改变测量电路的测量结构，以满足各种功能的测量要求的。

2．MF47 型指针式万用表的结构

（1）表头与表盘

① 表头。指针式万用表是万用表进行各种不同测量的公用部分，是一只高度灵敏的磁电式直流电流表，万用表主要性能指标基本取决于表头的性能。表头灵敏度越高，内阻越大，则万用表性能越好。

② 表盘。表盘上的多条刻度线与各种测量项目相对应，如图 3-4 所示。MF47 型万用表共有七条刻度线，从上到下第一条是欧姆刻度线，第二条是交直流电压、电流刻度线，第三条是交流 10V 挡专用刻度线，第四条是三极管电流放大倍数刻度线；第五条是电容量刻度线；第六条是电感量刻度线；第七条是音频电平刻度线。使用时应熟悉每条标度尺上的刻度及所对应的被测量。此外，表盘上还附有各种符号、字母和数字，其含义见表 3-3。

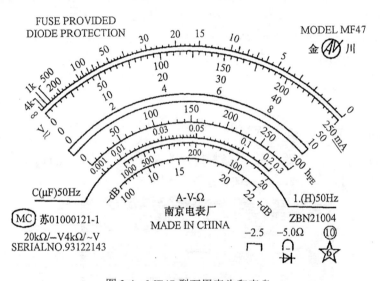

图 3-4　MF47 型万用表头和表盘

表 3-3　MF47 型万用表表盘主要符号、字母、数字含义

符号、字母、数字	意　义
MF47	M—仪表，F—多用式，47—型号
—2.5	测量直流电压、直流电流时精确度是标度尺满刻度偏转的 2.5%
~5.0	测量交流电压时精确度是标度尺满刻度偏转的 5.0%
⌐	水平放置使用
⌓⊳	磁电系整流式仪表
☆6	绝缘强度试压 6kV

续表

符号、字母、数字	意　义
⬡ MC 苏 01000121—1	江苏省仪表生产批准文号
20kΩ/—V	测量直流电压时输入电阻为每伏 20kΩ，相应灵敏度为 1V/20kΩ=50μA
4kΩ/～V	测量交流电压时输入电阻为每伏 4kΩ，相应灵敏度为 1V/4kΩ=250μA

（3）测量线路

指针式万用表用一只表头完成对多种电量进行多量程的测量，关键在于万用表内设置了一套测量线路，电路由各基本参量（电流、电压、电阻等）的测量电路综合而成。旋转面板上的转换开关可选择所需要的测量项目和量程。

（4）转换开关

万用表转换开关由固定触点、可动触点和开关手柄组成，其作用是按测量种类及量程选择的要求，在测量线路中组成所需要的测量电路。

3．MF47 型指针式万用表的使用方法

使用之前首先熟悉表盘上的各符号的意义及各个旋钮和选择开关的主要作用。然后进行表头的机械调零，调整表头的机械调零旋钮，使指针准确地指示在标度尺的零位上（指电流、电压刻度的零位），否则测量结果不准确；根据被测量的种类及大小，选择转换开关的挡位及量程，找出对应刻度线；选择表笔插孔的位置，将测试笔红、黑两表笔分别插入万用表面板上的"＋"、"－"插孔内。

（1）直流电流的测量

根据待测电流的大小，将选择开关旋至与直流电流相应的量程上，并将红、黑测试笔串接在被测电路中，电流从红表笔（电表正极）流入，从黑表笔（电表负极）流出。指针在标度尺上对应的数值，即为被测电流的大小。

（2）直流电压的测量

根据待测电压的大小，将选择开关旋至与待测电压大小相应的直流电压量程上。测电压时应将两只表笔并联在要测量的两点上。红表笔应接在电压高的一端，黑表笔接在电压低的一端。

（3）交流电压的测量

将选择开关旋至与待测的交流电压相应的量程上，交流电压无正、负极性之分，测量时不必考虑极性问题。测量交流电压时应注意，表盘上交流电压的刻度是有效值，且只适用于正弦交流电。

（4）电阻的测量

测量电阻之前，应首先选择适当的倍率挡，并在相应挡调零，即将两表笔短接，旋动零欧姆调节器，使表针指在 0Ω 处，然后将两表笔分开，接入被测元件。当表笔短路调零时，调整零欧姆调节器，指针不能调至零时，可能是电池电压不足，应更换新电池。

（5）三极管电流放大系数 h_{FE} 的测量

应先判别被测三极管的类型（NPN、PNP 型），可利用电阻挡的表笔极性对管型进行判别。使用"h_{FE}"挡前还应先调零，将挡位选择开关拨至"ADJ"挡位，然后调节欧姆校零旋钮，让表针指到标有"h_{FE}"刻度线的最大刻度"300"处，实际上表针此时也指在欧姆刻度线"0"刻度外。将挡位选择开关置于"h_{FE}"挡。根据三极管的类型和引脚的极性将三极管插入相应的测量插孔，

PNP 型三极管插入标有"P"字样的插孔，NPN 型三极管插入标有"N"字样的插孔。读数时查看标有"h_{FE}"的刻度线，观察表针所指的刻度数。另外，指针式万用表三极管共发射极偏置电路提供的偏置有限，一般适应于小功率管，测量结果仅供参考。

指针式万用表使用时应注意以下事项。

① 测量前，根据被测量的种类和大小，把转换开关置于合适的位置。选择适当量程，使指针在刻度尺的 1/3～2/3 之间。

② 在测试未知量时，先将选择开关旋至最高量程位置，而后自高向低逐次向低量程挡转换，避免造成电路损坏和打弯指针。

③ 测量高压和大电流，不能在测量时旋转转换开关，避免转换开关的触点产生电弧而损坏开关。

④ 测量电阻时，应先将电路电源断开，不允许带电测量电阻。测量高电阻值元件时，操作者手不能接触被测量元件的两端，也不允许用万用表的欧姆挡直接测量微安表表头、检流计、标准电池等的内阻。

⑤ 测量完毕，应将转换开关置于交流电压最高挡，防止再次使用时，因不慎损坏表头。

⑥ 被测电压高于 100V 时需注意安全。

⑦ 万用表应在干燥、无振动、无强磁场、环境温度适宜的条件下使用。

⑧ 万用表长时间不用时，应取出电池。

3.2.2　VC890D 型数字式万用表

1. VC890D 型数字式万用表的面板结构

数字式万用表显示直观、速度快、功能全、测量精度高、可靠性好、小巧轻便耗电少、便于操作，已成为电工、电子测量以及维修等部门的必备仪表。利用 VC890D 型数字式万用表可以进行交、直流电压，交、直流电流，电阻，二极管，晶体管 h_{FE}，带声响的通断等测试，并具有极性选择、过量程显示及全量程过载保护等特点。VC890D 型数字式万用表的面板结构如图 3-5 所示。

2. VC890D 型数字式万用表的使用

（1）使用前的检验

首先检查数字万用表外壳和表笔有无损伤，再做如下检查，

① 将电源开关打开，显示屏应用数字显示，若显示屏出现低电压符号应及时更换电池。

② 表笔孔旁的"MAX"符号，表示测量时被测电路的电流、电压不得超过的规定值。

③ 测时量，应选择合适量程。若不知被测值的大小，可将转换开关置于最大量程挡，在测量中按需要逐步下降。

④ 如果显示器只显示"1"，一般表示量程偏小，称为"溢出"，需选择较大的量程。

⑤ 当转换开关置于"Ω""二极管"挡时，不得带电测量。

（2）直流电压的测量

直流电压的测量范围为 0～1000V，共分 5 挡，被测量值不得高于 1000V 的直流电压。

① 将黑表笔插入"COM"插孔，红表笔插入"VΩ"插孔。

② 将转换开关置于直流电压挡的相应量程。

③ 将表笔并联在被测电路两端，红表笔接高电位端，黑表笔接低电位端。

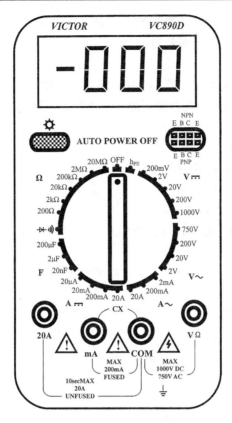

图 3-5 VC890D 型数字式万用表面板结构

（3）直流电流的测量

直流电流的测量范围 0~20A，共分四挡。

① 范围在 0~200mA 时，将黑表笔插入"COM"插孔，红表笔插入"mA"插孔；测量范围在 200mA~20A 时，红表笔应插入"20A"插孔。

② 转换开关置于直流电流挡的相应量程上。

③ 两表笔与被测电路串联，且红表笔接电流流入端，黑表笔接电流流出端。

注意：被测电流不得大于所选量程，否则会烧坏内部熔体。

（4）交流电压的测量

交流电压的测量范围为 0~750V，共分五挡。

① 将黑表笔插入"COM"插孔，红表笔插入"VΩ"插孔。

② 将转换开关置于交流电压挡的相应量程。

③ 红、黑表笔不分极性且与被测电路并联。

（5）交流电流的测量

交流电流的测量范围为 0~20A，共分四挡。

① 表笔插法与直流电流测量时相同。

② 将转换开关置于交流电流挡的相应量程上。

③ 表笔与被测电路串联，红黑表笔不需考虑极性。

（6）电阻的测量

电阻的测量范围为 0~200MΩ，共分七挡。

① 将黑表笔插入"COM"插孔，红表笔插入"VΩ"插孔（注：红表笔极性为"+"）。

② 将转换开关置于电阻挡的相应量程上。

③ 表笔断路或被测电阻值大于量程时，显示为"1"。

④ 仪表与被测电阻并联。

⑤ 严禁被测电阻带电，且阻值可直接读出，无须乘以倍率。

⑥ 测量大于 1MΩ 电阻值时，几秒钟后读数方能稳定，这属于正常现象。

（7）电容的测量

电容测量范围为 0～20μF，共分五挡。

① 将转换开关置于电容档的相应量程上。

② 将待测电容两脚插入"CX"插孔中，即可读数。

（8）二极管测试和电路通断检查

① 将黑表笔插入"COM"插孔，红表笔插入"VΩ"插孔中。

② 将转换开关置于"二极管"位置。

③ 红表笔接二极管正极，黑表笔接负极，则可测得二极管正向压降的近似值。可根据电压降大小判断出二极管材料的类型。

④ 将两只表笔分别接触被测电路两端点，若两点电阻值小于 70Ω 时，表内蜂鸣器发出蜂鸣声则说明电路是通的，反之，则不通。以此可用来检查电路的通断。

（9）晶体管共发射极直流电流放大系数的测试

① 将转换开关置于"h_{FE}"位置。

② 测试条件为：I_b=10μA，U_{ce}=2.8V。

③ 三只引脚分别插入仪表面板的相应插孔中，显示器将显示出放大系数的近似值。

【技能训练】——做一做

1. 训练内容

指针式万用表和数字式万用表的使用。

2. 训练要求

掌握指针式万用表和数字式万用表的使用方法，能用万用表测量电压、电流、电阻和三极管的参数。

3. 器材与工具

指针式、数字式万用表各 1 块；导线 1 段；电阻器：51Ω、510Ω、5.1kΩ、51kΩ、10Ω、1kΩ、10kΩ、150kΩ 各 1 只；1.5V、9V 干电池各 1 只；直流电源 1 台；三极管 PNP、NPN 型各 1 只。

4. 训练步骤

① 分别用指针式万用表、数字式万用表测量交流电压。分别用指针式万用表、数字式万用表测量实验室电源的相电压和线电压，将测量值填入表 3-4 中。

表 3-4 交流电压的测量

测 量 对 象	电源相电压	电源线电压
用指针式万用表的测量值		
用数字式万用表的测量值		

② 分别用指针式万用表、数字式万用表测量直流电压。分别用指针式万用表、数字式万用表测量 1.5V、9V 干电池两端的电压，将测量值填入表 3-5 中。

表 3-5　直流电压的测量

测 量 对 象	1.5V 干电池两端的电压	9V 干电池两端的电压
用指针式万用表的测量值		
用数字式万用表的测量值		

③ 分别用指针式万用表、数字式万用表测量直流电流。分别将指针式万用表、数字式万用表的直流电流挡串联在由 9V 的干电池与阻值分别为 100Ω、10kΩ 的电阻所连接成的闭合直流电路中，测量电路中的电流值，将测量数据填入表 3-6 中。

表 3-6　直流电流的测量

测 量 对 象	电阻为 100Ω 时，电路的电流	电阻为 10kΩ 时，电路的电流
用指针式万用表的测量值		
用数字式万用表的测量值		

④ 分别用指针式万用表、数字式万用表测量电阻值。用指针式万用表和数字式万用表的欧姆挡分别测量不同的电阻值，将测量的数据填入表 3-7 中。

表 3-7　电阻的测量

测 量 对 象	51Ω	510Ω	1kΩ	10kΩ	51kΩ	150kΩ
用指针式万用表的测量值						
用数字式万用表的测量值						

⑤ 分别用指针式万用表、数字式万用表测量晶体管放大系数 h_{FE}。用指针式万用表和数字式万用表的 h_{FE} 挡分别测量 PNP 型和 NPN 型三极管的 h_{FE} 值，将测量的数据填入表 3-8 中。

表 3-8　晶体管放大系数 h_{FE} 的测量

测 量 对 象	PNP 型三极管的 h_{FE}	NPN 型三极管的 h_{FE}
用指针式万用表的测量值		
用数字式万用表的测量值		

5. 注意事项

① 指针式万用表、数字式万用表在使用操作时，注意前述内容中的使用注意问题，确保人身和设备的安全。

② 用万用表测量电压、电流时，先估算待测电压、电流的大小，选择合适的量程，一般先选大一些的量程挡，进行读数，如果读数太小再换小量程挡，但所选量程必须大于被测量，使指针在刻度尺的 1/3～2/3 之间。严禁用万用表的欧姆挡测量电压、电流。

③ 用指针式万用表测量电阻和 h_{FE} 时注意调零。

6. 成绩评定

本项任务的评分标准见表 3-9。

表 3-9　万用表使用的考核评分标准

项目内容	配　分	扣 分 标 准	扣　分	得　分
测量交流电压	20分	1）仪表挡位、量程选用错误，每项扣 10 分 2）读数错误，每次扣 5 分		
测量直流电压	15分	1）仪表挡位、量程选用错误，每项扣 10 分 2）读数错误，每次扣 5 分		
测量直流电流	20分	1）电路连接错误，扣 10 分 2）仪表挡位、量程选用错误，每项扣 10 分 3）读数错误，每次扣 5 分		
测量电阻	20分	1）仪表挡位、量程选用错误，每项扣 10 分 2）读数错误，每次扣 5 分		
测量三极管的 h_{FE}	15分	1）仪表挡位选用错误，扣 10 分 2）读数错误，每次扣 5 分		
安全操作	10分	1）不遵守实训室规章制度，违反操作规程，扣 10 分 2）不服从指导教师安排，扣 10 分		
总评：				

（注：各项内容中扣分总值不超过各项内容所配分数）

【问题研讨】——想一想

（1）指针式万用表由哪几个部分组成？各部分的作用是什么？

（2）使用指针式万用表时要注意哪些问题？用指针式万用表测量电阻时应注意哪些问题？测量交、直流电压时各应注意哪些问题？

（3）用指针式万用表和数字式万用表测量电阻时，操作方法有何不同？为什么？指针式万用表和数字式万用表的红、黑表笔接表内的电池极性有何不同？

（4）如果未测量时，指针式万用表的指针不在机械零位，如何调整？调整后如果还不在零位，测量时对测量值应如何修正？

任务 3.3　电流表、电压表和功率表的使用

任务引入

电流表又称为安培表，用于测量电路中的电流。电压表又称为伏特表，用于测量电路中的电压。功率表又称瓦特表，是电动系仪表，用于测量直流电路和交流电路中的电功率。

任务目标

了解电流表、电压表和功率表的结构及工作原理，掌握电流表、电压表和功率表的使用方法。能正确地使用电流表、电压表、功率表测量电路中的电流、电压和功率。

【相关知识】——学一学

3.3.1　电流表和电压表的使用

1．电流表和电压表的结构和工作原理

电流表又称为安培表，用于测量电路中的电流。电压表又称为伏特表，用于测量电路中的电压。按其工作原理的不同，它可分为磁电式、电磁式、电动式三种类型。

① 磁电式仪表的结构与工作原理。磁电式仪表主要由永久磁铁、极靴、铁芯、可动线圈、游丝、指针等组成，如图 3-6（a）所示。

当被测电流流过线圈时，线圈受到磁场力的作用产生电磁转矩绕中心轴转动，带动指针偏转，游丝也发生弹性形变。当线圈偏转的电磁力矩与游丝形变的反作用力矩相平衡时，指针便停留在相应位置，在面板刻度标尺上指示出被测数据。

与其他仪表比较，磁电式仪表具有测量准确和灵敏度高、消耗功率小、刻度均匀等优点，应用非常广泛。如直流电流表、直流电压表、直流检流计等都属于此类仪表。

② 电磁式仪表的结构与工作原理。电磁式仪表主要由固定部分和可动部分组成。以排斥型结构为例，固定部分包括圆形的固定线圈和固定于线圈内壁的铁片，可动部分包括固定在转轴上的可动铁片、游丝、指针、阻尼片和零位调整装置，如图 3-6（b）所示。

当固定线圈中有被测电流通过时，线圈电流的磁场使定铁片和动铁片同时被磁化，且极性相同而互相排斥，产生转动力矩。定铁片推动动铁片运动，动铁片通过传动轴带动指针偏转。当电磁偏转力矩与游丝形变的反作用力矩相等时，指针停转，面板上指示值即为所测数值。

电磁仪表具有过载能力强，交直流两用的优点，但其准确度较低，工作频率范围不大，易受外界影响，附加误差较大。

③ 电动式仪表的结构与工作原理。电动式仪表由固定线圈、可动线圈、指针、游丝和空气阻尼器等组成，如图 3-6（c）所示。

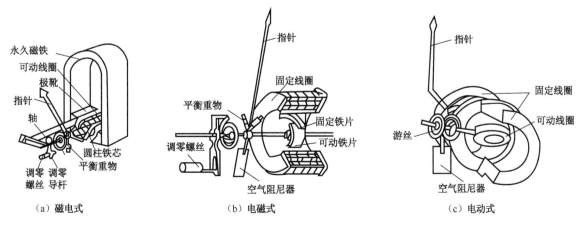

图 3-6　电流表、电压表的结构

当被测电流流过固定线圈时，该电流变化的磁通在可动线圈中产生电磁感应，从而产生感应电流。可动线圈受固定线圈磁场力的作用产生电磁转矩而发生转动，通过转轴带动指针偏转，在

刻度板上指示出被测数值。

电动式仪表测量准确度高，且可交直流两用，测量参数范围广，可以构成多种线路、测量多种参数，如电流、电压和功率等。但由于它的固定线圈较弱，测量易受外磁场影响，且可动线圈的电流由游丝导入，过载能力小。

2. 电流和电压的测量。

（1）电流的测量

① 直流电流的测量。测量电流时，必须将电流表串联在被测电路中，并且电流表的电流从标有"＋"的接线端子流入，从标有"－"的接线端子流出，如图3-7所示。图中 R_0 为表头内阻。

测量直流电流通常采用磁电系电流表，而磁电系仪表的表头不允许通过大电流。为了扩大电流表的量程，在表头两端并联一个分流器 R_A，如图3-8所示。需要扩大的量程愈大，则分流器的电阻应愈小。

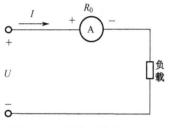
图3-7　电流表直接串入电路

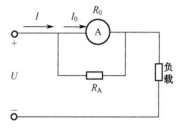
图3-8　电流表量程的扩大电路

② 交流电流的测量。测量交流电流主要采用电磁系电流表。电磁系电流表采用固定线圈，允许通过大电流。由于其内阻较大，它不采用分流器来扩大量程，而是采用改变固定线圈的接法，或利用电流互感器来扩大量程。

如图3-9所示为双量程电磁系电流表接线图，当被测电流为0～5A时，把两组线圈串接，如图3-9（a）所示为5A量程接线图；当被测电流大于5A小于10A时，把两组线圈并接，如图3-9（b）所示为10A量程接线图。

在被测交流电流大于仪表量程时，需用电流互感器来扩大仪表的量程，如图3-10所示。电气工程上配电流互感器用交流电流表，量程通常为5A，不需换算，表盘读数即为被测电流值。

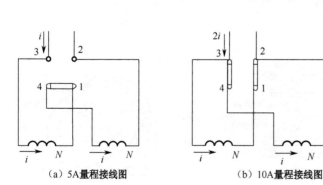
（a）5A量程接线图　　　（b）10A量程接线图

图3-9　双量程交流电流表的接法

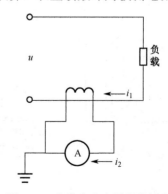
图3-10　交流电流表量程的扩大

在进行电流测量时应注意以下几点：

a. 明确电流的性质。若被测电流是直流电，则使用直流电流表；若被测电流是交流电，则使用交流电流表。

b. 必须将电流表串联在被测电路中。由于电流表具有一定的内阻，串联电流表后，总的等效电阻会有所增加，使实际测得的电流小于被测电流。为减小这种误差，要求电流表的内阻很小，故严禁将电流表并联在负载的两端。否则将造成短路，将电流表烧坏。

c. 进行直流电流测量时，极性连接一定要正确。串联电流表时，应将电流从标有"＋"的接线端子流入，从标有"－"的接线端子流出。

d. 注意电流表的量程范围。多量程的电流表，使用时应估计被测电流的大小，选择合适的量程。若测量值超过量程，则有可能导致电流表损坏。

（2）电压的测量

① 直流电压的测量。测量电压时，必须将电压表并联在被测电路中，并且电压表的"＋"极接高电位，"－"极接低电位，如图 3-11 所示。

测量直流电压通常用磁电系仪表，但是磁电系仪表只允许通过很小的电流，测量时也只能测较低的电压（不超过 mV 级），为了测量高电压，将表头串联一个倍压器 R_V（附加电阻）来扩大量程，如图 3-12 所示。

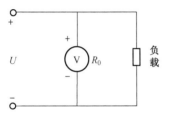

图 3-11　电压表并入被测电路

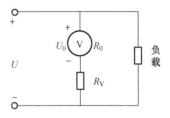

图 3-12　电压表量程的扩大电路

需要扩大的量程愈大，倍压器的电阻则愈大。磁电系仪表灵敏度高，因此倍压器电阻大，它一般都做成内附式。

综上所述，电压表的内阻由表头内阻 R_0 和倍压器电阻 R_V 一起构成，因此电压表的内阻与电压量程有关，用电压表的总内阻除以电压量程来表明这一特征，称为电压灵敏度，表示其内阻每伏多少欧姆，即 Ω/V。电压表内阻愈大，灵敏度愈高，消耗功率愈小，对被测电路工作状态影响愈小。

② 交流电压的测量。交流电压通常用电磁系电压表进行测量，可借助于电压互感器测量较高的交流电压。电磁系电压表扩大量程可采用串接倍压器电阻的方法，多量程电压表也可以采用分段式倍压器，方法同磁电系仪表相同。

电磁系电压表既要保证较大的电磁力使仪表产生足够的转矩，又要减少匝数，防止频率误差，因此要求通过仪表的电流大，也就是电压表的内阻要小，通常每伏只有几十欧姆，所以电磁系仪表的电压灵敏度较低。

进行电压测量时应注意以下几点：

① 明确电压的性质，选择对应的交流或直流电压表进行测量。

② 必须将电压表并联在负载两端。为了使被测电路不因接入电压表而受影响，电压表的内阻应尽可能大。如果误将电压表串联在电路中，则得不到要测量的电压。

③ 进行直流电压测量时，极性连接一定要正确。电压表的"＋"极接高电位，"－"极接低电位。

④ 如果被测电压的数值大于仪表的量程，就必须扩大电压表的量程。

3.3.2　功率表的使用

功率表又叫瓦特表、电力表，用于测量直流电路和交流电路的功率。在交流电路中，根据测量电流的相数不同，又有单相功率表和三相功率表之分。

1. 功率表的结构及工作原理

电功率由电路中的电压和电流决定，因此功率表的测量结构主要由固定线圈和可动线圈组成。固定线圈的导线较粗、匝数较少，称为电流线圈，与被测负载串联；可动线圈的导线较细、匝数较多，并串联一定的分压电阻，称为电压线圈，与被测负载并联。功率表通常采用电动式仪表的测量机构，其测量原理如图 3-13 所示。

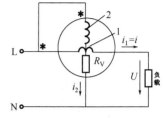

图 3-13　功率表的接线

当测量直流电路的功率时，功率表指针的偏转角度取决于负载的电流和电压的大小。

当测量交流电路的功率时，其指针偏转角度与负载电压、负载电流和功率因数成正比，即

$$\alpha = K_p IU \cos\varphi = K_p P$$

因此电动系仪表可用来测量功率，表盘直接按功率均匀刻度。

在功率表测量机构中有一个电流线圈（固定线圈）1 和一个电压线圈（可动线圈）2，分别连接到被测电路中，两个线圈的一个端子上分别标有"＊"号，这两个端子应接到电源的同一极性上，若有一个线圈反接，指针将反偏，则无法读出功率的数值，如图 3-6 所示。功率表电流线圈的电流就是被测电流 i，电压线圈两端的电压就是被测电路的两端电压 u。

功率表的电流线圈通常由两个相同的线圈组成，改变两个线圈的连接方法，可得双量程电流，其原理同交流电流表相同。功率表的电压量程是通过改变倍压器电阻进行改变的，功率表量程则为电压量程和电流量程的乘积，因此选择功率表量程的实质则是选择电压和电流的量程。

电动式功率表也可以测量直流电功率，接线时注意电压线圈和电流线圈的极性应保持一致。

电动式功率表不论测量交流电路还是直流电路的功率，其指针偏转角均与被测电路的功率成正比，而且标尺的刻度是均匀的。

2. 功率表的使用

（1）单相电路功率的测量。

电动式功率表指针的偏转方向是由通过电流线圈和电压线圈的电流方向决定的，如果改变一个线圈的电流方向，指针将反偏。为了保证指针正偏，通常在电流线圈和电压线圈的接线端标记"＊"号，叫做电源端。规定电源端接线规则为：功率表电流线圈的电源端必须和电源相接，另一接线端与负载相接；电压线圈的电源端可与电流线圈的任一接线端相接，另一接线端跨接被测负载的另一端。按照这一规则接线，指针就不会反偏。

功率表的两种接线方式，即"前接法"和"后接法"。当被测负载功率小时，考虑功率表功率消耗对测量结果的影响，可根据情况选择适当的接法。

① "前接法"的连接如图 3-14（a）所示。"前接法"接线的电流线圈中流过的电流是负载电流，但电压线圈两端电压包含负载电压和电流线圈的电压降，使得功率表的读数中多出了电流线圈的损耗。因此，"前接法"适用于负载电阻远大于电流线圈电阻的测量。

② "后接法"的连接如图 3-14（b）所示。"后接法"的电压线圈上的电压等于负载电压，但电流线圈中的电流包含负载电流和电压线圈的电流，即功率表的读数中多出了电压线圈的损耗。

因此，"后接法"比较适用于负载电阻远小于电压线圈电阻及大电流、大功率负载的测量。

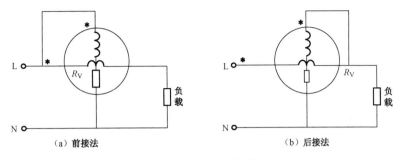

图 3-14 功率表的接法

实际测量中，如果被测负载的功率很大，上述两种接线方法可任选。

③ 功率表一般是多量程的，电动式功率表的多量程是通过电流和电压的多量程来实现的。功率表一般具有两个电流量程、两个或三个电压量程。电流线圈分成两部分，引出四个接线端，因此把两组电流圈接成串联或并联时可以得到两种电流量程，高量程的测量范围恰好是低量程的两倍。串联连接是低量程，并联连接是高量程。单相功率表的连接方法如图 3-15 所示。

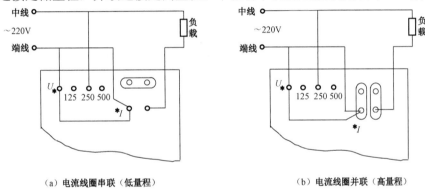

图 3-15 单相功率表的连接方法

如果被测量电路的功率大于功率表的量程，则必须加接电流互感器与电压互感器扩大其量程，如图 3-16 所示。电路实际功率为：

$$P=k_1k_2P_1$$

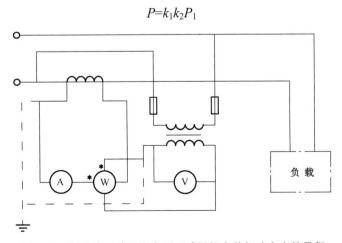

图 3-16 用电流互感器和电压互感器扩大单相功率表的量程

式中 P——为实际功率，单位为 W；

P_1——为功率表的读数，单位为 W；

k_1——为电流互感器的比率；

k_2——为电压互感器的比率。

（2）三相电路功率的测量

① 用单相功率表测量三相电路的功率。用单相功率表测量三相电路的功率时，可以采取一表法、二表法和三表法。

a. 一表法的接线如图 3-17 所示，此方法用于对称三相电路，即用一只功率表测出其中一相的功率，则三相功率 $P=3P_1$。

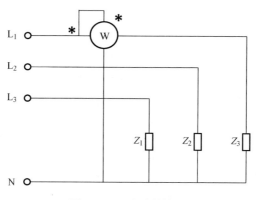

图 3-17　一表法接线图

b. 二表法接线如图 3-18 所示，此方法适用于三相三线制电路。电路总功率为两只单相功率表的读数之和，即 $P=P_1+P_2$。测量时，如果有一只功率表指针反偏（读数为负），可将显示负数的功率表的电流线圈接头反接即可，但不可将电压线圈反接。出现这种现象的原因是被测电路功率因数过低（在 0.5 以下），在这种情况下测得的功率为两只功率表读数之差。

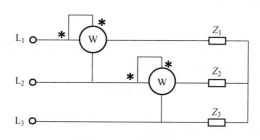

图 3-18　二表法接线图

c. 三表法接线如图 3-19 所示，此方法适用于不对称的三相四线制电路，即用三只功率表分别测出三相的功率，则三相总功率等于三个功率表之和。

② 用三相功率表测量三相电路的功率。这种三相功率表相当于两只单相功率表的组合，它有两只电流线圈和电压线圈，其内部接线与两只单相功率表测量三相三线制电路相同，可直接用于测量三相三线制和对称三相四线制电路。

（3）使用功率表时应注意的事项。

① 选用功率表时，应使功率表的电流量程大于被测电路的最大工作电流，电压量程大于被测电路的最高工作电压。如果达不到要求，应加电流互感器和电压互感器扩大量程。

② 功率表在测量接线时，应注意电流线圈和电压线圈标有"*"号的同名端的连接是否正确，

测量前要仔细检查核对。

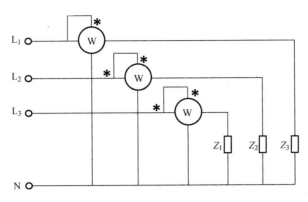

图 3-19 三表法接线图

③ 功率表的表盘刻度一般不标明瓦特数，只标明分格数。不同电压量程和电流量程的功率表，每个分格所代表瓦特数不一样。读数时，应将指针所示分格数乘上分格常数，才是被测电路的实际功率值。即，

$$P = \frac{U \times I}{W} \times \alpha \quad (\text{W})$$

式中 U、I——分别是所选电压及电流的量程，单位分别为 V、A；

　　　W——是刻度尺上满刻度功率值，单位为 W；

　　　α——是指针所指示的刻度值。

例如，当所选电压及电流的量程分别是 U=250V，I=1A，仪表满刻度 W=125W，指针指在 75 刻度时的实际功率为

$$P = \frac{250 \times 1}{125} \times 75 = 150 \quad (\text{W})$$

由上述可知，式中分式部分实际上是一个倍率值，不同的量程有不同的倍率。指针所指的刻度值乘上此倍率才是实际功率的读数。

【技能训练】——做一做

1. 训练内容

电压表、电流表和功率表的使用。

2. 训练要求

① 学会用电流表、电压表测量直流电流、直流电压和交流电流、交流电压。

② 学会用功率表测量电功率。

3. 器材与工具

常用电工工具 1 套；万用表（MF-47 型）1 块；交流电压表（500V）、电流表（2A）、功率表（D26-W）各 1 块；直流稳压电源 1 台；电阻（10kΩ）1 只；三相鼠笼式异步电动机（P_N=180W、U_N=380/220V、I_N=0.66/1.14A、n_N=1430r/min）1 台。

4. 训练步骤

① 直流电流、电压的测量。分别按如图 3-7 和图 3-11 所示电路图接线，选择合适的量程

测量电路中的电流和电压，将测量数据填入表 3-10 中。

表 3-10　直流电流、电压的测量

直流稳压电源分别调整为	5V	10V	20V	30V
电流测量值/mA				
电压测量值/V				

② 三相电动机采用星形连接，D26-W 功率表按如图 3-17 所示的电路图接线，其中电压选择 500V、电流选择 2A 接线端。将 2A 交流电流表接电源线 L_2 中，500V 交流电压表并入电源线 L_2、L_3 两端，然后接电源，将测量数据填入表 3-11 中。

表 3-11　三相电压、电流及功率的测量

内　　容	电　动　机		启动电流（A）	运行电流（A）	运行电压（V）	功率（W）
项　　目	额定电压（V）	额定电流（A）				
参数						

5. 注意事项

① 因为三相电动机的额定电压为 380V，电压较高，测试时注意安全，通电时不准触摸，以防触电。

② 三相电动机的启动电流读电流表摆动的最大值。

③ 测量直流电压、电流时，电压表和电流表不要用错，以防短路。

6. 成绩评定

本项任务的评分标准见表 3-12。

表 3-12　电流表、电压表和功率表使用的考核评分标准

项目内容	配　分	扣　分　标　准	扣　分	得　分
电流表的使用	25 分	1）电路连接错误，扣 10 分 2）仪表挡位、量程选用错误，每项扣 10 分 3）电流表连接错误，每次扣 10 分 4）读数错误，每次扣 5 分		
电压表的使用	25 分	1）电路连接错误，扣 10 分 2）仪表挡位、量程选用错误，每项扣 10 分 3）电压表连接错误，每次扣 10 分 4）读数错误，每次扣 5 分		
功率表的使用	25 分	1）电路连接错误，扣 10 分 2）仪表挡位、量程选用错误，每项扣 10 分 3）功率表连接错误，每次扣 10 分 4）读数错误，每次扣 5 分		
万用表的使用	10 分	1）测量挡位选错，扣 10 分 2）读数错误，每次扣 5 分		
安全操作	15 分	1）不遵守实训室规章制度、违反操作规程，扣 10 分 2）不服从指导教师安排，扣 10 分		
总评：				

（注：各项内容中扣分总值不超过各项内容所配分数）

【问题研讨】——想一想

（1）磁电系、电磁系、电动系仪表的各自结构和工作原理是怎样的？各有何特点？

（2）如何进行电流表的量程扩展？如何进行电压表的量程扩展？

（3）功率表为什么有四个接线端子？应如何连接？

（4）能否用单相功率表的电压测量端当电压表使用、电流测量端当电流表使用？

（5）单相功率表在使用时，什么情况下采用"前接法"？在什么情况下采用"后接法"？

（6）用"二表法"测量三相电路功率时，如何读出三相负载的功率？

任务 3.4　兆欧表和钳形电流表的使用

任务引入

电气设备绝缘性能的好坏直接关系到设备的运行和操作人员的人身安全。为了对绝缘材料因发热、受潮、老化、腐蚀等原因所造成的损坏进行监测，或检查修复后的电气设备的绝缘电阻是否达到规定的要求，需要经常测量电气设备的绝缘电阻。测量绝缘电阻应在规定的耐压条件下进行，所以必须采用备有高压电源的兆欧表，而不能采用万用表测量。

用普通电流表测量电流，必须将被测电路断开，把电流表串入被测量电路，操作不方便。采用钳形电流表可直接测量交流电路的电流，不需断开电路，就可直接测量交流电路的电流，使用非常方便。

任务目标

了解兆欧表、钳形电流表的结构和工作原理；掌握兆欧表、钳形电流表的使用方法；能正确地使用兆欧表测量电气设备的绝缘电阻，使用钳形电流表测量交流电路的电流。

任务实施

【相关知识】——学一学

3.4.1　兆欧表的使用

兆欧表又称为摇表、绝缘电阻测定仪等，是一种测量电气设备及电路绝缘电阻的仪表。

1. 兆欧表的结构和工作原理

兆欧表的外形如图 3-20（a）所示。兆欧表主要由一个手控高压直流发电机、两个线圈与兆欧表表针相连构成，其中一个线圈与表内附加电阻（R_Y）串联，另一个线圈与被测电阻（R_X）串联，并一起接到手摇发电机上，如图 3-20（b）所示。

摇动手柄时，直流发电机输出电流，其中一路电流 I_1 流入线圈 1 和被测电阻 R_X 的回路，另一路电流 I_2 流入线圈 2 和附加电阻 R_Y 的回路。线圈 1 和线圈 2 受到永久磁铁磁场的作用，分别产生转动力矩 T_1 和 T_2，由于两个线圈的绕向相反，两个力矩作用方向相反，其合力矩使指针发生偏转，当 $T_1 = T_2$ 时，指针静止不动，所指示值就是被测设备的绝缘电阻值。

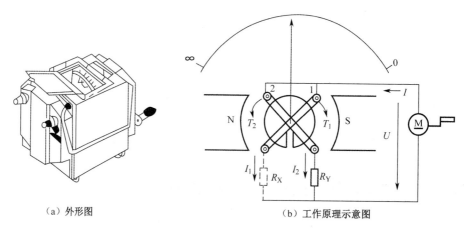

（a）外形图　　　　　　　　　　　　（b）工作原理示意图

图 3-20　兆欧表的外形和工作原理示意图

由图 3-20 可见，兆欧表未接入电路时，相当于 $R_X=\infty$，线圈 1 回路电流 $I_1=0$，转矩 $T_1=0$，指针在 I_2 和 T_2 作用下，逆时针方向偏转至 $R_X=\infty$ 处；如将输出端短接，即 $R_X=0$，则 I_1 最大，在 T_1 与 T_2 的综合作用下，指针顺时针方向偏转至刻度盘的 $R_X=0$ 处。

2. 兆欧表的使用方法

（1）测量前的检查

测量前的检查应注意以下几点。

① 检查兆欧表是否正常。将兆欧表水平放置，摇动手柄，正常时，指针应指到"∞"处，再慢慢摇动手柄，将输出端两接线柱瞬时短接，指针应迅速指零。必须注意，输出端短接时间不能过长，否则会损坏兆欧表。

② 检查被测电气设备和电路，看是否已切断电源。绝对不允许带电测量！

③ 由于被测设备或线路中可能存在的电容放电危及人身安全和兆欧表，测量前应对设备和线路进行放电，这样也可以减少测量误差。

（2）兆欧表的使用方法

使用中应注意以下几点。

① 将兆欧表水平放置在平稳牢固的地方，避免因抖动和倾斜所产生的测量误差。

② 正确连接线路。兆欧表有三个接线柱：L——线路、E——接地、G——保护或称屏蔽端子。保护环的作用是消除表壳表面"L"与"E"接线柱间的漏电和被测绝缘物质表面漏电的影响。

例如，测量电气设备的对地绝缘电阻时，"L"用单根导线接设备的待测部位，"E"用单根导线接设备外壳；若测量电气设备内两绕组间绝缘电阻时，"L"和"E"分别接两绕组的接线端；如测量电缆绝缘电阻时，"L"接线芯，"E"接外壳，"G"接线芯与外壳之间的绝缘层，以消除表面漏电产生的误差。

注意：测量连接线必须用单根线，且绝缘好，不得用绞合线，表面不得与被测物体接触。

③ 摇动手柄，转速控制在 120r/min 左右，允许有 ±20% 的变化，但不得超过 25%。摇动 1min 后，待指针稳定下来再读数。如被测电路中有电容，摇动时间要长一些，待电容充电完成，指针稳定下来再读数。测完后先拆接线，再停止摇动。测量中，若发现指针归零，应立即停止摇动手柄。

④ 兆欧表未停止转动前，切勿用手触及设备的测量部分或摇表接线柱。测量完毕，应对设备充分放电，避免触电事故。

⑤ 禁止在雷电时或附近有高压导体的设备上测量绝缘电阻。

⑥ 兆欧表应定期校验，检查其测量误差是否在允许范围以内。

⑦ 有的兆欧表的起始刻度不是零值，而是 1MΩ 或者 2MΩ，这种兆欧表不适合测量潮湿环境下的低压电气设备的绝缘电阻。在潮湿环境中，低压电气设备的绝缘电阻很小，有可能小于 1MΩ，这时仪表上不能读出读数。

（3）兆欧表的选用

常用的兆欧表规格有 250V、500V、2500V、5000V 等挡级。选用兆欧表主要考虑它的输出电压及测量范围。选择兆欧表的测量范围时，要使测量范围适合被测绝缘电阻的数值，否则将发生较大的测量误差。不同额定电压的兆欧表的使用范围见表 3-13。

表 3-13   兆欧表的选择

被 测 对 象	被测设备的绝缘电压/V	兆欧表的额定电压/V
线圈的绝缘电阻	500 以下	500
	500 以上	1000
发电机线圈的绝缘电阻	380 以下	1000
电力变压器、发电机、电动机线圈的绝缘电阻	500 以上	1000～2500
电气设备和电路绝缘	500 以下	500～1000
	500 以上	2500
瓷瓶、母线、刀闸	—	2500～5000

3.4.2   钳形电流表的使用

钳形电流表是一种用于测量正在运行的电气线路的电流大小的仪表，可在不断电的情况下测量电流。常用的钳形电流表有指针式和数字式两种，指针式钳形电流表测量的准确度较低，通常为 2.5 级或 5.0 级。

1. 指针式钳形电流表的结构和工作原理

钳形电流表的外形结构如图 3-21 所示。测量部分主要由一只电磁式电流表和穿芯式电流互感器组成。穿芯式电流互感器铁芯做成活动开口，且成钳形，故名钳形电流表。穿芯式电流互感器的原边绕组为穿过互感器中心的被测导线，副边绕组则缠绕在铁芯上与整流电流表相连。旋钮实际上是一个量程开关，扳手用于控制穿芯式互感器铁芯的开合，以便使其钳入被测导线。

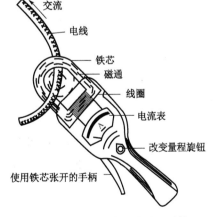

图 3-21   钳形电流表的外形结构

测量时，按动扳手，钳口打开，将被测载流导线置于穿芯式电流互感器的中间，当被测载流导线中有交变电流通过时，交流电流的磁通在互感器副绕组中感应出电流，使电磁式电流表的指针发生偏转，在表盘上可读出被测电流值。

2. 使用方法

为保证仪表的安全和测量准确，必须掌握钳形电流表的正确使用方法。

① 测量前，应检查指针是否在零位，否则，应进行机械调零。还应检查钳口的开合情况，

要求可动部分开合自如，钳口结合面接触紧密。钳口上如有油污、杂物、锈斑，均会降低测量精度。

② 测量时，量程选择旋钮应置于适当位置，以便测量时指针处于刻度盘中间区域，减少测量误差。如果不能估计出被测电路电流的大小，可先将量程选择旋钮置于高挡位，再根据指针偏转情况将量程调到合适位置。

③ 如果被测电路电流太小，即使放到低量程挡，指针的偏转都不大，可将被测载流导线在钳口部分的铁芯上缠绕几圈再测量，然后将读数除以穿入钳口内导线的根数即为实际电流值。

④ 测量时，将被测导线置于钳口内中心位置，可减小测量误差。

⑤ 钳形表用完后，应将量程选择旋钮放至最高挡，防止下次使用时操作不慎损坏仪表。

【技能训练】——做一做

1．训练内容

兆欧表和钳形电流表的使用。

2．训练要求

① 掌握兆欧表的使用方法，学会用兆欧表测量绝缘电阻。
② 学会用钳形电流表直接测量线路的电流。

3．器材与工具

常用电工工具 1 套；兆欧表 1 块；钳形电流表 1 块；导线若干；三相笼式异步电动机 1 台。

4．训练步骤

（1）测量三相异步电动机的绝缘电阻

① 观察兆欧表的面板、各端子，熟悉使用方法。

② 检查兆欧表。先将"L"、"E"两个端钮开路，手摇发电机，使发电机的转速达到额定转速 120r/min，观察指针是否指向"∞"处，再将"L"端和"E"端短接，缓慢摇动手柄，观察指针是否指在"0"位上。如果观察到的指针位置不对，表明兆欧表有故障，必须检修后才能使用。

③ 切断被测电动机的电源，打开接线盒，将电动机的导电部分接地，进行充分放电。

④ 测量各相绕组对地的绝缘电阻。将兆欧表的"E"端与电动机的外壳相接，"L"端与电动机被测相绕组接线端相接，转动发电机摇柄应由慢渐快至 120r/min 左右，匀速摇动 1min 左右读数，将数据填入表 3-15 中。

⑤ 测量电动机两相绕组之间的绝缘电阻将兆欧表的"E"和"L"端分别与所测的两相绕组接线端相接，转动发电机摇柄由慢渐快至 120r/min 左右，匀速摇动 1min 左右读数，将数据填入表 3-14 中。

表 3-14　三相异步电动机绕组绝缘电阻的测量

三相异步电动机			兆　欧　表		绝缘电阻（MΩ）					
型号	功率（kW）	接法	型号	规格	U—外壳	V—外壳	W—外壳	U-V 间	U-W 间	V-W 间

（2）用钳形电流表测量三相异步电动机的工作电流

① 观察钳形电流表的面板结构，熟悉使用方法。

② 连接三相异步电动机线路。

③ 检查无误，接通电动机电源，空载启动。

④ 电动机正常运行后，用钳形电流表分别测量电动机定子绕组的工作电流。分别测量三组，将测量数据填入表 3-15 中。

表 3-15 三相异步电动机工作电流的测量

测 量 项 目	I_U		I_V		I_W	
测量值						
平均值						

5. 注意事项

① 测量时要注意安全，防止发生触电。

② 在摇动兆欧表手柄的过程中，若发现指针指零，说明被测绝缘物发生短路，应立即停止摇动。

③ 测量后，在兆欧表没有停止转动和被测设备没有放电之前，不要用手去触及被测设备的测量部分或拆除导线，以防电击。

④ 电动机外壳必须可靠接地。

⑤ 不允许用钳形电流表去测量裸导线中的电流。

6. 成绩评定

本项任务的评分标准见表 3-16。

表 3-16 兆欧表、钳形电流表使用的考核评分标准

项 目 内 容	配 分	扣 分 标 准	扣 分	得 分
兆欧表的使用	60 分	1）兆欧表使用前未检查仪表，扣 10 分 2）兆欧表测量时未放平稳，扣 10 分 3）兆欧表的手柄摇动不均匀，扣 10 分 4）接线错误，扣 10 分 5）读数错误，每项扣 5 分 6）绝缘体表面未处理干净，扣 10 分		
钳形电流表的使用	30 分	1）量程选用错误，每项扣 10 分 2）指针出现明显振动，扣 10 分 3）读数错误，每次扣 5 分		
安全操作	10 分	1）不遵守实训室规章制度、违反操作规程，扣 10 分 2）不服从指导教师安排，扣 10 分		
总评：				

（注：各项内容中扣分总值不超过各项内容所配分数）

【问题研讨】——想一想

（1）分析钳形电流表的结构和工作原理。

（2）兆欧表由哪几部分组成？各部分的作用是什么？使用兆欧表时应注意哪些问题？

（3）为什么在兆欧表未停止转动前，不能用手触及设备的测量部分或兆欧表的接线柱？测量完毕后又为什么对设备要充分放电？

项目 4　室内照明控制线路的装配

项目内容

室内配线是给建筑物的用电器具、动力设备安装供电线路，有单相照明线路和三相四线制的动力线路。室内配线又分为明装和暗装。明装还可分为明线明装（如瓷柱、瓷夹板配线）、暗线明装（如线管、线槽在墙壁上安装）；暗装可分为明线暗装（如顶棚天花板内配线）、暗线暗装（如线管埋入墙壁、地下）。室内配线及灯具安装比较简单，是初、中级电工必须具有的基本能力。本项目主要内容有：

- ✦ 室内配线的基本要求和工序。
- ✦ 常用照明灯具的安装与维修，特殊场所照明装置和特殊灯具的安装。
- ✦ 绝缘子配线、护套线配线、线管配线、槽板配线的操作方法和基本要求。
- ✦ 配电板的安装。

项目目标

- ✦ 了解国家关于室内配线的有关规定；熟悉室内配线的一般要求和工序；掌握室内配线工艺；熟悉槽板、线管、护套线的安装要求。
- ✦ 掌握灯具安装的方法，会进行白炽灯照明电路、电感式镇流器日光灯电路的安装。
- ✦ 会正确选用配电板（箱）器件，掌握配电板的安装工艺。正确地设计、安装家用配电线路。了解动力配电箱的安装、检测方法。

任务 4.1　常用灯具的安装

任务引入

灯具安装（包括插座）是初级电工应会的技能。灯具形形色色，安装千变万化，但万变不离其宗，无非是接好两根线，即火线和零线。

任务目标

熟悉照明电路的组成；掌握常用灯具、开关及插座的安装方法；能够正确地安装白炽灯、日光灯灯具。

任务实施

【相关知识】——学一学

电气照明是利用电能和照明电器实现照明的，它广泛用于生产和生活的各个领域。照明电路一般由电源、导线、控制器件和灯具等组成，其中照明灯具是照明的主体，它作为照明电路的负载，将电能转换成光能，实现照明。

4.1.1　灯具的种类及特点

从爱迪生发明电灯到今天，灯具发生了巨大的变化。它使黑夜变得五彩缤纷、辉煌灿烂。灯具按光源分有白炽灯、日光灯、汞灯、钠灯、氙灯、碘钨灯、卤化物灯；按安装场合分有室内灯、路灯、探照灯、舞台灯、霓虹灯；按防护形式有防尘灯、防水灯、防爆灯；按控制方式有单控、双控、三控、光控、时控、声光控、时光控等；按灯源的冷热分有热辐射光源和冷辐射光源。

1. 白炽灯

白炽灯为热辐射光源，是由电流加热灯丝至白炽状态而发光的。电压为 220V 的功率为 15～100W，电压 6～36V（安全电压）的功率不超过 100W。灯头有卡口（也称为插口）和螺丝口两种，大容量的一般用瓷灯头。白炽灯的特点是结构简单、安装方便、使用可靠，价格低廉。

① 灯泡。白炽灯也称为钨丝灯泡，它由灯丝、玻璃外壳和灯头三部分组成，如图 4-1 所示。在灯泡颈状端头上有灯丝的两个引出线端，电源由此通入灯泡内的灯丝。

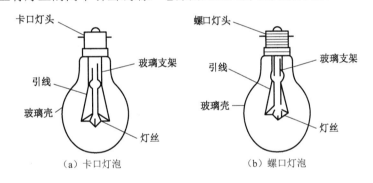

图 4-1　白炽灯的结构

灯丝的主要成分是钨，为了防止受震而断裂，所以盘成弹簧圈状安装在灯泡中间，灯泡内抽真空后充入少量的惰性气体，以抑制钨的蒸发而延长其使用寿命。通电后，灯泡靠灯丝发热至白炽化而发光，故称为白炽灯。其规格以功率标称，从 15～1000W 分成许多挡，白炽灯发光效率较低，寿命也不长，但光色较受人欢迎。

② 灯座。灯座也称为灯头，其品种较多。常用的灯座如图 4-2 所示。

（a）插口吊灯座　（b）插口平灯座　（c）螺丝口吊灯座　（d）螺丝口平灯座　（e）防水螺丝口吊灯座　（f）防水螺丝口平灯座

图 4-2　白炽灯常用的灯座

2. 日光灯

日光灯又称为荧光灯，日光灯为冷辐射光源，靠汞蒸气放电时辐射的紫外线去激发灯管内壁的荧光粉，使其发出类似太阳的光辉，故称为日光灯。日光灯有光色好、发光率高、耗能低等优点，但结构比较复杂、配件多、活动点多，故障率相对白炽灯要高。

（1）日光灯的结构

日光灯由灯管、镇流器、启辉器、灯架和灯座等组成，如图 4-3 所示。

① 灯管。它由玻璃管、灯丝和灯丝引出脚组成，如图 4-4 所示。玻璃管内壁涂有荧光粉，灯管两端各有一个由钨丝绕成的灯丝，灯丝上涂有易发射电子的氧化物。管内抽成真空并充有一定的氩气和少量水银。氩气具有使灯管易发光和保护电极、延长寿命的作用。

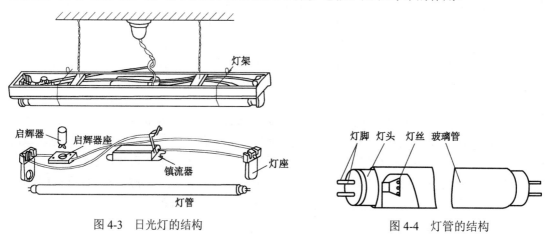

图 4-3　日光灯的结构　　　　　　　图 4-4　灯管的结构

② 镇流器。镇流器是具有铁芯的线圈，在电路中起如下作用：在接通电源的瞬间，使流过灯丝的预热电流受到限制，以防止预热电流过大时烧断灯丝；日光灯启动时，和启辉器配合产生一个瞬时高电压，促使管内水银蒸气发生弧光放电，致使灯管管壁上的荧光粉受激而发光；灯管发光后，保持稳定放电，并将其两端电压和通过的电流限制在规定值内。镇流器有封闭式和开启式的，如图 4-5 所示。

③ 启辉器。启辉器的作用是在灯管发光前接通灯丝电路，使灯丝通电加热后又突然切断电路，类似一个开关。

启辉器的外壳是用铝或塑料制成的，壳内有一个充有氖气的小玻璃泡和一个纸质电容器，其结构如图 4-6 所示。纸质电容器的作用是避免启辉器的触片断开时产生的火花将触片烧坏，同时也防止管内气体放电时产生的电磁波辐射对电视机等家用电器的干扰。

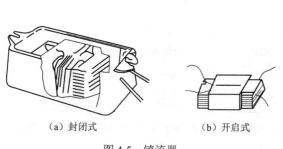

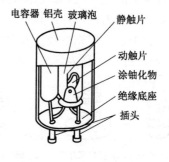

（a）封闭式　　　（b）开启式

图 4-5　镇流器　　　　　　　　图 4-6　启辉器的结构

④ 灯架。灯架有木制和铁制两种，规格应配合灯管长度。

⑤ 灯座。灯座有开启式和弹簧式两种。大型的适用于 15W 及以上的灯管，小型的适用于 6W、8W、12W 灯管。常用的日光灯灯座有开启式和插入式两种，如图 4-7 所示。

（2）日光灯的工作原理

日光灯的工作原理图如图 4-8 所示。

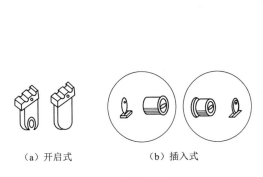

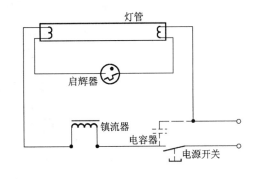

（a）开启式　　　　（b）插入式

图 4-7　日光灯的灯座　　　　　　　　图 4-8　日光灯电路原理图

接通电源后，电源电压（～220V）全部加在启辉器静触片和双金属片的两端，由于两触片间的高电压产生的电场较强，故使氖气游离而放电（红色辉光），放电时产生的热量使双金属片弯曲与静触片连接，电流经镇流器、灯管灯丝及启辉器构成通路。电流流过灯丝后，灯丝发热并发射电子，致使管内氖气电离，水银蒸发为水银蒸气。因启辉器玻璃泡内两触片连接，故电场消失，氖气也随之立即停止放电。随后，玻璃泡内温度下降，两金属片因此冷却而恢复原状，使电路断开，此时镇流器中的电流突变，故在镇流器两端产生一个很高的自感电动势，这个自感电动势和电源电压串联后，全部加到灯管两端，形成一个很强的电场，致使管内水银蒸气产生弧光放电，在弧光放电时产生的紫外线激发了灯管壁上的荧光粉，发出近似日光的灯光。灯管点燃后，由于镇流器的存在，灯管两端的电压比电源电压低很多（具体数值与灯管功率有关，一般在 50～100V 范围内），不足以使启辉器放电，其触点不再闭合。

3．其他常见的电光源

① 碘钨灯。碘钨灯和高压灯（高压钠灯和高压汞灯）属于强光灯，现已广泛应用于大面积的照明。

碘钨灯是卤素灯的一种，属热发射光源，是在白炽灯的基础上发展而来的，它既具有白炽灯光色好、辨色率高的优点，又克服了白炽灯光效低、寿命短的缺点。碘钨灯结构如图 4-9 所示。

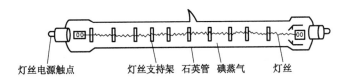

灯丝电源触点　　　灯丝支持架　石英管　碘蒸气　灯丝

图 4-9　碘钨灯的结构

碘钨灯通过提高灯丝的工作温度来提高光效。卤族元素在适当温度的条件下，易于与金属钨进行化学反应，在灯管管壁附近因温度适宜于碘钨化合反应，于是从灯丝中蒸发出来的钨在这里被化合成碘化钨。在对流的作用下，碘化钨被带到灯丝的轴心高温区，这里的温度适宜于碘化钨的分解反应，于是从碘化钨中分解出来的钨又回到灯丝上。由于如此不停地循环，灯丝就易变细，也就延长了灯丝的寿命。

② 高压汞灯。高压汞灯与荧光灯一样，同属于气体放电光源，且在发光管内都充以汞，均依靠蒸气放电而发光。但荧光灯属于低压汞灯，即发光时的汞蒸气压力较低，而高压汞灯发光时

的汞蒸气压力则较高。它具有较高的光效、较长的寿命和较好的防震性能等优点。但也存在辨色率较低、点燃时间长和电源电压较低时会出现自熄等不足之处。

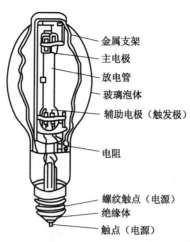

金属支架
主电极
放电管
玻璃泡体
辅助电极（触发极）
电阻
螺纹触点（电源）
绝缘体
触点（电源）

图 4-10　高压汞灯的结构

高压汞灯的典型结构如图 4-10 所示。置于灯泡体中央的发光管由石英玻璃制成，内充有一定的汞和少量的氩气。发射电子的电极采用自燃式结构，并置有辅助电极，用来触发启辉器。在辅助电极上，接有一只 40～60kΩ 的电阻，与不相邻的主电极相连；由硬玻璃制成灯泡体，内壁涂有荧光粉，故也称为高压荧光灯。

当高压汞灯接通电源后，辅助电极与相邻的主电极之间即加上了 220V 的电压，由于两个电极间距很小（一般在 2～3mm 之间），所以两者之间就产生了很强大的电场，使其中的气体被击穿而发生辉光放电（放电电流受电阻所控制）。因辉光放电而产生了大量的电子和离子，这些带电粒子在两主电极电场的作用下，就使灯管两端间导通，即形成了两电极之间的弧光放电。但是，开始时是低气压的汞蒸气和氩气放电，这时管电压很低而电流很大（称作启动电流），随着低压放电所放出的热量不断增加而灯管温度逐渐提高，汞就逐渐气化，汞蒸气压力和灯管电压也跟着升高，当汞全部蒸发后，就进入高压汞蒸气放电，灯管就进入工作阶段。由此可见，高压汞灯从启辉阶段到工作阶段的时间较长，一般需 4～10min。

此外，高压汞灯熄灭后不能马上再次点燃，一般需要 5～10min 后才能重新发光。这是因为灯熄灭后，灯管内的汞蒸气压力仍然较高，加上原来的电压，使电子不能积累足够的能量来电离气体。所以，需待灯管逐步冷却而使汞蒸气凝结后，才能重新点燃。

③ 高压钠灯。高压钠灯也是一种气体放电光源，它是利用钠蒸气放电而发光的，分高压和低压两种。作为照明使用的，大多数是高压钠灯。钠是一种活泼金属，原子结构比汞简单，激发电位也比汞低。高压钠灯具有比高压汞灯更高的光效以及更长的使用寿命。高压钠灯辐射的波长范围集中在人眼较敏感的区域内；光色呈桔黄偏红，这种波长的光线，具有较强的穿透性，用于多雾或多尘垢的环境中，作为一般照明，有着较好的照明效果。在城市中，现已较普遍地采用高压钠灯作为街道照明。

高压钠灯的基本结构如图 4-11 所示。发光管较长较细，管壁温度达 700℃以上，因钠对石英玻璃具有较强的腐蚀作用，故管体由多晶氧化铝（陶瓷）制成。为了能使电极与管体之间具有良好密封衔接，采用化学性能稳定而膨胀系数与陶瓷接近的铌做成端帽（也有用陶瓷制成的）。电极间连接着用来产生启动脉冲的双金属片（与荧光灯的启辉器作用相同）。泡体由硬玻璃制成。灯头与高压汞灯一样制成螺口式。

高压钠灯启动方式与高压汞灯不同。高压汞灯是通过辅助电极帮助发光管启辉发光的，而高压钠灯因发光管既长又细，就不能采用这种较简单的启动方式，要采用类似于荧光灯的启动原理来帮助发光管点燃，但启辉器被组合在灯泡体内部（即双金属片）。

高压钠灯的启动原理如图 4-12 所示。当接通电源时，电流通过双金属片 b 和加热线圈 H，b 受热后发生形变而使两触点开启（产生一个触发），电感线圈 L 上就产生脉冲高压而加于灯管的电极上，使两极间击穿，于是使灯管点燃。点燃后，因存在放电热量而使双金属片 b 保持开路状态。工作电压和工作电流如同荧光灯一样，由镇流器加以控制。

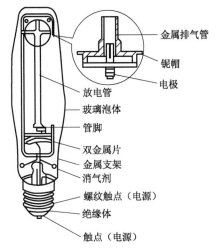

图 4-11　高压钠灯的结构图

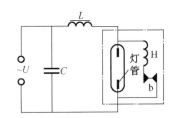

图 4-12　高压钠灯的启动原理图

新型高压钠灯的工作原理虽然相同，但启动方式却有所不同，通常采用晶闸管构成的触发器。

钠灯泡的规格有 NG—10（W），NG—215，NG—250，NG—360 和 NG—400 等多种，选用时应配置与灯泡规格相适应的镇流器和触发器等附件；其 MGC 型触发器有 100～400W 的通用产品，适用于上述各种规格的钠灯泡。钠灯同汞灯一样，必须选用 E 形瓷质灯座。

④ 霓虹灯。霓虹灯主要用于各种广告、宣传及指示性的灯光装置。

霓虹灯是通过低气压放电而发光的电灯。在灯管两端置有电极，管内通常放置氖、氮、氩、钠等元素，不同元素在工作时能发出不同颜色的光，如氖能发红色或深橙色光，氦能发淡红色光等，管内若置有几种元素，则如同调配颜料一样能发出复合色调的光，也可以灯管内壁喷涂颜色来获得所需色光。

根据霓虹灯管规格的不同，电极工作电压也不同，通常在 4～15kV 之间，高压电源由专用的霓虹灯变压器提供，霓虹灯装置由灯管和变压器两大部分组成。

4.1.2　常用灯具的安装

灯具的安装要求，可概括为八个字，即：正规、合理、牢固、整齐。

正规：是指各种灯具、开关、插座及所有附件必须按照有关规程和要求进行安装。

合理：是指选用的各种照明器具安装必须正确、适用、经济、可靠，安装的位置应符合实际需要。

牢固：是指各种照明器具应安装得牢固可靠，使用安全。

整齐：是指同一使用环境和同一要求的照明器具要安装得平齐竖直，品种规格要整齐统一，形色协调。

灯具的安装形式有壁式、吸顶式、镶嵌式和悬吊式。悬吊式又有吊线式、吊链式和吊杆式，如图 4-13 所示。

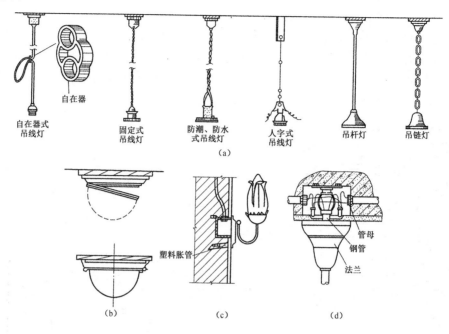

自在器

自在器式
吊线灯　　　　固定式　　　防潮、防水　　人字式　　　吊杆灯　　　吊链灯
　　　　　　　吊线灯　　　式吊线灯　　　吊线灯

(a)

塑料胀管

管母
钢管
法兰

(b)　　　　　　　　(c)　　　　　　　　(d)

图 4-13　灯具安装形式

灯具安装一般要求悬挂高度距地面 2.5m 以上，这样一是灯高光亮，二是人碰不到，相对安全。暗开关距地面 1.3m，距门框 0.2m，拉线开关距屋顶 0.3m。

1. 白炽灯的安装步骤与工艺要求

① 安装圆木台（塑料台）。在布线或管内穿线完成之后，安装灯具的第一步是安装圆木台。圆木台安装前要用电工刀顺着木纹开条压线槽；用平口螺丝刀在木台上面钻两个穿线孔；在固定木台的位置用冲击钻打 ϕ6mm 的孔，深度约 25mm，并塞进塑料胀管，将两根导线穿入木台孔内，木台的两线槽压住导线，用螺丝刀、木螺丝对准胀管拧紧木台，如图 4-14（a）所示。

② 安装吊线盒（挂线盒）。将木台孔上的两根电源线头穿入吊线盒的两个穿线孔内，用两个木螺丝将吊线盒固定在木台上（吊线盒要放正）。剥去绝缘皮约 20mm，将两线头按对角线固定在吊线盒的接线螺丝上（顺时针装），并剪去余头压紧毛刺。用花线或胶质塑料软线穿入吊线盒并打扣（承重），固定在吊线盒的另外两个接线柱上，并拧紧吊线盒盖，如图 4-14（b）所示。

③ 灯座的安装。灯座上的两个接线端子，一个与电源的中线连接，另一个与来自开关的一根连接线（即通过开关的相线，俗称火线）连接。

插口灯座上的两个接线端子，可任意连接上述两个线头，但是螺口灯座上的接线端子，为了使用安全，必须把中线线头连接在螺纹圈的接线端子上，而把来自开关的连接线线头，连接在连通中心铜簧片的接线端子上。

吊灯灯座必须采用塑料软线（或花线），作为电源引线。两线连接前，均先削去线头的绝缘层，接着将一端套入挂线盒罩，在近线端处打个结，另一端套入灯座罩盖后，也应在近线端处打个结，如图 4-14（c）所示，其目的是不使导线线芯承受吊灯的重量。然后分别在灯座和挂线盒上进行接线（如果采用花线，其中一根带花纹的导线应接在与开关连接的线上），最后装上罩盖和遮光灯罩。

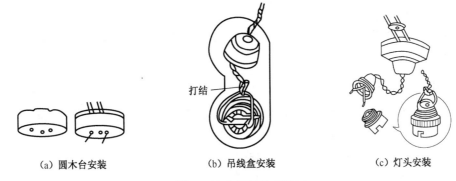

　　（a）圆木台安装　　　　　　　（b）吊线盒安装　　　　　　　（c）灯头安装

图 4-14　白炽灯的安装

　　安装时，把多股的线芯拧绞成一体，接线端子上不应外露线芯。挂线盒应安装在木台上。平灯座要装在木台上，不可直接安装在建筑物平面上。

　　④ 开关的安装。灯开关的品种很多，按安装方式分为明装式开关、暗装式开关、悬挂式开关、附装式开关；按操作方法分为翘板式开关、倒板式开关、拉线式开关、按钮式开关、推移式开关、旋转式开关、触摸式开关等；按接通方法分为单联、双联、双控、双路等。部分样图如图 4-15 所示。

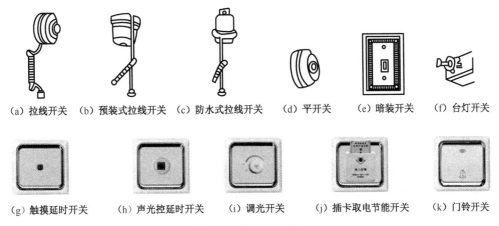

　（a）拉线开关　（b）预装式拉线开关　（c）防水式拉线开关　（d）平开关　（e）暗装开关　（f）台灯开关

　（g）触摸延时开关　（h）声光控延时开关　（i）调光开关　（j）插卡取电节能开关　（k）门铃开关

图 4-15　常用的开关

　　常用开关的外形图如图 4-15 所示。按结构分为单联开关和双联开关，根据安装形式又有明装、暗装开关之分。

　　开关的作用是控制电源的火线（相线）。开关的选用和安装是指一般规格在 1000W 以下的电灯控制开关，它的结构和性能要适应不同使用环境的需要，安装位置要适合人们的使用方便。

　　拉线开关的安装与安装吊线盒的安装相似，先装圆木台再装开关，开关要装在圆木台的中心位置，拉线口朝下。扳把开关，在接线盒接线，盒内导线要留有余量，扳柄向上为接通位置。线接好后再把开关用螺丝固定在接线盒（开关盒）上。

2. 日光灯安装步骤及工艺要求

　　① 组装并检查日光灯线路，若日光灯部件是散件要事先组装好。如果套装，要检查一下线路是否正确、焊点是否牢固。组装时将所有电器连接起来，若双管或多管则先单管串接，后多管并接，最后再接电源。

　　② 开关、吊线盒的安装，其方法同白炽灯的开关、吊线盒安装方法相同。吊链或吊杆长短

要相同，使灯具保持水平。

注意：因日光灯灯脚挂灯管处有 4 个活动点，启辉器处有两个活动点，这是日光灯接触不良易出故障的地方。

3．双控灯、三控灯的安装

通常用一个开关控制一盏灯，也可以用一个开关控制多盏灯，这些都是比较简单的。双控或三控用在不同的场合，控制线路较复杂些。

① 双控灯的安装。双控灯是指用两个双联开关控制一盏灯（两地控制），一般用在楼梯间或家庭客厅，如图 4-16 所示。两个开关要用两根导线连接起来，接在双联开关的两边的点，中间的一点接电源"L"线（相线），另一个开关中间点接灯的进线，灯的出线接"N"线（中性线），这种控制无论在哪个位置扳动任何一个开关都可以使灯接通或断开，实现两地控制，方便操作。

② 三控灯的安装。三控灯是指用两个双联开关和一个三联开关控制一盏，实现三地控制，也常用在楼梯或走廊中，具体安装步骤同白炽灯相同，三个开关的接线方法如图 4-17 所示。

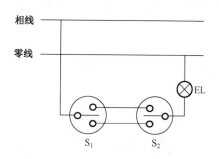

图 4-16　双控灯的接线图

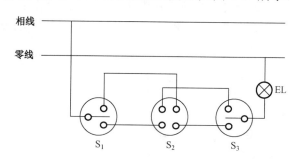

图 4-17　三控灯的接线图

4．插座的安装步骤及工艺要求

插座是为移动照明电器、家用电器和其他用电设备提供电源的元件。插座有明、暗之分，明插座距地面 1.4m，特殊环境（幼儿园）距地面 1.8m；暗插座距地面 0.3m。插座又分单相和三相，单相有两孔的（一相一中性）、三孔的（一相一中性一保护）、两孔与三孔合起来就是五孔的。四孔插座为三相的，是三火一地，另外还有组合插座也叫多用插座或插排。安装时需要装圆木台，安装方法同前面白炽灯的安装方法相同。因插座接线孔处有接线标志，如"L"、"N"等，可以对号入座，但需要注意的是导线的颜色不能弄错。一般零线是"蓝"、"黑"色，火线是"黄"、"绿"、"红"三种颜色，地线是"双色"，否则易造成短路或接地故障，如图 4-18 所示。

图 4-18　插座的安装

【技能训练】——做一做

1．训练内容

白炽灯、日光电路的安装。

2．训练要求

① 熟识白炽灯、日光灯照明线路及组件。

② 学会安装白炽灯、日光灯照明线路。

③ 学会安装插座。

3．器材与工具

常用电工组合工具 1 套；万用表 1 只；验电笔 1 只；木制实训板 1 块；白炽灯泡（25W）、灯座、吊线盒、拉线开关、单相插座 1 套；日光灯管（20W/220V）、灯架、镇流器、启辉器 1 套；软导线、塑料绝缘导线、线夹、木螺钉、绝缘胶布、木台、熔断器等若干；三孔、四孔、五孔插座各 1 只；双联开关 1 只。

4．训练步骤

（1）白炽灯线路的安装与检测

安装步骤及说明，按前述知识进行安装白炽灯线路。

① 画出电路原理图和器件连线示意图。

② 各器件定位画线。

③ 在两个木台上分别钻两个穿线孔，并在其侧面用电工刀刻两条穿线槽，以备引入电源线。

④ 固定各器件。

⑤ 在实训板上敷设导线并连接各器件。

⑥ 经检查各器件及连线均已安装正确无误后，将各器件紧固，并用线夹固定电源线。

⑦ 用万用表电阻挡对电路进行静态检测。对电路整体进行检查一遍，有无接错、漏接，用万用表电阻挡结合电路原理图、连线图检验有无非正常短路或开路，相线、零线有无颠倒。

⑧ 经初步检查无误后装上灯泡，用验电笔、万用表交流电压挡测试各处电压是否正常。

⑨ 安装两地控制一盏灯线路，安装好后，检验是否能实现两地控制功能。

（2）日光灯线路的安装

安装步骤及说明，按前述知识进行安装日光灯线路。

① 画出电路原理图和器件连线示意图。

② 各器件定位画线。

③ 在实训板和灯架上打孔，在槽板上用电工刀开过线槽，以备敷设电源线。

④ 固定各器件。

⑤ 在实训板上敷设导线并连接各器件（电容器暂不接入）。

⑥ 经检查各器件及连线均已安装正确无误后，将各器件紧固（镇流器暂不紧固），并用线夹固定电源线。

⑦ 经初步检查无误后，可试装日光灯管，无问题后则先取下灯管，盖上盖板并固定好。然后固定镇流器及吊线并安装好电源插头。

⑧ 用万用表的电阻挡对电路进行静态检测。对电路进行整体检查一遍，有无接错、漏接，用万用表的电阻挡结合电路原理图、连线图检验有无非正常短路或开路，相线、零线有无颠倒。经初步检查无误后装上灯泡，用验电笔、万用表的交流电压挡测试各处电压是否正常。开关能否控制灯泡亮、灭，发现问题及时检修使之工作正常。

（3）插座的安装

安装三孔、四孔、五孔插座，安装好后，用验电笔或万用表的交流电压挡检验所装插座的电压是否正常。

5．注意事项

因为三相电压为 380V，电压较高，测试时注意安全，通电时不准触摸，以防触电。

6．成绩评定

本项任务的评分标准见表 4-1。

表 4-1　白炽灯、日光灯线路的安装评分标准

项 目 内 容	配　分	扣 分 标 准	扣　分	得　分
白炽灯线路的安装	35 分	1）器件不正，固定不牢，器件定位不合理，每处扣 10 分 2）导线固定不牢或导线敷设不直或线夹错位不严，每处扣 10 分 3）相线未进开关、灯座内触点，每处扣 10 分 4）导线伤线、连接方法不对、不紧密、绝缘不好，每处扣 10 分 5）安装造成短路、断路，每通电一次扣 20 分		
日光灯线路的安装与检测	45 分	1）器件不正，固定不牢，器件定位不合理，每处扣 10 分 2）导线固定不牢或导线敷设不直或线夹错位不严，每处扣 10 分 3）相线未进开关、灯座内触点，每处扣 10 分 4）导线伤线、连接方法不对、不紧密、绝缘不好，每处扣 10 分 5）安装造成短路、断路，每通电一次扣 20 分		
插座的安装	10 分	1）器件不正，固定不牢，器件定位不合理，每处扣 5 分 2）导线固定不牢，导线伤线、不紧密、绝缘不好，每处扣 5 分 3）相线、中性线、保护接地线错误，每处扣 10 分 4）安装造成短路、断路，每通电一次扣 10 分		
安全操作	10 分	1）不遵守实训室规章制度，违反操作规程，扣 10 分 2）操作过程中人为地损坏元器件，每个扣 5 分 3）未经允许擅自通电测试，扣 10 分		
总评：				

（注：各项内容中扣分总值不超过各项内容所配分数）

【问题研讨】——想一想

（1）常用电光源按发光原理分有哪些类型？
（2）照明装置的安装要求有哪些？
（3）试叙述荧光灯照明线路的基本结构和安装方法。

任务 4.2　配线及配电板的安装

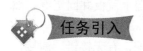 任务引入

配电板（箱）是一种连接电源和多个用电设备之间的电气装置。它主要用来分配电能和控制、测量、保护用电电器等。一般由进户总熔断器盒、电能表、电流互感器、控制开关、过载或短路保护电器等组成，容量较大的还装隔离开关。总熔断器盒一般装在进户管的户内侧墙上，而电能表、电流互感器、仪表、控制开关、保护电器等均装在同一块配电板（箱）上。在安装配电线路时，先需要进行配线的设计，以确保用电的安全。

任务目标

　　熟悉室内配线的一般要求和工序；掌握室内配线工艺；学会配电板的安装；掌握单相电能表的接线方法；能正确地进行配电板的安装。

任务实施

【相关知识】——学一学

4.2.1 室内配线的基本要求和工序

1. 室内配线的基本要求

　　室内配线不仅要求安全可靠，而且要求线路布局合理、整齐、牢固。其技术要求如下。

　　① 配线时要求导线额定电压应大于线路的工作电压，导线绝缘强度应符合线路安装方式和敷设条件，导线截面应满足供电负荷和机械强度要求。

　　② 接头的质量是造成线路故障和事故的主要因素之一，所以配线时应尽量减少导线接头。在导线的连接和分支处，应避免受到机械力的作用。穿管导线和槽板配线中间不允许有接头，必要时可采用接线盒（如线管较长）或线盒（如线路分支）。

　　③ 明线敷设要保持水平和垂直。敷设时，导线与地面的最小距离应符合表 4-2 中的规定，否则应穿管保护，以利于安全和防止受机械损伤。配线位置应便于检查和维护。

表 4-2　绝缘导线至地面的最小距离

布 线 方 式		最小距离/m
导线水平敷设	屋内	2.5
	屋外	2.7
导线垂直敷设	屋内	1.8
	屋外	2.7

　　④ 绝缘导线穿越楼板时，应将导线穿入钢管或硬塑料管内保护。保护管上端口距地面不应小于 1.8m，下端口到楼板下为止。

　　⑤ 导线穿墙时，应加装保护管（瓷管、塑料管、竹管或钢管）。保护管伸出墙面的长度不应小于 10mm，并应保持一定的倾斜度。

　　⑥ 导线通过建筑物的伸缩缝或沉降缝时，敷设导线应稍有余量。敷设线管时，应装设补偿装置。

　　⑦ 导线相互交叉时，为避免相互碰触，应在每根导线上加套绝缘管，并将套管在导线上固定牢靠。

　　⑧ 为确保安全，室内外电气管线和配电设备与各种管道间以及与建筑物、地面间的最小允许距离应满足一定的要求。有关具体的距离规定可查阅有关手册。

2. 室内配线的工序

　　室内配线主要包括以下工作内容。

　　① 首先熟悉设计施工图，做好预留预埋工作（其主要内容有：电源引入方式的预留预埋位置；电源引入配电箱的路径；垂直引上、引下以及水平穿越梁、柱、墙等的位置和预埋保护管）。

　　② 按设计施工图确定灯具、插座、开关、配电箱及电气设备的准确位置，并沿建筑物确定

导线敷设的路径。

③ 在土建粉刷前，将配线中所有的固定点打好眼孔，将预埋件埋齐，并检查有无遗漏和错位。

④ 装设绝缘支承物、线夹或线管及开关箱、盒。

⑤ 敷设导线和连接导线。

⑥ 将导线出线端与电器器件或设备连接。

⑦ 检验工程是否符合设计和安装工艺要求。

4.2.2　配线的方法及要求

1. 塑料护套线配线

（1）塑料护套线配线的方法

① 画线定位。按照线路的走向、电器的安装位置，用弹线袋画线，并按护套线的安装要求每 150～300mm 画出铝片线卡的位置，靠近开关插座和灯具等处均需设置铝片线卡。

② 凿眼并安装木榫。錾打整个线路中的木榫孔，并安装好所有的木榫。

③ 固定铝片线卡。按固定的方式不同，铝片线卡的形状有用小钉固定和用黏合剂固定两种。在木结构上，可用铁钉固定铝片线卡；在抹灰浆的墙上，每隔 4～5 挡，进入木台和转弯处需用小铁钉在木榫上固定铝片线卡；其余的可用小铁钉直接将铝片线卡钉入灰浆中；在砖墙和混凝土墙上可用木榫或环氧树脂黏合剂固定铝片线卡。

④ 敷设导线。勒直导线，将护套线依次夹入铝片线卡。

⑤ 铝片线卡的夹持。护套线均置于铝片线卡的钉孔位后，即按如图 4-19（a）～图 4-19（d）所示的顺序将铝片线卡收紧夹持护套线。

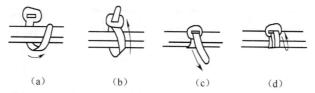

（a）　　　　　（b）　　　　　（c）　　　　　（d）

图 4-19　铝片线卡夹住护套线操作

（2）塑料护套线配线的要求

对塑料护套线配线的要求如下。

① 护套线的接头应在开关、灯头盒和插座等外部，必要时可装接线盒，使其整齐美观。

② 导线穿墙和楼板时，应穿保护管，其凸出墙面距离约为 3～10mm。

③ 与各种管道紧贴交叉时，应加装保护套。

④ 当护套线暗设在空心楼板孔内时，应将板孔内清除干净，中间不允许有接头。

⑤ 塑料护套线拐弯时，拐弯角度要大，以免损伤导线，拐弯前后应各用一个铝片线卡夹住，如图 4-20（a）所示。

⑥ 塑料护套线进入木台前应安装一个铝片线卡，如图 4-20（b）所示。

⑦ 两根护套线相互交叉时，交叉处要用四个铝片线卡夹住，如图 4-20（c）所示。护套线应尽量避免交叉。

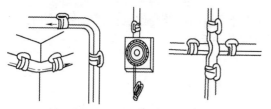

（a）转角部分　（b）进入木台　（c）十字交叉

图 4-20　铝片线卡的安装

⑧ 护套线路的离地最小距离不得小于 0.15m，在穿越楼板及离地低于 0.15m 的一段护套线，应加电线管保护。

2. 线管配线

把绝缘导线穿在管内配线称为线管配线。线管配线有明配和暗配两种，明配是把线管敷设在墙上以及其他明露处，要配置得横平竖直，要求管距短，弯头小；暗配是将线管置于墙等建筑物内部，线管较长。

（1）线管配线的方法

线管配线的方法有如下几种。

① 线管选择。根据敷设的场所来选择敷设线管的类型，如潮湿和有腐蚀气体的场所采用管壁较厚的白铁管；干燥场所采用管壁较薄的电线管；腐蚀性较大的场所采用硬塑料管。

根据穿管导线截面和根数来选择线管的管径。一般要求穿管导线的总截面（包括绝缘层）不应超过线管内径截面的 40%。

② 落料。落料前应检查线管质量，有裂缝、凹陷及管内有杂物的线管均不能使用。按两个接线盒之间为一个线段，根据线路弯曲转角情况来决定用几根线管接成一个线段，并确定弯曲部位。一个线段内应尽可能减少管口的连接口。

③ 弯管。弯管的方法是：为便于线管穿线，管子的弯曲角度一般不应大于 90°。明管敷设时，管子的曲率半径 $R \geqslant 4d$（d 为管子的直径）；暗管敷设时，管子的曲率半径 $R \geqslant 6d$。直径在 50mm 以下的线管，可用弯管器进行弯曲。弯曲时，要逐渐移动弯管器棒，且一次弯曲的弧度不可过大，否则可能弯裂或弯瘪线管。凡管壁较薄且直径较大的线管，弯曲时管内要灌满沙，否则可能把钢管弯瘪；如果加热弯曲，要用干燥无水的沙灌满，并在管两端塞上木塞。弯曲硬塑料管时，先将塑料管用电炉或喷灯加热，然后放到木坯具上弯曲成形。

④ 锯管。按实际长度需要用钢锯锯管，锯割时应使管口平整，并要锉去毛刺和锋口。

⑤ 套丝。为了使管子与管子之间或管子与接线盒之间连接起来，就需在管子端部套丝，钢管套丝时可用管子套丝绞扳。

⑥ 线管连接。各种连接方法如下。

a. 钢管与钢管连接。钢管与钢管之间的连接，无论是明配管线或暗配管线，最好采用管箍连接（尤其对埋地线管和防爆线管）。为了保证管接口的严密性，管子的丝扣部分应顺螺纹方向缠上麻丝，并在麻丝上涂上一层白漆，再用管箍拧紧，使两管端部吻合。

b. 钢管与接线盒的连接。钢管的端部与各种接线盒连接时，应采用在接线盒内外各用一个薄形螺母（又称纳子或锁紧螺母）来夹紧线管的方法，如图 4-21 所示。

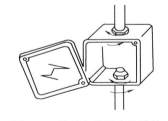

图 4-21　线管与接线盒的连接

c. 硬塑料管之间的连接。硬塑料管的连接分为插入法连接和套接法连接。

插入法连接。连接前先将待连接的两根管子的管口分别做内倒角和外倒角，然后用汽油或酒精把管子的插接段的油污和杂物擦干净，接着将一个管子插接段放在电炉或喷灯上加热至 145℃ 左右，待管子呈柔软状态后，将另一个管子的插入部分涂一层胶合剂（过氧乙烯胶）后，迅速插入柔软段，立即用湿布冷却，使管子恢复原来的硬度。

套接法连接。连接前先将同口径的硬塑料管加热扩大成套管，然后把需要连接的两管端倒角，用汽油或酒精擦干净，待汽油挥发后，涂上黏合剂，迅速插入热套管中。

⑦ 线管的接地。线管配线的钢管必须可靠接地。为此，在钢管与钢管、钢管与配电箱及接线盒等连接处用φ6～10mm圆钢制成的跨接线连接，并在线的始末端和分支线管上分别与接地体可靠连接，使线路所有线管都可靠接地。

⑧ 线管的固定。线管明线敷设时应采用管卡支持，线管进入开关、灯头、插座、接线盒孔前300mm处，以及线管弯头两边均需用管卡固定，管卡均应安装在木结构或木榫上。

线管在砖墙内暗线敷设时，一般在土建砌砖时预埋，否则应先在砖墙上留槽或开槽，然后在砖缝里打入木榫并钉钉子，再用铁丝将线管绑扎在钉子上，进一步将钉子钉入。

线管在混凝土内暗线敷设时，可用铁丝将管子绑扎在钢筋上，也可用钉子钉在模板上，将管子用垫块垫高15mm以上，使管子与混凝土模板间保持足够的距离，并防止浇灌混凝土时管子脱开。

⑨ 扫管穿线。穿线前先清扫线管，用压缩空气或用在钢线上绑扎擦布的方法，将管内的杂物和水分清除。穿线的方法如下。

选用φ1.2mm的钢丝做引线。当线管较短且弯头较少时，可把钢丝引线直接由管子的一端送向另一端。如果线管较长或弯头较多，将钢丝引线从一端穿入管子的另一端有困难时，可以从管子的两端同时穿入钢丝引线，引线端弯成小钩。当钢丝引线在管中相遇时，用手转动引线使其钩在一起，然后把一根引线拉出，即可将导线牵入管内。

导线穿入线管前，线管口应先套上护圈，接着按线管长度，加上两端连接所需的长度余量截取导线，剥离导线两端的绝缘层，并同时在两端头标上同一根导线的记号，再将所有导线和钢丝引线缠绕。穿线时，一人将导线理顺往管内送，另一人在另一端抽拉钢丝引线，这样便可将导线穿入线管。

（2）线管配线的要求

① 穿管导线的绝缘强度应不低于500V；规定导线最小截面，铜芯线为1mm^2，铝芯线为2.5mm^2。

② 线管内导线不准有接头，也不准穿入绝缘破损后经过包缠恢复绝缘的导线。

③ 管内导线不得超过10根，不同电压或进入不同电能表的导线不得穿在同一根线管内，但一台电动机内包括控制和信号回路的所有导线及同一台设备的多台电动机线路，允许穿在同一根线管内。

④ 除直流回路导线和接地导线外，不得在钢管内穿单根导线。

⑤ 线管转弯时，应采用弯曲线管的方法，不宜采用制成品的月亮弯，以免造成管口连接处过多。

⑥ 线管线路应尽可能少转角或弯曲，因转角越多，穿线越困难。

⑦ 在混凝土内暗线敷设的线管，必须使用壁厚为3mm的电线管。当电线管的外径超过混凝土厚度的1/3时，不准将电线管埋在混凝土内，以免影响混凝土的强度。

3. 槽板配线

槽板配线就是将绝缘导线敷设在槽板的线槽内（上部用盖板将导线盖住），它适用于干燥房间内的明配线路。

常用的槽板有木槽板和塑料槽板，线槽有双线和三线之分，其外形如图4-22所示。木槽板和塑料槽板的安装方法相同，但敷设塑料槽板的环境温度不应低于-15℃。槽板配线的施工应在土建抹灰层干透后进行。

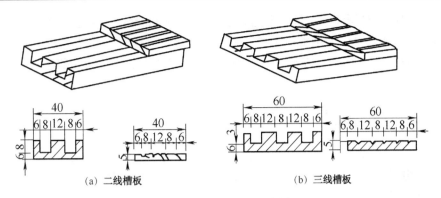

(a) 二线槽板   (b) 三线槽板

图 4-22 槽板外形尺寸图

（1）槽板的配线方法

① 槽板的拼接。拼接槽板时，应将平直的槽板用于明显处，弯曲不平的用于较隐蔽处。其拼接形式及方法有如下三种：

a. 对接。槽板对接时，底板和盖板均应锯成 45°角的斜口进行连接，拼接要紧密，底板的线槽要对齐、对正。底板与盖板的接口应错开，错开的距离不应小于 20mm。

b. 拐角的连接。连接槽板拐角时，应把两根槽板的端部各锯成 45°角的斜口，并把拐角处的线槽内侧削成圆弧形，以利于布线和防止碰伤导线。

c. 分支拼接。槽板分支采用 T 形拼接时，应在拼接点上把底板的加强筋用锯子锯掉、铲平，使导线在线槽中能宽畅通过，如图 4-23 所示。

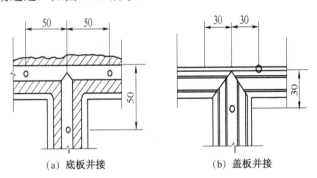

(a) 底板并接   (b) 盖板并接

图 4-23 槽板分支 T 形拼接图

② 槽板的固定。槽板的拼接和固定，通常应同时进行。

在砖和混凝土结构上的固定。按照确定的敷设路线，将槽板底板用钉子钉在预埋的木榫或木条上。在混凝土结构上，可使用塑料胀管或预埋缠有铁丝的木螺钉固定。当抹灰层允许时，可用铁钉直接固定。中间固定点间距不应大于 500mm，且要均匀。起点或终点端的固定点应在距离起点或终点 30mm 处固定。三线槽板应用双钉交错固定。

在板条和顶棚上的固定。应将底板直接用铁钉固定在龙骨上或龙骨间的板条上。

（2）槽板配线的要求

① 敷设导线时应注意的事项：为便于检修，所敷设线路应以一支路安装一根槽板为原则；敷设导线时，槽内导线不应受到挤压，在槽内不允许有接头，必要时装设接线盒；导线在灯具、开关、插座及接头等处，一般应留有 100mm 的余量，在配电箱处则应按实际需要留有足够的长度，以便于连接设备；槽板配线不宜直接与电器连接，应通过木台类的底座再与电器相连。

② 固定盖板应与敷设导线同时进行，边敷线边将盖板固定在底板上。固定的木螺钉或铁钉

要垂直，防止偏斜而碰触导线。盖板固定点间距不应大于 300mm，端部盖板不大于 30～40mm。

③ 槽板配线的要求是：木槽板应干燥无节、无裂缝；槽板不应设置在顶棚和墙壁内；槽板伸入木台的距离应在 5mm 左右；在槽板和绝缘子配线的接续处，由槽板端部起 300mm 以内的地方应装设绝缘子固定导线。

4.2.3　配电板的装配

配电板（箱）是一种连接电源和多个用电设备之间的电气装置。它主要用来分配电能和控制、测量、保护用电电器等，一般由进户总熔断器盒、电能表、电流互感器、控制开关、过载或短路保护电器等组成，容量较大的还装隔离开关。总熔断器盒一般装在进户管的户内侧墙上，而电能表、电流互感器、仪表、控制开关、保护电器等均装在同一块配电板（箱）上，如图 4-24 所示。

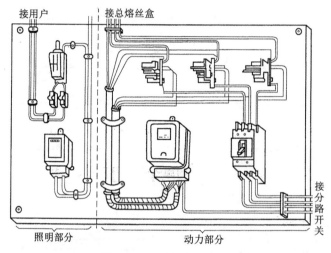

图 4-24　配电板的组成

1. 总熔断器盒的安装

常用的总熔断器盒分铁皮盒式和铸铁壳式。铁皮盒分 1-4 型四个规格，1 型最大，盒内能装三只 200A 熔断器；4 型最小，盒内能装三只 10A 或一只 30A 的熔断器及一只接线桥。铸铁壳式分 10A、30A、60A、100A 或 200A 五个规格，每只内均只能单独装一只熔断器。

总熔断器盒有防止下级电力线路的故障蔓延到前级配电干线上而造成更大区域停电的作用，且能加强计划用电的管理（因低压用户总熔断器盒内的熔体规格，由供电单位置放，并在盖上加封）。总熔断器盒安装必须注意以下几点。

① 总熔断器盒应安装在进户管的户内侧。

② 总熔断器盒必须安装在实心木板上，木板表面及四沿必须涂以防火漆。安装时，1 型铁皮盒式和 200A 铸铁壳式的木板，应用穿墙螺栓或膨胀螺栓固定在建筑物墙面上，其余各种木板，可用木螺钉来固定。

③ 总熔断器盒内熔断器的上接线柱，应分别与用户线的电源相线连接，接线桥的上接线柱应与用户线的电源中性线连接。

④ 总熔断器盒后如安装多具电能表，则在电能表的前级分别安装分熔断器盒。

2. 电流互感器的安装

电流互感器的安装要注意如下几点。

① 电流互感器副边标有"K_1"或"+"的接线柱要与电能表电流线圈的进线柱连接，标有"K_2"或"-"的接线柱要与电能表的出线柱连接，不可接反。电流互感器的原边标有"L_1"或"+"的接线柱，应接电源进线，标有"L_2"或"-"的接线柱应接电源出线，如图 4-25 所示。

② 电流互感器副的"K_2"或"-"接线柱、外壳和铁芯都必须可靠地接地。

③ 电流互感器应装在电能表的上方。

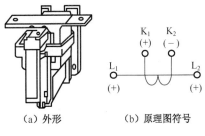

（a）外形　　　（b）原理图符号

图 4-25 电流互感器

3．电能表的安装

（1）电能表的基本知识

电能表又称为电度表，也称为火表，千瓦小时表，以 kW·h（千瓦·时）即"度"为单位。它是用来计算电气设备所消耗电能的仪表，具有累计功能。电能表的种类很多，常用的有感应式电能表、IC 卡电能表等。按结构分有：单相电能表、三相三线电能表和三相四线电能表。电能表的精度一般为 2.0 级，也有 1.0 级的高精度电能表。

① 感应式电能表的型号。电能表的型号有多个系列，以下每一个型号中的第一个字母代号 D 均表示电能表。

DD 系列：DD 系列电能表为单相电能表，第二个字母 D 表示单相，如 DD1 型、DD36 型、DD101 型等。

DS 系列：DS 系列电能表为三相三线有功电能表，第二个字母 S 表示三相三线制，如 DS1 型、DS2 型、DS5 型等。

DT 系列：DT 系列电能表，为三相四线有功电能表，第二个字母 T 表示三相四线制，如 DT1 型、DT2 型、DT862 型等。

② 电能表的技术指标。

a. 额定电流 I_b。它是计算负载的基数电流值，如 10A 电能表、40A 电能表的额定电流分别是 10A、40A。

b. 额定最大电流 I_{max}。它是使电能表长期工作，且误差与温度均满足规定要求的最大负载电流。额定最大电流通常是额定电流的整数倍。

在电能表面板上，额定电流值后面括号内的数字就是额定最大电流。例如，某电能表的面板上标有"5（10A）"字样，其中 5 为额定电流值，而括号内的 10A 为额定最大电流，即额定电流为 5A 的电能表，允许把负载电流增大到不超过 10A，这时电能表仍能正常工作。这样，用户用电量增加（总的负载电流不超过 10A）时，不必更换电能表。

c. 电能表常数。表示该电能表每计量 1kW·h 电能时转盘的转数。

以上三个性能指标，均标注在电能表的铭牌上。另外，电能表铭牌上还标有额定电压和频率等。

d. 潜动。潜动是指当负载电流等于零时，电能表转盘仍有转动的现象。按照规定，当电能表的电流线圈中无电流，而加于电压线圈上的电压为额定值的 80%～110%时，在规定时间内转盘的转动不应超过一整圈。

（2）单相电能表的选用

选用单相电能表时，要注意额定电压和额定电流的选择。应使用户的负载电流在电能表规定电流的 20%～120%之间。单相 220V 照明负载电路按 5A/kW 来估算用户负载电流为宜，一般情况可参考表 4-3 来选择。需经电流互感器接入被测电路时，应选用额定电流为 5A 的电能表。

表 4-3　　选择单相电能表容量参考表

220V 照明用（kW）	0.6 以下	0.6~1	1~2	2~3	3~4	4~6	6~10
电能表的容量（A）	3	5	10	15	20	30	50

电能表的额定电压应与负载的额定电压相符。

（3）单相电能表的安装与接线

① 单相电能表的接线。目前民用电能表多采用直接接入形式，每个电能表的下部都有一个线盒，盖板背面有接线图，安装时应按图接线。电能表的接线，必须使电流线圈与负载串联接入相线上，电压线圈和负载并联。单相电能共有 4 个接线端，其中两个接电源，另两个接负载。

测量单相交流电路电能时，应用最多的仪表是感应式电能表。在电压 220V、电流 10A 以下的单交流电路中，电能表可以直接接在交流电路上，如图 4-26 所示。图中 1、3 接电源，2、4 接负载。

有的电能表的接线方法按号码 1、2 接电源进线，3、4 接电源出线，具体的接线方法应参照电能表的接线柱盖子上的接线图。

② 三相电能表的接线。三相电能表分为三相三线和三相四线电能表两种；又可分为直接式和间接式三相电能表两类。

直接式三相电能表常用的规格有 10A、20A、30A、50A、75A 和 100A 等多种，一般用于电流较小的电路中；间接式三相电能表常用的规格为 5A，电流互感器连接后，用于电流较大的电路上。

a. 直接式三相四线电能表的接线。这种电能表共有 11 个接线柱头，从左到右按 1、2、3、4、5、6、7、8、9、10、11 编号；其中 1、4、7 是电流相线的进线柱头，用来连接从总熔断器盒下柱头引来的三根相线；3、6、9 是相线的出线柱头，分别接总开关的三个进线柱头；10、11 是电源中性线的进线柱头和出线柱头；2、5、8 三个接线柱可空着，如图 4-27 所示。

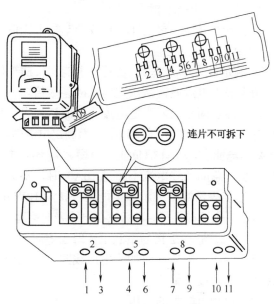

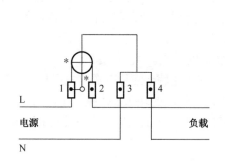

图 4-26　单相电能表的接线图　　　　　图 4-27　直接式三相四线电能表的接线图

b. 直接式三相三线电能表的接线。这种电能表共有 8 个接线柱头，其 1、4、6 是电源相线进线柱头；3、5、8 是相线出线柱头；2、7 两个接线柱可空着，如图 4-28 所示。

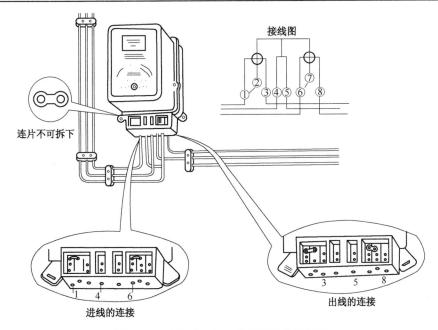

图 4-28　直接式三相三线电能表的接线图

　　c. 间接式三相四线电能表的接线。这种三相电能表需配用三只同规格的电流互感器，接线时需把从总熔断器盒下接线柱头引来的三根相线，分别与三只电流互感器一次侧的"+"接线柱头连接。同时用三根绝缘导线从这三个"+"接线柱引出，穿过钢管后分别与电能表的 2、5、8 三相接线柱连接。接着用三根绝缘导线，从电流互感器二次侧的"+"接线柱头引出，穿过另一根保护钢管与电能表 1、4、7 三个进线柱头连接。然后用一根绝缘导线穿过后一个保护钢管，一端并联三只电流互感器二次侧的"–"接线柱头，另一端并联电能表的 3、6、9 三个出线柱头，并把这根导线接地。最后用三根绝缘导线，把三只电流互感器一次侧的"–"接线柱头分别与总开关三个进线柱头连接起来，并把电源中性线穿过前一根钢管与电能表 10 进线柱连接，接线柱 11 用来连接中性线的出线，如图 4-29 所示，接线时应先将电能表接线盒内的三块连接片都拆下来。

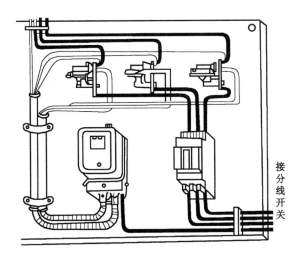

（a）连线外形图

图 4-29　间接式三相四线电能表的接线图

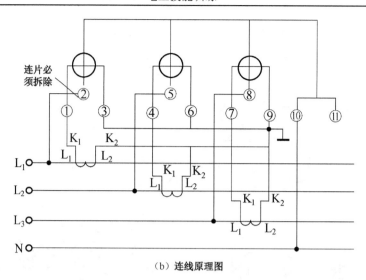

（b）连线原理图

图 4-29　间接式三相四线电能表的接线图（续）

　　d. 间接式三相三线制电能表的接线。这种电能表只需配两只同规格的电流互感器，接线时把从总熔断器盒下接线柱头引出来的三根相线中的两根相线分别与两电流互感器一次侧的"+"接线柱头连接。同时从该两个"+"接线柱头用铜芯塑料硬线引出，并穿过钢管分别接到电能表 2，7 接线柱头上，接着从两只电流互感器的"+"接线柱用两根铜芯塑料硬线引出，并穿过另一根钢管分别接到电能表 1，6 接线柱头。然后用一根导线从两只电流互感器二次侧的"−"接线柱头引出，穿过后一根钢管接到电能表 3，8 接线头上，并应把这根导线接地。最后将总熔断器盒下柱头余下的一根相线和从两只电流互感器一次侧的"−"接线柱头引出的两根绝缘导线接到总开关的三个进线柱头上，同时从总开关的一个进线柱头（总熔断器盒引入的相线柱头）引出一根绝缘导线，穿过前一根钢管，接到电能表 4 接线柱上，如图 4-30 所示。同时注意应将三相电能表接线盒内的两个连片都拆下。

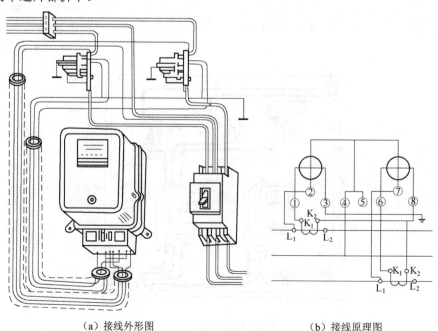

（a）接线外形图　　　　　　　　　　　　（b）接线原理图

图 4-30　间接式三相三线电能表的接线图

③ 电能表的安装。电能表的安装一般要求与配电装置安装在一起，如图 4-24 所示。

电能表的安装要求如下。

a. 电能表总线必须采用铜芯塑料硬线，其最小截面积不得小于 1.5mm^2，中间不准有接头，自总熔断器盒至电能表之间的敷设长度，不宜超过 10m。

b. 电能表总线必须明线敷设，采用线管安装时线管也必须明装。在进入电能表时，一般以"左进右出"原则接线。

c. 电能表必须安装得垂直于地面，表的中心离地高度应在 $1.4\sim1.5\text{m}$ 之间。

安装电能表的步骤为：打墙孔→装塑料榫→装木板、装木螺钉→装电能表、开关、熔断器→接线、接电源→接负载。

安装电能表时应注意如下事项。

a. 为确保电能表的精度，安装时表的位置必须与地面保持垂直，表箱的下沿离地高度应在 $1.7\sim2\text{m}$ 之间，暗式表箱下沿离地 1.5m 左右。

b. 闸刀开关安装时切不可倒装或横装。

c. 配电板要用穿墙螺栓或膨胀螺栓固定，也可用螺钉固定。

（4）预付费电能表和复费率电能表简介

① 预付费电能表。预付费电能表管理系统示意图如图 4-31 所示。电子式单相预付费电能表，可以计量额定频率为 50Hz 的单相交流有功电能，同时具备先买电后用电的预付费用电管理功能，是适应我国改革用电体制，实现电能商品化，有效控制和调节电网负荷的理想产品。

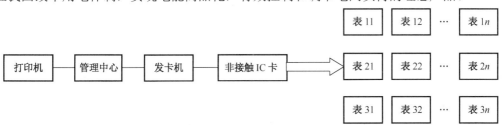

图 4-31　预付费电能表管理系统

电子式单相预付费电能表的主要功能有：

a. IC 卡预付费用电，先买后用，用完断电。

b. 购电卡自动抄回用电信息，方便管理。

c. 剩余电量报警，提醒用户及时购电。

② 复费率电能表。工频电网 24h 连续供电，但用户用电是有时间性的。目前，电能还不能大量储存，不能实现用户用电多少，发电厂就发多少。若能适当减少峰期用电，增加谷期用电，降低峰、谷差，对平衡供电量，提高供电质量，保证电网安全有重大的意义。为了达到"削峰填谷"的目的，供电局采用双费率或多费率制，即用电高峰期提高电价，低谷期降低电价，以鼓励用户在谷期多用电。复费率电能就是为此目的而设计生产的电能表。

复费率电能表的电能计算机构也是感应式电能表，按计算铝盘转动的方法不同，分为机械式、电子式和电子机械式三种。

机械式多费率电能表有两"双费率"或三个"三费率"计度器和一个定时开关。在不同时间，定时器把不同的计度器和转轴啮合，不同计度器记下不同时间的用电量，可以按不同的价格收取电费。

电子式三费率电能表的结构框图如图 4-32 所示。铝盘上有一个小孔，铝盘每转一圈便形成一个脉冲，脉冲经整形后送到计度器计数器。定时控制器在不同时间打开不同的计数门，可以记下不同时间内的用电量各是多少。

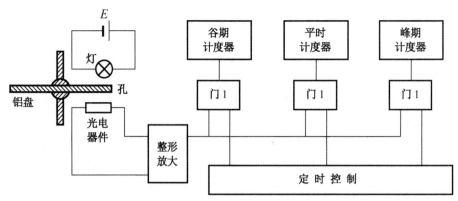

图 4-32 电子式三费率电能表结构框图

【技能训练】——做一做

1．训练内容

室内配电线路及配电板的安装。

2．训练要求

① 掌握护套线的敷设方法；学会安装照明灯具、开关、插座等电器元件。
② 掌握电能表的接线方法，能正确地安装电能表。
③ 学会在配电板上对各电器元件安排布局；掌握配电板上各电器元件的安装要领。接线要按照配电板的安装工艺。

3．训练指导

（1）室内配电线路的安装
① 室内配电线路图。

一室一厅配电线路如图 4-33 所示。5 路配线分别为：照明及吊扇、插座、客厅空调、卧室空调、热水器。

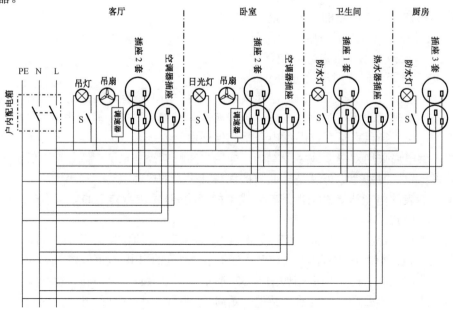

图 4-33 一室一厅配电线路图

② 元器件的选择。元器件选择见表 4-4。

表 4-4　室内配电线路元器件明细表

序　号	名　　称	规　　格	要　　求
1	电能表	单相电子式电能表 DDS106 型（长寿命型）或 DDSY106 型（预付费型）	设计使用功率为 11.5kW
2	漏电断路器或断路器	DZ47LE C45N/1P16A	除两路空调外，其余均须有漏电保护
3	灯开关	按钮式	
4	插座	空调插座 15～20A 厨房插座 20A 热水器插座 10～15A 其余插座 10A	空调插座距地面 1.8m 厨房插座距地面 1.3m 热水器插座距地面 2.2m 其余插座距地面 0.3m
5	照明灯	客厅有 LED 变色的吊灯 卧室有荧光吸顶灯 厨房和卫生间有防水灯	照明灯功率为 20～40W
6	吊扇	悬挂式吊扇	功率为 20 W
7	调速器	简易调速器	
8	导线	进线 BV—2×16+1×6DG32 支线 BV—3×2.5DG20	

③ 有关说明。

a. 漏电断路器。近年来，由于人们生活水平的不断提高，大量的家用电器进入普通百姓家庭，人们与电接触的机会越来越多，用电设备发生故障导致人员触电伤亡的事件也时有发生。为了人身与设备的安全，漏电断路器作为一项有效的电气安全技术装置已经被广泛使用，并起到了减少和避免用电事故发生的重要作用。漏电断路器按工作原理分为：电压型漏电断路器、电流型漏电断路器（包括电磁式、电子式）。

电磁式电流型漏电断路器由主开关、测试电路、电磁式漏电脱扣器和零序电流互感器组成，其外形和工作原理图如图 4-34 所示。

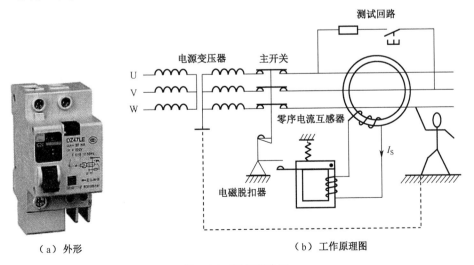

（a）外形　　　　　　　　　　　（b）工作原理图

图 4-34　漏电断路器

当正常工作时，不论三相负载是否平衡，通过零序电流互感器主电路的三相电流相量之和等于零，故其二次绕组中无感应电动势产生，漏电断路器工作于闭合状态。如果发生漏电或触电事故，三相电流之和便不再等于零，而等于某一电流值 I_S，I_S 会通过人体、大地、变压器中性点形成回路，这样零序电流互感器二次侧将产生与 I_S 对应的感应电动势加到脱扣器上，当 I_S 达到一定值时，脱扣器动作，推动主开关的锁扣，分断主电路。漏电断路器对线路中的过载和短路也能起保护作用。

b. 常用家用电器的容量。常用家用电器的容量范围大致如下：微波炉为 600～1500W；电饭煲为 500～1700W；电磁炉为 300～1800W；电炒锅为 800～2000W；电热水器为 800～2000W；电冰箱为 70～250W；电暖器为 800～2500W；电烤箱为 800～2000W；消毒柜为 600～800W；电熨斗为 500～2000W；空调器为 600～5000W。

考虑到远期用电发展，每户的用电量应按最有可能同时使用的电器最大功率总和计算，所用家用电器的说明书上都标有最大功率，可以根据其标注的最大功率，计算出总用电量。

一定要按照电能表的容量来配置家用电器。如果电能表容量小于同时使用的家用电器最大使用容量，则必须更换电能表，并同时考虑入户导线的横截面积是否符合容量的要求。

c. 导线的选择。进户线是按每户用电量及考虑今后增加的可能性选取的，每户用电量为 4kW～5kW，电表为 5（20）A，进户线为 BV—3×10mm²；每户用电量 6kW～8kW，电表为 15（60）A，进户线为 BV—3×16mm²，每户用电量为 10kW，电表为 20（80）A，进户线为 BV—2×25+1×16。这样选择既可满足要求又留有一定的余量。户配电箱各支路导线为：照明回路为 BV—2×2.5mm²，普通插座回路为 BV—3×2.5mm²，厨房回路、空调回路均为 BV—3×40 mm²。

铜芯线电流密度一般环境下可取 4～5A/mm²。

住宅内常用的电线横截面为 1.5mm²、2.5 mm²、4 mm²、6 mm²、10 mm²、16 mm²、25 mm²、35 mm²、50 mm² 等。另外住宅电气电路一定选用铜导线，因使用铝导线会埋下众多的安全隐患，住宅一旦施工完毕，很难再次更换导线，不安全的隐患会持续多年。

d. 熔断器的选择。居民家庭用的熔断器（即保险丝）应根据用电容量的大小来选用。如使用容量为 5A 的电表时，保险丝应大于 6A 小于 10A；如使用容量为 10A 的电表时，保险丝应大于 12A 小于 20A，也就是选用的保险丝应是电表容量的 1.2～2 倍。选用的保险丝应是符合规定的一根，而不能以小容量的保险丝多根并用，更不能用铜丝代替保险丝使用。

e. 电能表的选择。看懂产品铭牌标识。选购电能表时首先要注意型号和各项技术数据。在电能表的铭牌上都标有一些字母和数字，如"DD862，220V，50Hz，5（20）A，1950r/kW·h…"，其中 DD862 是电能表的型号，DD 表示单相电能表，数字 862 为设计序号。一般家庭使用就可选用 DD 系列的电能表，设计序号可以不同。220V、50Hz 是电能表的额定电压和工作频率，它必须与电源的规格相符合。就是说，如果电源电压是 220 伏，就必须选用这种 220 伏电压的电能表，不能采用 110 伏电压的电能表。5（20）A 是电能表的标定电流值和最大电流值，括号外的 5 表示额定电流为 5A，括号内的 20 表示允许使用的最大电流为 20A。这样，就可以知道这只电能表允许室内用电器的最大总功率为 $P=UI=220V×20A=4400W$。

计算家庭总用电量。选购电能表前，需要把家中所有用电电器的功率加起来，例如，电视机 65W+电冰箱 93W+洗衣机 150W+白炽灯 4 只共 160W+电熨斗 300W+空调 1800W=2568W。选购电能表时，要使电能表允许的最大总功率大于家中所有用电器的总功率（如上面算出的 2568W），而且还应留有适当的余量。如本例中家庭选购 5（20）A 的电能表就比较合适，因为即使家中所有用电器同时工作，最大的电流值 $I=P/U=2568W/220V=11.7A$，没有超过电能表的最大电流值 20A，同时还有一定余量，因此是安全可靠的。

④ 训练步骤。按以下顺序进行操作：定位、画线、钻孔→安装单相电能表→安装单相闸刀→安装插座的底座→安装灯、开关、吊扇及吊扇调速器的底座→接线→安装灯、开关、吊扇、吊扇调速器→接线的接头包缠绝缘带→通电检验。

要求布局合理，安装美观，工艺符合国家关于室内配线的有关规定。

（2）配电板的安装

① 安装如图 4-24 所示的配电板。

② 元器件的选择。元器件选择见表 4-5。

表 4-5 配电板元器件明细表

器 材 名 称	规 格	数 量	器 材 名 称	规 格	数 量
线路安装板	$900 \times 600 \times 60$ mm	1 块	熔断器	RCI 10A	2 副
单相电能表	220V 107A	1 块	三相熔断器盒	RCI 10A	1 副
三相电能表	380V 10A	1 块	铜塑料硬线	BVR1.5mm^2	若干
单相闸刀开关	250V 10A	1 只	铝片线卡	1 号	1 包
三相空气开关	500V 30A	1 只	螺钉		若干
电流互感器	5A	3 只	绝缘带		1 卷

③ 训练步骤。按以下顺序进行操作：定位、画线、钻墙孔→装塑料榫（膨胀螺栓）→安装线路安装板→安装单相电能表→安装单相闸刀→安装三相保险盒→安装电流互感器→安装三相电能表→安装空气开关→接线→将每根钢管下端与电能表之间的电线包缠绝缘带→通电检验。

4. 注意事项

安装完元器件、连接完导线后，要仔细检查线路是否正确，有无导线裸露部分露在外边。经指导教师检查后方可通电试验。

5. 成绩评定

① 室内配电线路的安装评分标准见表 4-6。

表 4-6 室内配电线路安装训练的评分标准

项目内容	配 分	扣 分 标 准	扣 分	得 分
定位画线	20 分	1）定位不准确，每处扣 5 分 2）画线不直，每处扣 5 分		
线路安装	70 分	1）导线不能横平竖直、有绞拧，每处扣 5 分 2）铝线卡分布不均匀、安装不牢靠，每处扣 5 分 3）导线的连接不规范，扣 5 分 4）导线连接处绝缘恢复得不好，扣 5 分 5）导线的封端不牢靠，扣 5 分 6）封端有毛刺或螺钉未拧紧，扣 5 分		
安全操作	10 分	1）不遵守实训室规章制度，违反操作规程，扣 10 分 2）操作过程中人为地损坏元器件，每个扣 5 分 3）未经允许擅自通电测试，扣 10 分		
总评：				

（注：各项内容中扣分总值不超过各项内容所配分数）

② 配电板的安装评分标准见表 4-7。

表 4-7　配电板安装训练的评分标准

项 目 内 容	配　分	扣 分 标 准	扣　分	得　分
外观检查	35 分	1）器件摆放不合理，扣 10 分 2）紧固不到位，有松动，每处扣 5 分 3）器件损坏，每个扣 10 分 4）导线颜色选用不正确，每处扣 5 分 5）导线支线平直、有交叉，每处扣 5 分 6）导线长短不适中，裸线过长，每处扣 5 分		
静态检测	35 分	1）电路转化错误，扣 20 分 2）不符合左零右相等布线原则，每处扣 5 分 3）非正常短路、开路，每处扣 5 分 4）接触不良，每处扣 5 分		
通电测试	20 分	1）通电后熔断器熔断或漏电保护器跳闸，扣 15 分 2）电闸闭合后插座无电压输出，扣 10 分 3）短路、漏电部分不能起保护作用，每处扣 5 分		
安全操作	10 分	1）不遵守实训室规章制度，违反操作规程，扣 10 分 2）操作过程中人为地损坏元器件，每个扣 5 分 3）未经允许擅自通电测试，扣 10 分		
总评：				

（注：各项内容中扣分总值不超过各项内容所配分数）

【问题研讨】——想一想

（1）室内配线有哪些基本要求？

（2）试叙述塑料护套线配线的基本方法？基本要求有哪些？

（3）试叙述线管配线的方法。

（4）线管连接有哪些方法？线管配线有哪些要求？

（5）试叙述槽板配线的方法。槽板配线有哪些要求？

（5）电能表的安装有什么要求？单相电能表、三相电能表各如何接线？

（6）常听人们说空调是多少匹的，请查阅资料，了解"多少匹空调"的含义及其与功率的关系。

项目 5 电动机的拆装与检修

项目内容

电动机是把电能转换为机械能的旋转机械。电动机的种类很多，按电源性质可分为直流电动机和交流电动机。交流电动机又可分为异步电动机和同步电动机。其中，异步电动机是在工农业生产及家用电器中应用最广泛的一种电动机。直流电动机具有良好的调速性能、较大的启动转矩和过载能力等很多优点，在启动和调速要求较高的生产机械中，得到了广泛的应用。本项目主要内容有：

+ 三相异步电动机的结构和工作原理。
+ 三相异步电动机的拆卸、装配和检修。
+ 单相异步电动机的结构和工作原理。
+ 直流电动机的结构和工作原理。
+ 直流电动机的拆卸、装配和检修。

项目目标

+ 了解三相异步电动机的基本结构；理解三相异步电动机的转动原理。
+ 掌握三相异步电动机的使用、拆装方法、维护保养和常见故障的检修。
+ 了解单相异步电动机的基本结构；理解单相异步电动机的转动原理。
+ 掌握单相异步电动机的使用、拆装方法、维护保养和常见故障的检修。
+ 了解直流电动机的基本结构；理解直流电动机的转动原理。
+ 掌握直流电动机的使用、拆装方法、维护保养和常见故障的检修。

任务 5.1 三相异步电动机的拆装与检修

任务引入

在工业生产中，所有运动的设备都需要用到电动机，传统机械制造设备一般由三相异步电动机来提供动力。交流电动机又分为异步电动机和同步电动机，其中笼型交流异步电动机由于结构简单、运行可靠、维护方便、价格便宜，是所有电动机中应用最广泛的一种。例如，一般的机床、起重机、传送带、鼓风机、水泵以及各种农副产品加工等都普遍使用三相笼型交流异步电动机，只有在一些有特殊要求的场合才使用其他类型的电动机。

任务目标

熟悉三相异步电动机的基本结构；理解三相异步电动机的工作原理；掌握三相异步电动机的

使用、拆装方法，维护保养和常见故障的检修。

任务实施

【相关知识】——学一学

5.1.1　三相异步电动机的结构和工作原理

1. 三相异步电动机的结构

三相异步电动机是把交流电能转变为机械能的一种动力机械。它结构简单，制造、使用和维护简便，成本低廉，运行可靠，效率高，在工农业生产及日常生活中得到广泛应用。三相异步电动机被广泛用来驱动各种金属切削机床，起重机，中、小型鼓风机，水泵及纺织机械等。

三相异步电动机由两个基本部分组成：不动部分——定子；转动部分——转子。如图 5-1 所示为笼型异步电动机拆开后各个部件的形状，如图 5-2 所示为三相笼型异步电动机的装配图。

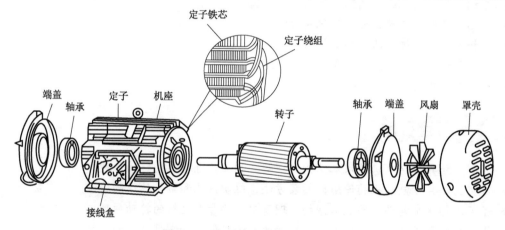

图 5-1　三相异步电动机的主要部件

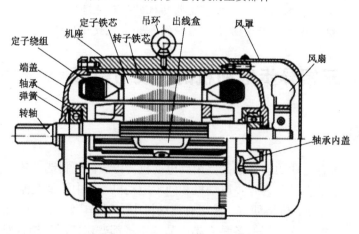

图 5-2　三相笼型异步电动机的装配图

三相异步电动机的定子是在铸铁或铸钢制成的机座内装有由 0.5mm 厚的硅钢片叠成的筒形铁芯，片间绝缘以减少涡流损耗。铁芯内表面上分布与轴平行的槽，如图 5-3 和图 5-4 所示，槽内嵌有三相对称绕组。绕组是根据电机的磁极对数和槽数按照一定的规则排列与连接的。

图 5-3　定子的硅钢片

图 5-4　装有三相绕组的定子

定子绕组可以接成星形或三角形。为了便于改变接线，三相绕组的六根端线都接到定子外面的接线盒上。盒中接线柱的布置如图 5-5 所示，如图 5-4（a）所示为定子绕组的星形（Y 形）接法；如图 5-5（b）所示为定子绕组的三角形（△形）接法。

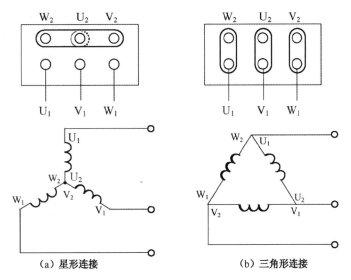

（a）星形连接　　　　　　　　　　　（b）三角形连接

图 5-5　三相异步电动机的接线盒

目前，我国生产的三相异步电动机，功率在 4kW 以下的定子绕组一般均采用星形接法；4kW 以上的一般采用三角形接法，以便于应用 Y-△降压启动。

三相异步电动机的转子是由 0.5mm 厚的硅钢片叠成的圆柱体，并固定在转子轴上，如图 5-6 和图 5-7 所示。转子表面有均匀分布的槽，槽内放有导体。转子有两种形式：笼型转子和绕线型转子。

笼型转子的绕组由安放在槽内的裸导体构成，这些导体的两端分别焊接在两个端环上，因为它的形状像个松鼠笼子，如图 5-8 所示，所以称为笼型转子。

目前，100kW 以下的异步电动机，转子槽内的导体、转子的两个端环以及风扇叶一起用铝铸成一个整体，如图 5-9 所示。

具有上述笼型转子的异步电动机称为笼型异步电动机，这类电动机的外形之一如图 5-10 所示。

绕线型转子的绕组与定子绕组相似，也是三相对称绕组，通常接成星形，三根端线分别与三个铜制滑环连接，环与环以及环与轴之间都彼此绝缘，如图 5-11 所示。具有这种转子的异步电动机称为绕线式异步电机。

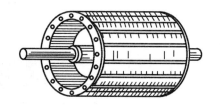

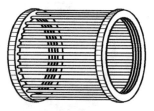

图 5-6　转子的硅钢片　　　　　　图 5-7　笼型转子　　　　　　图 5-8　笼型转子绕组

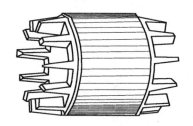

图 5-9　铸铝的笼型转子　　　　　　　　图 5-10　三相异步电动机的外形

转轴由中碳钢制成，其两端由轴承支撑，它用来输出转矩。

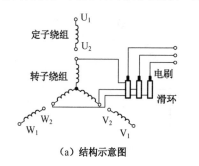

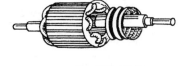

（a）结构示意图　　　　　　　　　（b）绕线式转子

图 5-11　绕线式转子

2．三相异步电动机的工作原理

（1）三相异步电动机的工作原理

如图 5-12 所示为三相异步电动机的工作原理图。

① 电生磁。定子三相绕组 U、V、W 中通入三相交流电产生旋转磁场，其转向为逆时针方向，转速为 $n_1 = \dfrac{60 f_1}{p}$（r/min）（n_1 为旋转磁场的转速，亦称为电动机的同步转速；f_1 为定子绕组电流的频率，国产的 $f_1 = 50\text{Hz}$；p 是磁极对数）。假定该瞬间定子旋转方向向下。

② （动）磁生电。定子旋转磁场旋转切割转子绕组，在转子绕组中产生感应电动势和感应电流，其方向由"右手螺旋定则"判断，如图 5-12 所示。

③ 电磁力（矩）。这时转子绕组产生感应电流，在定子旋转磁场的作用下产生电磁力，其方向由"左手定则"判断，如图 5-12 所示。该力对转轴形成转矩（称为电磁转矩），它的方向与定子旋转磁场（即电流相序）一致，于是，电动机在电磁转矩的驱动下，以 n 的速度顺着旋转磁场的方向旋转。

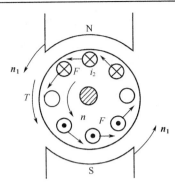

图 5-12　三相异步电动机工作原理图

三相异步电动机的转速 n 恒小于定子旋转磁场的转速 n_1，只有这样，转子绕组与定子旋转磁场之间才有相对运动（转速差），转子绕组才能感应电动势和电流，从而产生电磁转矩。因而，$n < n_1$（有转速差）是异步电动机旋转的必要条件，异步的名称也由此而来。

（2）转差及转差率

异步电动机的转速差（$n_1 - n$）与旋转磁场转速 n_1 的比率，称为转差率，用 s 表示。

$$s = \frac{n_1 - n}{n_1}$$

转差率是分析异步电动机运行的一个重要参数，它与负载情况有关。当转子尚未转动（如启动瞬间）时，$n = 0$，$s = 1$；当转子转速接近于同步转速（空载运行）时，$n \approx n_1$，$s \approx 0$。因此对异步电动机来说，s 在 0～1 范围内变化。异步电动机负载越大，转速越慢，转差率就越大；负载越小，转速越快，转差率就越小。由上式推得：

$$n = (1-s)n_1 = \frac{60 f_1}{p}(1-s)$$

当电动机的转速等于额定转速，即 $n_2 = n_N$ 时，$s_N = \dfrac{n_1 - n_N}{n_1}$。近代异步电动机额定负载时，$s_N = 0.02 \sim 0.07$，可见异步电动机的转速很接近旋转磁场转速；空载时，$s_0 = (0.05 \sim 0.5)\%$。

3. 三相异步电动机的铭牌和技术数据

铭牌的作用是向使用者简要说明这台设备的一些额定数据和使用方法，因此看懂铭牌，按照铭牌的规定去使用设备，是正确使用这台设备的先决条件。一台三相异步电动机的铭牌数据见表 5-1。

表 5-1　三相异步电动机的铭牌

三相异步电动机		
型号 Y132M—4	功率 7.5kW	频率 50Hz
电压 380V	电流 15.4A	接法 △
转速 1440r/min	绝缘等级　B	工作方式　连续
年　　月　　日　　　　编号	××电机厂	

三相异步电动机的铭牌和技术数据说明如下。

① 型号：三相异步电动机的型号是为了便于各部门业务联系和简化技术文件对产品名称、规格、形式的叙述等而引用的一种代号，由汉语拼音字母、国际通用符号和阿拉伯数字三部分组

成。例如，Y132M—4 中的 Y 是产品代号，Y 代表三相异步电动机；132M—4 是规格代号，132 代表中心高 132mm，M 代表中机座（短机座用 S 表示，长机座用 L 表示），4 代表 4 极。

各类型电动机的主要产品代号意义摘录见表 5-2。

表 5-2　三相异步电动机产品代号

产 品 名 称	产 品 代 号	代号汉字意义
三相异步电动机	Y	异
绕线型三相异步电动机	YR	异绕
三相异步电动机（高启动转矩）	YQ	异启
多速三相异步电动机	YD	异多
防爆型三相异步电动机	YB	异爆

② 额定功率 P_N：指电动机在额定状态下运行时，转子轴上输出的机械功率，单位为 kW。

③ 额定电压 U_N：指电动机在额定运行的情况下，三相定子绕组应接的线电压值，单位为 V。

④ 额定电流 I_N：指电动机在额定运行的情况下，三相定子绕组的线电流值，单位为 A。

三相异步电动机额定功率、电压、电流之间的关系为：

$$P_N = \sqrt{3}\, U_N I_N \cos\varphi_N n_N$$

⑤ 额定转速 n_N：指额定运行时电动机的转速，单位为 r/min。

⑥ 额定频率 f_N：我国电网频率为 50Hz，故国内异步电动机频率均为 50Hz。

⑦ 接法：电动机定子三相绕组有 Y 形连接和 △ 形连接两种，前已叙述。

⑧ 温升及绝缘等级：温升是指电机运行时绕组温度允许高出周围环境温度的数值。但允许高出数值的多少由该电动机绕组所用绝缘材料的耐热程度决定，绝缘材料的耐热程度称为绝缘等级，不同绝缘材料，其最高允许温升是不同的。按耐热程度不同，将电动机的绝缘等级分为 A、E、B、F、H、C 等几个等级，它们允许的最高温度见表 5-3，其中最高允许温升是按环境温度 40℃ 计算出来的。

表 5-3　绝缘材料温升限值

绝 缘 等 级	A	E	B	F	H	C
最高允许温度/℃	105	120	130	155	180	>180

⑨ 工作方式：为了适应不同负载需要，按负载持续时间的不同，国家标准把电动机分成了三种工作方式：连续工作制、短时工作制和断续周期工作制。

除上述铭牌数据外，还可由产品目录或电工手册中查得其他一些技术数据。

5.1.2　三相异步电动机的安装

1. 安装前的检查

三相异步电动机安装前要做好以下检查。

① 电动机的型号规格是否与设计图纸的规定相符。

② 外壳、风罩是否完好，转子是否转动灵活。

③ 打开接线盒，用万用表测量三相绕组应无开路。用兆欧表测量三相绕组之间、三相绕组与机壳之间的绝缘电阻，应不得小于 0.5MΩ。

2．基础灌制

10kW 以下的电动机，可将电动机套好底脚螺栓，用钢管或角钢架在安装位置上，然后浇灌混凝土，直平电动机座底部。待混凝土凝固后，松开底脚螺栓上的螺母，抬开电动机，以混凝土将基础按设计尺寸（比电动机的机座尺寸大 50～250mm）修好。

10kW 以上的电动机，一般在灌制基础时预留螺栓孔，即用楔形圆木桩安放在螺栓位置上，浇灌混凝土后拔出，留下四个孔洞。等凝固后，将底脚螺栓的一端套在电动机的机座上，另一端插入孔洞中，以一份水泥、一份净沙的水泥浆灌满，凝固后即可。

3．电动机的安装

将电动机人抬或吊车吊到安装位置，使机座安装孔套入底脚螺栓中，用水平仪在横向、纵向反复校平，用 0.5～5mm 厚钢板垫在机座和基础之间，垫平即可。将底脚螺栓上的螺母扳紧，将电动机固定好，再用水平仪测试，直到安装合乎水平。

5.1.3 三相异步电动机的拆装

1．拆装电动机的常用工具

拆装电动机时，常用工具有：拉钩、油盘、活扳手、榔头、螺丝刀、紫铜棒、钢套筒和毛刷等，如图 5-13 所示。

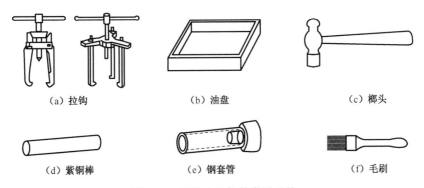

（a）拉钩   （b）油盘   （c）榔头

（d）紫铜棒   （e）钢套管   （f）毛刷

图 5-13 拆装电动机的常用工具

顶拔器一种简易的手扳顶拔器，它是一种拆卸皮带轮、联轴器或轴承的专用工具。

用顶拔器拆卸皮带轮或联轴器时，拉脚应钩住其外缘，如图 5-14 所示；在拆卸轴承时拉脚应钩在轴承的内环上，如图 5-15 所示。将顶拔器的丝杠顶尖对准轴中心的顶尖孔，缓慢地旋转丝杠并且应始终保持丝杠与被拉物在同一轴线上，即可把带轮或轴承卸下，而且能保证轴颈部不受损伤。

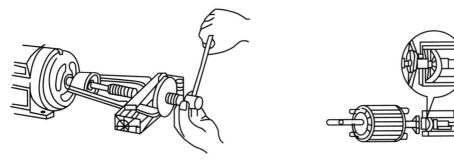

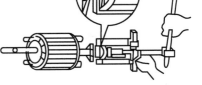

图 5-14 用顶拔器拆卸皮带轮   图 5-15 用顶拔器拆卸轴承

2．三相异步电动机的拆卸

为了确保维修质量，在拆卸前应在电动机接线头、端盖等处做好标记和记录，以便装配后使电动机能恢复到原状态。不正确的拆卸很可能损坏零件或绕组，甚至扩大故障，增加修理的难度，造成不必要的损失。

（1）三相异步电动机的拆卸顺序

三相异步电动机的拆卸顺序如下。

① 切断电源，拆下电动机与电源的连接线，并将电源连接线线头做好绝缘处理。

② 脱开带轮或联轴器与负载的连接，松开地脚螺栓和接地螺栓。

③ 拆卸带轮或联轴器。

④ 拆卸风罩风扇。

⑤ 拆卸轴承盖和端盖。

⑥ 抽出或吊出转子。

（2）主要零部件的拆装方法

主要零部件的拆装方法如下。

① 联轴器或皮带轮的拆卸。首先要在联轴器或皮带轮的轴伸端做好尺寸标记，再将联轴器或皮带轮上的定位螺钉或销子取出，装上顶拔器，用如图 5-14 所示的方法将联轴器或带轮卸下，如果由于锈蚀而难以拉动，可在定位孔内注入煤油，几个小时后再拉。若还是拉不出，可用局部加热的方法，用喷灯等急火在带轮轴套四周加热，使其膨胀就可拉出。但加热温度不能太高，以防止变形。在拆卸过程中不能用手锤或坚硬的东西直接敲击联轴器或皮带轮，防止碎裂和变形，必要时应垫上木板或用紫铜棒。

② 拆卸风罩和风扇。拆卸风罩螺钉后，即可取下风罩，然后松开风扇的锁紧螺钉或定位销子，用木锤或紫铜棒在风扇四周均匀地轻轻敲击，风扇就可以松脱下来。风扇一般用铝或塑料制成，比较脆弱，因此在拆卸时切忌用手锤直接敲打。

③ 轴承盖和端盖的拆卸。把轴承外盖的螺栓卸下，拆开轴承外盖。为了便于装配时复位，应在端盖与机座接缝处做好标记，松开端盖紧固螺栓，然后用铜棒或用手锤垫上木板均匀敲打端盖四周，使端盖松动取下，再松开另一端的端盖螺栓，用木锤或紫铜棒轻轻敲打轴伸端，就可以把转子和后端盖一起取下，往外抽转子时要注意不能碰定子绕组。

④ 拆卸轴承的几种方法。

a. 用顶拔器拆卸轴承。这是最方便的，而且不易损坏轴承和转轴，使用时应根据轴承的大小选择适宜的顶拔器，按如图 5-15 所示的方法夹住轴承，顶拔器的脚爪应紧扣在轴承内圈上，顶拔器丝杠的顶尖要对准转子轴的中心孔，慢慢扳转丝杠，用力要均匀，丝杠与转子应保持在同一轴线上。

b. 用细铜棒拆卸。用直径 18mm 左右的黄铜棒，一端顶住轴承内圈，用手锤敲打另一端，敲打时要在轴承内圈四周对称轮流均匀地敲打，用力不要过猛，可慢慢向外拆下轴承，应注意不要碰伤转轴。

c. 端盖内轴承的拆卸。拆卸电动机端盖内的轴承，可将端盖止口面向上，平放在两块铁板或一个孔径稍大于轴承外圈的铁板上，上面用一段直径略小于轴承外圈的金属棒对准轴承，用手锤轻轻敲打金属棒，将轴承敲出。

3．三相异步电动机的装配

三相异步电动机修理后的装配顺序，大致与拆卸时相反。装配时要注意拆卸时的一些标记，尽量按原记号复位。装配的顺序如下。

（1）滚动轴承的安装

轴承安装的质量将直接影响电动机的寿命，装配前应用煤油把轴承、转轴和轴承室等处清洗干净，用手转动轴承外圈，检查是否灵活、均匀和有无卡住现象，如果轴承不需更换，则需要再用汽油洗净，用干净的布擦干待装。

如果是更换新轴承，应将轴承放入 70～80℃ 的变压器油中加热 5min 左右，待防锈油全部熔化后，再用汽油洗净，用干净的布擦干待装。

① 轴承往轴颈上装配。轴承往轴颈上装配的方法有冷套法和热套法。

冷套法是把轴承套在轴颈上，用一段内径略大于轴径，外径小于轴承内圈直径的铁管，铁管的一端顶在轴承的内圈上，用手锤敲打铁管的另一端，把轴承敲进去。

热套法是将轴承放在 80～100℃ 的变压器油中，加热 30～40min，趁热快速把轴承推到轴颈根部，加热时轴承要放在网架上，不要与油箱底部或侧壁接触，油面要浸过轴承，温度不宜过高，加热时间也不宜过长，以免轴承退火。

套装零件及工具都要清洗干净保持清洁，把清洗干净的轴承内盖加好润滑脂套在轴颈上。

② 装润滑脂。轴承的内外环之间和轴承盖内，要塞装润滑脂，润滑脂的塞装要均匀和适量，装得太满在受热后容易溢出，装得太少润滑期短，一般二极电动机应装容腔容积的 1/3～1/2；四极以上的电动机应装空腔容积的 2/3，轴承内外盖的润滑脂一般为盖内容积的 1/3～1/2。

（2）后端盖的安装

将电动机的后端盖套在转轴的后轴承上，并保持轴与端盖相互垂直，用清洁的木锤或紫铜棒轻轻敲打，使轴承进入端盖的轴承室内，拧紧轴承内、外盖的螺栓，螺栓要对称地逐步拧紧。

（3）转子的安装

把安装好后端盖的转子对准定子铁芯的中心，小心地往里放送，注意不要碰伤绕组线圈，当后端盖已对准机座的标记时，用木锤将后端盖敲入机壳止口，拧上后端盖的螺栓，暂时不要拧得太紧。

（4）前端盖的安装

将前端盖对准机座的标记，用木锤均匀敲击端盖四周，使端盖进入止口，然后拧上端盖的紧固螺栓。最后按对角线上下、左右均匀地拧紧前、后端盖的螺栓，在拧紧螺栓的过程中，应边拧边转动转子，避免转子不同心或卡住。接下来是装前轴承内、外盖，先在轴承外盖孔插入一根螺栓，一手顶住螺栓，另一只手缓慢转动转子，轴承内盖也随之转动，用手感来对齐轴承内外盖的螺孔，将螺栓拧入轴承内盖的螺孔，再将另两根螺栓逐步拧紧。

（5）安装风扇和皮带轮

在后轴端安装上风扇，再装好风扇的外罩，注意风扇安装要牢固，不要与外罩有碰撞和摩擦。装皮带轮时要修好键槽，磨损的键应重新配制，以保证连接可靠。

3．装配后的检验

① 一般检查。检查所有紧固件是否拧紧；转子转动是否灵活，轴伸端有无径向偏摆。

② 测量绝缘电阻测量电动机定子绕组每相之间的绝缘电阻和绕组对机壳的绝缘电阻，其绝缘电阻值不能小于 0.5MΩ。

③ 测量电流。经上述检查合格后，根据名牌规定的电流电压，正确接通电源，安装好接地线，用钳形电流表分别测量三相电流，检查电流是否在规定电流的范围（空载电流约为额定电流的 1/3）之内；三相电流是否平衡。

④ 通电观察。上述检查合格后可通电观察，用转速表测量转速是否均匀并符合规定要求；检查机壳是否过热；轴承有无异常声音。

5.1.4　三相异步电动机的维护与检修

中小型三相异步电动机应用十分广泛，使用环境十分复杂，因此容易出故障，为了使电动机工作正常，延长使用寿命，除进行日常维护外，还要做好定期检修。

1. 三相异步电动机的日常维护

（1）交流异步电动机的启动前检查

交流异步电动机的启动前检查步骤如下。

① 新安装或长期停用的电动机，在使用前应检查电动机的定、转子绕组各相之间和绕组对地的绝缘电阻。绝缘电阻应大于下式所求得的数值：

$$R = \frac{U}{1000 + \dfrac{P}{100}}$$

式中　　R——电机绕组的绝缘电阻，单位为 MΩ；

$\quad\quad U$——电机绕组的额定电压，单位为 V；

$\quad\quad P$——电机的额定功率，单位为 kW。

对低压电动机用 500V 兆欧表测量，其绝缘电阻不应低于 0.5MΩ，否则应对定子绕组进行干燥处理。干燥时的温度不允许超过 120℃。

② 检查轴承是否有润滑油。对滑动轴承电动机，应达到规定的油位；对滚动轴承电动机，应达到规定的油量，以保证润滑。

③ 检查电动机和启动设备的接线是否正确。设备的接触部位是否接触良好。接地装置是否完整和良好。电动机铭牌所标的电压、频率应与电源的电压、频率相符合。

④ 对绕线转子电动机，应检查集电环上的电刷和电刷的提升机构是否处于正常工作状态，电刷压力为 0.015～0.025Mpa。

（2）日常运行中的维护

① 电动机应定期检查和清扫，外壳不得堆积灰尘，进风口和出风口必须保持畅通无阻，要注意保持电动机内部的清洁，不允许有水滴、油污以及杂物等落入电动机内部，不得用水冲洗电动机。

② 经常检查轴承发热、漏油情况，定期更换润滑油。电动机运行时，轴承允许温度不超过 95℃（温度计法），轴承每运行 2500h（约半年），至少检查一次，如果发现轴承润滑脂变质，必须及时更换。每运行 5000h 左右，即应补充或更换润滑脂（封闭轴承在使用寿命期内不必更换润滑脂）。一般在更换润滑脂时，将轴承和轴承盖煤油清洗，然后用汽油洗干净。润滑脂一般采用锂基润滑脂（GB7324—87），2 极电动机加油量为轴承净容积的 1/2，4 极以上电动机为 2/3。

当轴承的寿命终了时，电动机运行的振动及噪声将明显增大。检查轴承的径向游隙，若达到表 5-4 所示的数值时，即应更换轴承。

表 5-4　轴承径向游隙值

轴承内径/mm	20～30	35～50	55～80	85～120
极限磨损游隙/mm	0.10	0.15	0.20	0.30

③ 监视电源电压、频率的变化和电压的不平衡度。电源电压和频率的过高或过低，三相电压的不平衡造成的电流不平衡，都可能引起电动机过热或其他不正常现象，故要求电源电压（频率为额定）与额定值的偏差不超过±5%。频率（电压为额定）与额定值的偏差不超过±1%。

④ 监视电动机的负载电流。电动机发生故障时，大都会使定子电流剧增，使电动机过热。较大功率的电动机应装有电流表监视电动机的负载电流。电动机的负载电流不应超过铭牌上所规定的额定电流值。

⑤ 注意电动机的振动、噪声和气味。电动机绕组因温度过高就会发出绝缘焦味。有些故障，特别是机械故障，很快会反映为振动和噪声，因此在闻到焦味或发现不正常的振动或碰擦声、特大的嗡嗡声或其他杂声时，应立即停电检查。

⑥ 电动机在正常运行时的温升不应超过容许的限度，运行时应经常注意监视各部分温升情况。

在冷却介质温度不超过 40℃和海拔 1000m 处，不同绝缘等级的异步电机各部分的温升限度见表 5-5。

表 5-5　异步电动机各部分的温升限度

电动机部件名称	不同绝缘等级的温升限度/℃									
	A		E		B		F		H	
	温度计法	电阻法	温度计法	电阻法	温度计法	电阻法	温度计法	电阻法	温度计法	电阻法
额定功率在 5000kW 及以上或铁芯长度在 1m 及以上的交流绕组		60		70		80		100		25
电动机额定功率和铁芯长度小于上项的交流绕组	50	60	65	75	70	80	85	100	105	125
与绕组接触的铁芯及其他部件	60		75		80		100		125	
集电环	60		70		80		90		100	
永久短路的无绝缘绕组和不与绕组接触的部件	温升不应达到足以使任何相近的绝缘或其他材料有损坏危险的数值									

2．三相异步电动机的定期检修

三相异步电动机的定期检修内容有：外观检查；通电试运转和拆卸装洗油等。至于定期检修的周期要根据电动机的平均每天的运行时间、工作环境和使用年数而具体确定，一般每年要检修一次，如果工作环境恶劣、使用频繁，也可半年检修一次。

（1）电动机的外观检查

电动机的外观检查要注意如下两点。第一，检查电动机是否有缺件。第二，检查电动机是否有损坏件。

（2）通电试运转

① 新装、长期停用或大修前后的电动机，运转前应测量绕组相间和绕组对地的绝缘电阻值。通常对 500V 以下电机用 500V 兆欧表；对 500～3000V 电机用 1000V 兆欧表；对 3000V 以上电机用 2500V 兆欧表。绝缘电阻值每 1000V 工作电压不得小于 1MΩ。380V 的电机绝缘电阻值不得小于 0.5 MΩ。

② 用手转动电机轴，检查转子是否能自由旋转，转动时有无异常。

③ 检查电机铭牌所示电压、功率、频率、接法、转速与电源、负载是否相符。

④ 通电运转。测量电动机空载电流，并作记录。一般空载电流约为额定电流的 30%～40%。根据运转情况分析和判断故障。

（3）电动机的洗油

三相异步电动机洗油属于正常技术维护。电动机每运行 2500～3000 小时进行一次，高温车间电动机每年至少进行一次。洗油就是将电动机拆卸后，将转子二轴承置于柴油或汽油中，边转动边用毛刷刷干净，然后晾干，按要求注入润滑脂（习惯上也叫润滑油）即可。

使用润滑脂的方法：

① 电动机运行 1000～1500 小时后，应添加一次润滑脂。运行 2500～3000 小时后，应更换润滑脂。

② 用量。每次不宜超过轴承盖容积的 2/3，转速在 2000 转/分时，应减少至 1/2。

③ 轴承盒间隙中。润滑脂注入盒容积的 1/2 即可。其余部分注入轴承盖内。

④ 更换润滑脂时，必须用汽油或柴油将轴承洗干净。

3. 三相异步电动机的常见故障及修理方法

（1）故障检查方法

电动机常见的故障可以归纳为机械故障：如负载过大，轴承损坏，转子扫膛（转子外圆与定子内壁摩擦）等；电气故障：如绕组断路或短路等。三相异步电动机的故障现象比较复杂，同一故障可能出现不同的现象，而同一现象又可能由不同的原因引起。在分析故障时要透过现象抓住本质，用理论知识和实践经验相结合，才能及时准确地查出故障原因。

检查方法如下：

一般的检查顺序是先外部后内部、先机械后电气、先控制部分后机组部分。采用"问、看、闻、摸"的办法。

问：首先应详细询问故障发生的情况，尤其是故障发生前后的变化，如电压、电流等。

看：观察电动机外表有无异常情况，端盖、机壳有无裂痕，转轴有无转弯，转动是否灵活，必要时打开电动机，观察绝缘漆是否变色、绕组有无烧坏的地方。

闻：也可用鼻子闻一闻有无特殊气味，辨别出是否有绝缘漆或定子绕组烧毁的焦味。

摸：用手触摸电动机外壳及端盖等部位，检查螺栓有无松动或局部过热（如机壳某部位或轴承室附近等）情况。

如果表面观察难以确定故障原因，可以使用仪表测量，以便作出科学、准确的判断。其步骤如下：

① 用兆欧表分别测绕组相间绝缘电阻、对地绝缘电阻。

② 如果绝缘电阻符合要求，用电桥分别测量三相绕组的直流电阻是否平衡。

③ 前两项符合要求即可通电，用钳形电流表分别测量三相电流，检查其三相电流是否平衡而且是否符合规定要求。

三相异步电动机绕组损坏大部分是由单相运行造成。即正常运行的电动机突然一相断电，而电动机仍在工作。由于电流过大，如不及时切断电源势必烧毁绕组。单相运行时，电动机声音极不正常，发现后应立即停车。造成一相断电的原因是多方面的，如一相电源线断路一相熔断器熔断、开关一相接触失灵、接线头一相松动等。

此外，绕组短路故障也较多见，主要是绕组绝缘不同程度的损坏所致。如绕组对地短路、绕组相间短路和一相绕组本身的匝间短路等都将导致绕组不能正常工作。

当绕组与铁芯间的绝缘（槽绝缘）损坏时，发生接地故障，由于电流很大，可能使接地点的绕组烧断或使熔丝（保险丝）熔断，继而造成单相运行。

相间绝缘损坏或电动机内部的金属杂物（金属碎屑、螺钉、焊锡豆等）都可导致相间短路，因此装配时一定要注意电动机内部的清洁。

一相绕组如有局部导线的绝缘漆损坏（如嵌线或整形时用力过大，或有金属杂物）可使线圈间造成短接，就叫匝间短路，使绕组有效圈子数减少，电流增大。

（2）三相异步电动机常见故障处理办法

电动机在运行过程中，因各种原因会发生各种故障，电动机的常见故障和处理方法见表 5-6。

表 5-6　三相电动机常见故障及修理方法

故障现象	原因分析	处理方法
不能启动或转速低	1）电源电压过低	1）检查电源
	2）熔断器熔断一相或其他连接处断开一相	2）⎫
	3）定子绕组断路	3）⎬ 用摇表或万用表检查有无断路或接触不良
	4）绕线式转子内部或外部断路或接触不良	4）⎭
	5）笼型转子断条或脱焊	5）将电动机接在 15%～30% 额定电压的三相电源上，测量三相电流，如电流随转子的位置变化，则说明有断条或脱焊
	6）定子绕组三角形接法的误接成星形接法	6）检查接线并改正
	7）负载过大或机械卡住	7）检查负载及机械部件
三相电流不平衡	1）定子绕组一相首末两端接反	1）用低压单相交流电源、指示灯或电压表等器材，确定绕组首末端，重新接线
	2）电源不平衡	2）检查电源
	3）定子绕组有线圈短路	3）检查有无局部过热
	4）定子绕组匝数错误	4）测量绕组电阻
	5）定子绕组部分线圈接线错误	5）检查接线并改正
过热	1）过载	1）减载或更换电动机
	2）电源电压太高	2）检查并设法限制电压波动
	3）定子铁芯短路	3）检查铁芯
	4）定子、转子相碰	4）检查铁芯、轴、轴承、端盖等
	5）通风散热障碍	5）检查风扇通风道等
	6）环境温度过高	6）加强冷却或更换电动机
	7）定子绕组短路或接地	7）检查绕组直流电阻、绝缘电阻
	8）接触不良	8）检查各接触点
	9）缺相运行	9）检查电源及定子绕组的连续性
	10）线圈接线错误	10）对照图纸检查并改正
	11）受潮	11）烘干
	12）启动过于频繁	12）按规定频率启动
滑环火花大	1）电刷牌号不符	1）更换电刷
	2）电刷压力过小或过大	2）调整电刷压力（一般电动机为 0.015～0.025MPa，牵引和起重电动机为 0.025～0.040 MPa）
	3）电刷与滑环接触不良	3）研磨、修理电刷和滑环
	4）滑环不平、不圆或不清洁	4）修理滑环

续表

故 障 现 象	原 因 分 析	处 理 方 法
内部冒烟起火	1）电刷下火花太大 2）内部过热	1）调整、修理电刷和滑环 2）消除过热原因
振动和响声大	1）地基不平，安装不好 2）轴承缺陷或装配不良 3）转动部分不平衡 4）轴承或转子变形 5）定子或转子绕组局部短路 6）定子铁芯压装不紧 7）设计时，定子、转子槽数配合不妥	1）检查地基和安装 2）检查轴承 3）必要时做静平衡或动平衡试验 4）检查转子并校正 5）拆开电动机，用表检查 6）检查铁芯并重新压紧 7）不允许运行
外壳带电	1）接地不良 2）接线板损坏或污垢太多 3）绕组绝缘损坏 4）绕组受潮	1）查找原因，予以改正 2）更换或清理接线板 3）查找绝缘损坏部位，修复并进行绝缘处理 4）测量绕组绝缘电阻，如阻值太低，进行干燥或绝缘处理

【技能训练】——做一做

1．训练内容

三相异步电动机的拆装和运行监视。

2．训练要求

① 掌握中、小型三相异步电动机的拆卸方法；学会三相异步电动机的安装方法。

② 学会电动机运行中的监视内容；掌握电动机运行中的监视方法。

3．器材与工具

顶拔器、油盘、活扳手、榔头、螺丝刀、紫铜棒、钢套筒、毛刷、油盆、扳手、钳子、长柄螺丝刀等电工工具 1 套；三相异步电动机 1 台；棉布、柴油、润滑脂若干；温度计 1 只；钳形电流表 1 块；万用表 1 块。

4．训练步骤

（1）三相异步电动机的拆装

① 按三相异步电动机的拆卸顺序拆卸中、小型三相异步电动机。

② 对电动机转子轴承洗油，对滚动轴承上润滑脂。

③ 按三相异步电动机装配顺序进行装配。

将以上拆装有关情况填入表 5-7 中。

表 5-7　三相异步电动机拆装记录

步　骤	内　容	工 艺 要 求
1	拆装前的准备	1）拆卸地点_____ 2）拆卸前做记号： ① 联轴器或皮带轮与轴台的距离_____mm； ② 端盖与机座间做记号于_____地方； ③ 前后轴承记号的形态_____； ④ 机座在基础上的记号_____。

续表

步　骤	内　　容	工　艺　要　求
2	拆卸顺序	1) _____；2) _____；3) _____。 4) _____；5) _____；6) _____。
3	拆卸皮带轮或联轴器	1) 使用工具_____ 2) 工艺要点_____
4	拆卸轴承	1) 使用工具_____ 2) 工艺要点_____
5	拆卸端盖	1) 使用工具_____ 2) 工艺要点_____
6	检测数据	1) 定子铁芯内径_____mm，铁芯长度_____mm； 2) 转子铁芯内径_____mm，铁芯长度_____mm，转子总长_____mm； 3) 轴承内径_____mm，外径_____mm； 4) 键槽长_____mm，宽_____mm，深_____mm。

④ 电动机装配后进行如下检验，将有关数据详细记录在表 5-8 中。

表 5-8　三相异步电动机拆装后测量数据记录

步　骤	内　　容	检　查　结　果		
1	用兆欧表检查绝缘电阻（MΩ）	对地绝缘	U 相对机壳	
			V 相对机壳	
			W 相对机壳	
		相间绝缘	U、V 相间	
			V、W 相间	
			W、U 相间	
2	用万用表检查各相绕组直流电阻（Ω）	U 相		
		V 相		
		W 相		
3	检查空载电流（A）	I_U		
		I_V		
		I_W		

（2）三相异步电动机的运行监视

电动机在运行中要经常监视、检查运行情况，及时发现问题，及时处理，减少不必要的损失。

① 观察电动机的温度。用手触及外壳，看电动机是否烫手过热，如发现过热，可用水在电机外壳上滴几滴，如水急剧汽化说明电动机显著过热，也可用温度计测量。如发现电动机温度过高，要立即停止运行，查明原因并处理排除故障后方能继续使用。

② 用钳形表测量电动机的电流，对较大的电动机还要经常观察运行中电流是否三相平衡或超过允许值。如果三相严重不平衡或超过电动机的额定电流，应立即停机检修，分析原因，如果是负载引起的，应通知有关人员处理，若是电动机本身原因引起的，应及时处理。

③ 观察运行中的电动机电压是否正常。电动机电源电压过高、过低或严重不平衡，都应停机检查原因。

④ 注意电动机有无振动，响声是否正常，电动机是否有焦味，如有异常也应停机检修。

⑤ 观察传动装置有无松动、过紧及不正常的声音，如发现问题也需要及时处理。

⑥ 注意电动机的轴承运行声音是否正常，观察有无发热现象，润滑情况以及摩擦情况是否正常。简易方法可用长柄螺丝刀头，触及电动机轴承外的小油盖上，耳朵贴紧螺丝刀柄，细心听轴承运行中有无杂音、振动，以判断轴承运行情况。发现问题应及时检修。

详细记录电动机运行中监视发现的情况、现象，将电压、电流及温度和电流数据记录在表 5-9 中。

表 5-9   三相异步电动机运行情况记录

步　骤	内　容	监视情况记录		
1	电压检测	线电压	额定值（V）	
			实测值（V）	U_{UV}
				U_{VW}
				U_{WU}
2	电流检测	线电流	额定值（A）	
			实测值（A）	I_U
				I_V
				I_W
3	温度检测（温度计法）	定子绕组（℃）	最高允许温度	
			实测温度	
			手感程度	
		轴承（℃）	最高允许温度	
			实测温度	
			手感程度	

5. 成绩评定

本项任务的评分标准见表 5-10。

表 5-10   三相异步电动机的拆装和运行监视的考核评分标准

项 目 内 容	配　分	扣 分 标 准	扣　分	得　分
三相异步电动机的拆装	60 分	1）端盖处不做标记，每处扣 5 分 2）抽转子时碰伤定子绝缘，每处扣 10 分 3）损坏部件，每处扣 5 分 4）拆卸步骤、方法不正确，每处扣 5 分 5）装配前未清理电动机内部，扣 5 分 6）不按标记装端盖，扣 5 分 7）碰伤定子绝缘，扣 5 分 8）装配后转子转动不灵活，扣 10 分 9）紧固件未拧紧，每处扣 5 分		
三相异步电动机的运行监视	30 分	1）仪器仪表操作不规范，每处扣 10 分 2）仪表量程选择错误，每次扣 10 分 3）读数错误，每处扣 5 分		
安全操作	10 分	1）不遵守实训室规章制度，违反操作规程，扣 10 分 2）操作过程中人为损坏元器件，每个扣 5 分 3）未经允许擅自通电，扣 10 分		
总评：				

（注：各项内容中扣分总值不超过各项内容所配分数）

【问题研讨】——想一想

（1）简述三相异步电动机的主要结构及工作原理。

（2）叙述电动机的校正安装过程。电动机安装后试运行过程是什么？

（3）三相异步电动机拆卸顺序是什么？三相异步电动机装配后要进行哪些检验？

（4）三相异步电动机日常运行中的维护有哪些内容？

（5）简述三相异步电动机定期检查的内容。

（6）简述三相异步电动机故障检查方法。三相异步电动机常见故障有哪些？

任务 5.2　单相异步电动机的拆装与检修

 任务引入

单相异步电动机是用单相交流电源供电的异步电动机。这种电动机结构简单，使用方便，只需单相电源。它不仅在工、农业生产各行业上做微型机械的动力，而且家用电器也都用它来拖动，如电风扇、电冰箱、洗衣机及医疗器械和一些电动工具上，常采用单相异步电动机。它是一种重要的微型电动机，其容量从几瓦到几百瓦。

 任务目标

熟悉三相异步电动机的基本结构；理解三相异步电动机的转动原理；掌握三相异步电动机的使用、拆装方法，维护保养和常见故障的检修。

 任务实施

【相关知识】——学一学

5.2.1　单相异步电动机的结构和工作原理

1. 单相异步电动机的结构

单相异步电动机的构造与三相笼型异步电动机相似，它的转子也是笼型，而定子绕组是单相的。单相异步电动机的结构如图 5-16 所示。

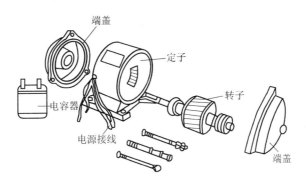

图 5-16　单相异步电动机的结构

2. 单相异步电动机的工作原理

当定子绕组通入单相交流电时，便产生一个交变的脉动磁通，这个磁通的轴线在空间是固定的，但可分解为两个等量、等速而反向的旋转磁通。

转子不动时，这两个旋转磁通与转子间的转差相等，分别产生两个等值而反向的电磁转矩，净转矩为零。也就是说，单相异步电动机的启动转矩为零，这是它的主要缺点之一。

如果用某种方法使转子旋转一下，譬如说，使它顺时针方向转一下，那么，这两个旋转磁通与转子间的转差不相等，转子将会受到一个顺时针方向的净转矩而持续地旋转起来。

由此可知，单相异步电动机需有附加的启动设备，使电动机获得启动转矩。常用的启动措施有分相法和罩极法两种。

（1）分相式单相异步电动机

它的定子绕组附加有启动绕组，其空间位置与主绕组相位相差90°。如图 5-17 所示，启动绕组串联着电容器，启动时，利用电容器使启动绕组的电流在相位上比主绕组的电流超前近 90°。换言之，由于启动绕组串联了电容器，使得在单相电源作用下，在两绕组中形成了两相电流。

如果两只线圈的空间位置相隔 90°，并通入有 90° 相位差的两相交变电流，结果也能产生旋转磁场。

如图 5-17 所示，启动时，主绕组电路与启动绕组电路中的两只开关 Q 和 S 都要闭合，等到转速接近额定值时，启动绕组电路中的"离心开关" S 自动断开。

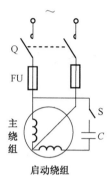

图 5-17　分相式电动机接线图

如果将一只容量较小的电容器与启动绕组串联，在电动机已正常运行时，启动绕组仍不切断，这样就一直保持两相交流电的特性。这种运行时仍接有电容器的电动机称为电容式电动机，它比一般的单相异步电动机具有较高的功率因数。目前单相异步电动机大部分采用分相式结构。

在要求改变单相分相式异步电动机转向时，一般的方法是：将主绕组或者副绕组中之一的两出线端对调，就会改变旋转磁场的转向，从而电动机的转向得到改变。如果要求电动机频繁正反转动，例如，家用洗衣机的搅拌用电动机，运行中一般 30s 左右必须改变一次转向，此电动机一般用的是电容运转式单相电动机，其主、副绕组做得完全一样。通过转换开关，主、副绕组电流不断变换方向，即可方便地实现电动机转向的改变。

（2）罩极式单相异步电动机

容量很小的单相异步电动机常利用有隙磁极（罩极法）来产生启动转矩。它的定子制成具有凹槽的凸出磁极，如图 5-18 所示，各磁极上套装单相绕组，在磁极的 1/3～1/4 部分开一个小凹槽将每个磁极分成大、小两部分，较小的部分套有铜环，称为被罩部分；较大的部分未套铜环，称为未罩部分。

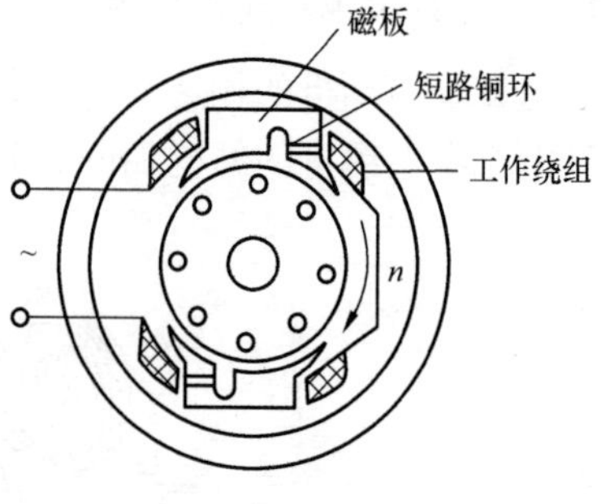

罩极式电动机的磁场具有移动的性质，这可用图 5-19 来说明。当单相绕组（主线圈）的电流和磁通由零值增大时，在铜环中引起感应电流，它的磁通方向应与磁极磁通反向，致使磁极磁通穿过被罩部分的较疏，穿过未罩部分的较密，如图 5-19（a）所示。

图 5-18　罩极式单相异步电动机的结构图

当主线圈电流升到最大值附近时，电流及其磁通的变化率近似为零，这时铜环内不再有感应电流，亦不再有反抗的磁通，铜环失去作用，此时磁极的磁通均匀分布于被罩和未罩两部分，如图 5-19（b）所示。

当主线圈电流从最大值下降时，铜环内又有感应电流，这时它的磁通应与磁极磁通同向，因而被罩部分磁通较密，未罩部分磁通较疏，如图 5-19（c）所示。

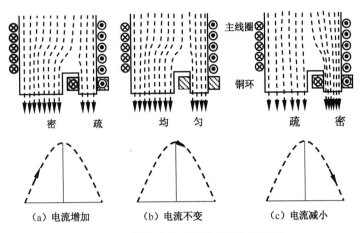

图 5-19　罩极式电动机的磁场移动原理

由图 5-19（a）、图 5-19（b）、图 5-19（c）可见，罩极式磁极的磁通具有在空间移动的性质，由未罩部分移向被罩部分。当主线圈电流为负值时，磁通的方向相反，但移动的方向不变。所以不论单相绕组中的电流方向如何变化，磁通总是从未罩部分移向被罩部分。这种持续移动的磁场，其作用与旋转磁场相似，也可以使转子获得启动转矩。

要改变罩极式单相异步电动机的旋转方向，只能改变罩极的方向，这一般难以实现，所以单相罩极式异步电动机通常用于不需改变转向的电气设备中。

单相异步电动机的优点是可用于单相电源；缺点是效率、功率因数、过载能力都比较低，而且造价比同容量的三相异步电动机要高。因此，单相异步电动机的容量一般在 1kW 以下。

5.2.2　单相异步电动机的拆装

1．单相异步电动机的拆卸

（1）拆卸前的准备工作

拆卸前的准备工作有如下几项。

① 把工作环境及电动机表面的油污、尘土清扫干净。

② 做好现场拆卸标记，并作文字记录，内容包括：电动机接线端记号；联轴器（对轮）相对位置及校正状况记录；电动机安装的地脚衬垫情况记录。

③ 电动机解体拆卸的记录包括：用平凿在轴承小盖与端盖的装配止口凿出痕道记号；在端盖与机座止口处分别凿出识别记号；记录转轴输出端方位；刷握的装置方位记号（对绕线式电动机而言）。

④ 检查转轴在解体前是否灵活，记下其松紧程度，并注意观察是否有轴端弯翘等现象。

（2）单相异步电动机的拆卸程序

单相异步电动机的拆卸程序如下：拆卸联轴器或皮带轮→拆卸风罩及风叶→卸开前（输出端）轴承小盖（如无小盖则免此项）的螺丝后将小盖取下→卸开前、后（风叶端）和端盖螺丝→在后端盖与机座接缝之间，用平凿将其敲楔开，但最好是在对称位置同时进行→用硬木板（或铜、铝等）垫住轴前端面用锤敲击，使后端盖脱离机座止口，前轴承脱离前端盖轴承室→卸开前端盖，再将转子连后端盖一起退出定子→卸开后轴承小盖螺丝，取下轴承盖，然后将后端盖从转轴上拆下→将拆卸的所有零部件归拢放好备用。

（3）单相异步电动机的拆卸方法

① 皮带轮或联轴器的拆卸。拆卸前，先在皮带轮或联轴器的轴伸端做好定位标记，用专用拉具将皮带轮或联轴器慢慢拉出。拉时要注意皮带轮或联轴器受力情况务必使合力沿轴线方向，顶拔器项端不得损坏转子轴端中心孔。

② 风罩和风叶的拆卸。风罩由三或四只螺丝固定在电机后部端盖凸缘上，只要卸开螺丝即可取下。风叶装配在后轴伸出端，通常有四种固定方式，其拆卸方法如下。

键装配的风叶拆卸。如图 5-20（a）所示，风叶是由键槽通过键固定在后轴伸出端的，由于装配采用过渡配合，为防止在使用中滑出，通常在轴上再用卡簧限位，这种形式主要用于较大的电动机。

拆卸时先用专用尖嘴钳取下卡簧，然后用扁头撬棍从轴肩处将风叶撬出，如太紧则要用特制的专用扁头拉具臂爪穿入风叶长方形孔内，再将其扭转 90° 勾住风叶，用双爪拉具拉出。

夹紧螺丝装配风叶的拆卸。如图 5-20（b）所示，风叶是由根部伸出的开口凸缘用螺丝旋紧夹住固定在转轴上，一般用于小型电动机。拆卸时先卸开夹紧螺丝，用楔形铁楔入凸缘开口缝隙使其张开，便可退出风叶。

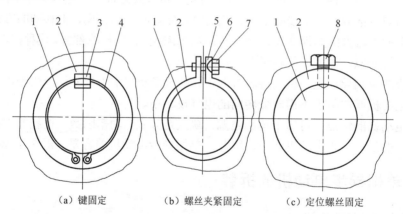

（a）键固定   （b）螺丝夹紧固定   （c）定位螺丝固定

1—电动机后轴端；2—风叶根部；3—键；4—卡簧；5—风叶根部夹紧凸缘；6—防松垫片；7—夹紧螺丝；8—定位螺丝

图 5-20　电动机风叶（叶根）装配固定方式

定位螺丝固定风叶的拆卸。装配如图 5-20（c）所示，装配轴上相应位置有一凹坑，风叶装配后的定位螺丝正好对准此坑，拧紧后就可将风叶固定在此位置。为了防止螺丝松脱，有的另加一螺母将其锁紧。此法有时与键配合应用，以代替卡簧定位。

拆卸时只要拧出定位螺丝，再用大螺丝刀从风叶根端与轴肩之间的缝隙楔入，便可将风叶挤撬出来。

③ 端盖拆卸。电动机端盖是由止口与机座配合然后用螺丝固定的。端盖拆卸前要详细检查轴承盖与端盖、端盖与机座等配合缝的标记是否齐全，并记录缺损情况。

小电动机一般采用整体式（没有轴承小盖，端盖整体铸出）端盖。拆卸时只需将端盖螺丝卸下，用平凿楔入端盖与机座缝隙，将其挤开脱离止口，然后用起子在对称两边插入缝隙内，用手扶住端盖，同步把端盖撬出。这时要注意检查轴承室，如有波形弹簧圈要妥善保存，并做好记录。

④ 轴承的拆卸。圆柱形轴承的拆卸，拆卸圆柱形轴承有两种方法。第一种，利用轴承顶拔

器拆卸。轴承顶拔器如图 5-21（a）所示，由拉杆、螺母和套筒组成，旋转杆上的螺母，拉杆便把轴承平稳地拉出来。这种方法受力均匀，不易使端盖产生变形。第二种，用锤子敲击铜棒拆卸，如图 5-21（b）所示。应注意，铜棒必须分两级尺寸，第一级与轴承滑动配合，公差不宜过紧；第二级应小于端盖轴承孔径 1～2mm。用锤子敲击铜棒时用力应垂直均匀，不能有偏斜，打偏了容易引起端盖轴承孔变形。

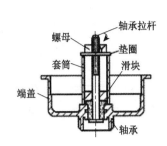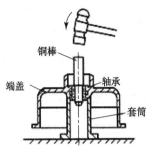

图 5-21　圆柱形轴承的拆卸

球形轴承的拆卸。拆下轴承压罩上的紧固螺钉，便可拆卸轴承了。

2．单相异步电动机的装配

电动机装配有两种情况，一是检修后的装配，二是绕组大修重绕后的装配。其装配程序大致相同，但重绕后装配前的准备工作较多。

（1）装配前准备工作

① 先将电机定、转子内、外表面的灰尘、油污、锈斑等清理干净。

② 再把浸漆后凝留在定子内腔表面、止口上的绝缘漆刮除干净（非重绕电机免此项）

③ 检查槽楔应无松动，绕组绑扎无松脱、无过高现象。

④ 检查绕组绝缘电阻应符合质量要求。

（2）电机装配程序

电动机装配程序为：轴承装入转子轴→转子装入定子内腔→装配后端盖和前端盖→后轴装风叶和风罩→进行必要的质量检查、调整和试验。

（3）单相异步电动机的装配方法

① 轴承的安装。轴承的安装步骤如下。

圆柱形轴承的安装。安装前，应将轴承内外和端盖轴承孔清理干净，不允许残留有金属异物及变质油脂等；然后将浸透机油的油毡放入端盖轴承孔的油毡槽内。安装圆柱形轴承的方法有两种：第一种，采用定位板和导棒所组成的专用夹具，如图 5-22 所示。先在轴承内外和轴承导向型芯涂上机油，再用锤打法压合。这样安装一般能保持轴承与端盖定子止口的垂直与同心度，使电动机装配后有较为均匀的电气间隙。第二种，取一根与轴承直径相同的棒，把轴承套在棒上，然后把棒垂直地放入前后的端盖轴孔内（保持垂直度），再用一段内径与棒相同的套管套在棒上，并顶及轴承表面，轻轻敲打套管，将轴承敲入端盖轴孔，直到轴承端面与前后端盖轴孔端面完全接触

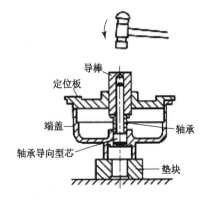

图 5-22　用专用夹具把轴承压端盖

为止。用手按一按轴承，检查安装是否牢固，不允许有松动现象，如有松动，运行时会产生响声。

环形轴承的安装。安装前应检查轴承弹簧压片的压力，不符合使用要求时，应予更换。然后把球形轴承放入前后端盖内，加上油毡，盖上弹簧片。一定要拧紧轴承压盖螺钉，并检查安装是否牢固，不允许球形轴承自行旋动。

转子校平衡。为了保证转子平稳地运行，对于重新焊接断条的笼型转子，应当校正平衡。在一般情况下，只做静平衡试验。静平衡可在自制的平衡架上进行，如图 5-23（a）所示。平衡架由两根水平的平行导轨组成。将转子平放在导轨上，找出偏重点 M，M 点总是停止在最低点的位置，如图 5-23（b）所示。然后，通过 M 点半径线上的铁芯部位钻洞，以减轻部分铁重（注意：不能钻在转子笼条上或笼子端环上），再进行校验，直到转子的任何一点位置都能在导轨上平衡停住为止。

② 转子及端盖的装配。电动机转子、端盖装入前应再次检查有无碰撞损伤，如无则用抹布将表面灰尘、油污等擦干净，然后按转子抽出时的相反程序装入定子内腔。小型电动机的转子装入通常可由一人操作。

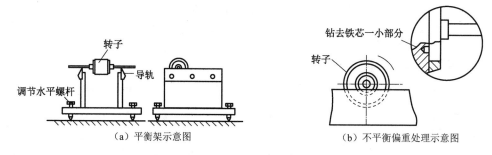

（a）平衡架示意图　　　　　　　　（b）不平衡偏重处理示意图

图 5-23　转子校静平衡示意图

后端盖的装配。用方木将后端盖仰面平置架起，如有波形弹簧的要将其放入轴承室内壁，将转子后轴端连同加好油的轴承垂直插入端盖轴承室孔，然后在加硬木垫住的前轴端，用手锤将转子敲压到位（如有轴承盖再拧上螺丝），这时盘动转子应灵活转动。

转子推入。用木板将定子略垫高（便于带端盖的转子装入），查找出定子后端位置记号，右手抓转子后轴伸，左手从转子铁芯下部托起，将前轴端伸向定子内腔，转子在腔内的铁芯暂时停搁在定子铁芯上（勿压到线圈），左手抽出后从定子前端伸入接住轴端，并把转子托起向前推入。然后找准端盖固定螺孔位置，用手锤把后端盖敲压入止口，最后均衡拧紧端盖紧固螺丝。

前端盖的装配。整体式端盖的装配。装配时在轴承室涂抹少许润滑脂，把波形弹簧放入轴承室底壁，端盖套入前轴承，并对准固定的端盖螺孔，用手锤在硬木衬垫下将端盖止口敲入定子机座，紧固端盖螺丝后，用手盘动转轴应灵活。压盖式端盖的装配。压盖式端盖轴承的限位是由小盖止口凸缘夹持固定的，一般没有波形弹簧圈，通常在老式电动机和较大容量的电机中采用。

③ 风叶与风罩的装配。电动机自冷风叶应根据不同形式的叶根进行配装，小电机一般采用尼龙或塑料整体压铸的风叶，它的叶根内孔有防滑槽纹，只要将它压入后轴伸至轴肩位置即可使用。

5.2.3　单相异步电动机的常见故障与处理方法

单相异步电动机的许多故障，如机械构件故障和绕组断线、短路等，无论在故障现象和处理方法上都和三相异步电动机相同。但由于单相异步电动机结构上的特殊性，它的故障也与三相异步电动机有所不同，如启动装置故障、辅助绕组故障、电容器故障及由于气隙过小引起的故障等。表 5-11 列出了单相异步电动机常见故障，并对故障产生的原因和处理方法进行了分析，可供检修时参考。

表 5-11　单相异步电动机常见故障及修理方法

故 障 现 象	原 因 分 析	处 理 方 法
通电后电动机不能启动，手工助动后能启动	1) 辅助绕组内有开路 2) 启动电容器损坏 3) 离心开关或启动继电器触点未合上 4) 罩极电动机短路环断开或脱焊	1) 用万用表或试灯找出开路点，加以修复 2) 更换电容器 3) 检修启动装置触点 4) 焊接或更换短路环
通电后电动机不能启动，手工助动后也不能启动	1) 电动机过载 2) 轴承损坏或卡住 3) 端盖装配不良 4) 转子轴弯曲 5) 定转子铁芯相擦 6) 主绕组接线错误 7) 转子断条	1) 测负载电流判断负载大小，若过载即减载 2) 修理或更换轴承 3) 重新调整装配端盖，使之装正 4) 校正转子轴 5) 若系轴承松动造成，应更换轴承，否则应锉去相擦部位，校正转子轴线 6) 重新接线 7) 修理转子
	1) 电源断线 2) 进线线头松动 3) 主绕组内有断路 4) 主绕组内有短路，或因过热烧毁	1) 检查电源恢复供电 2) 重新接线 3) 用万用表或试灯找出断点并修复 4) 修复
电动机转速达不到额定值	1) 过载 2) 电源电压频率过低 3) 主绕组有短路或错误 4) 笼型转子端环和导条断裂 5) 机械故障（轴弯、轴承损坏或污垢过多） 6) 启动后离心开关故障使辅助绕组不能脱离电源（触点焊牢、灰屑阻塞或弹簧太紧）	1) 检查负载、减载 2) 调整电源 3) 检修主绕组 4) 检修转子 5) 校正轴，清洗修理轴承 6) 修理或更换触点及弹簧
电动机启动后很快发热	1) 主绕组短路 2) 主绕组接地 3) 主、辅绕组间短路 4) 启动后，辅助绕组断不开，长期运行而发热烧毁 5) 主、辅绕组相互间接错	1) 拆开电动机，检查主绕组短路点、修复 2) 用摇表或试灯找出接地点，垫好绝缘，刷绝缘漆，烘干 3) 查找短路点并修复 4) 检修离心开关或启动继电器，修复 5) 重新接线，更换烧毁的绕组
运行中电动机温升过高	1) 电源电压下降过多 2) 负载过重 3) 主绕组轻微短路 4) 轴承缺油或损坏 5) 轴承装配不当 6) 定转子铁芯相擦 7) 大修重绕后，绕组匝数或截面搞错	1) 提高电压 2) 减载 3) 修理主绕组 4) 清洗轴承并加油，更换轴承 5) 重新装配轴承 6) 找出相擦原因，修复 7) 重新换绕组
电动机运行中冒烟，发出焦烟味	1) 绕组短路烧毁 2) 绝缘受潮严重，通电后绝缘被击穿烧毁 3) 绝缘老化脱落，造成烧毁	检查短路点和绝缘状况，根据检查结果进行局部或整体更换绕组

故 障 现 象	原 因 分 析	处 理 方 法
发热集中在轴承端盖部位	1）新轴承装配不当，扭歪，卡住 2）轴承内润滑油固结 3）轴承损坏 4）轴承与机壳不同心，转子转起来不灵活	1）重新装配、调整 2）清洗、换油 3）更换轴承 4）用木锤轻轻敲端盖，按对角顺序逐次上紧螺栓；拧紧过程中不断调试，查看轴承是否灵活，直至全部上紧
电动机运行中噪音大	1）绕组短路或接地 2）离心开关损坏 3）转子导条松脱或断条 4）轴承损坏或缺油 5）轴承松动 6）电动机端盖松动 7）电动机轴向游隙过大 8）有杂物落入电动机内 9）定、转子相擦	1）查找故障点，修复 2）修复或更换离心开关 3）检查导条并修复 4）更换轴承或加油 5）重新装配或更换轴承 6）紧固端盖螺钉 7）轴向游隙应小于 0.4mm，过松则应加垫片 8）拆开电动机，清除杂物 9）进行相应修理
触摸电动机外壳时有触电、麻手感	1）绕组接地 2）接线头接地 3）电动机绝缘受潮漏电 4）绕组绝缘老化而失效	1）查出通地点，进行处理 2）重新接线，处理其绝缘 3）对电动机进行烘干 4）更换绕组
电动机通电时，保险丝熔断	1）绕组短路或接地 2）引出线接地 3）负载过大或由于卡住电动机不能转动	1）找出故障点修复 2）找出故障点修复 3）负载过大应减载，卡住时应拆开电动机进行修理
单相运转的电动机反转	分相电容或分相电阻接错绕组	用万用表判断出启动绕组和运行绕组，重新接线，将分相电容或分相电阻串入运行绕组（启动绕组电阻大于运行绕组电阻）

【技能训练】——做一做

1. 训练目的

单相异步电动机的拆装及电容式异步电动机的检修。

2. 训练要求

① 熟悉单相异步电动机的结构，了解各部分的作用。掌握拆卸方法。

② 正确进行单相异步电动机的装配。

③ 对所设定的单相电容式异步电动机的几种故障进行分析与排除。

3. 器材与工具

常用电工组合工具 1 套；电烙铁、万用表、摇表、转速表、调压器各 1 台；失效的、击穿的、容量远大于和远小于额定值的电容器各 1 只；绕组短路（匝间或对外壳）和断路的电扇电动机各 1 台。

4. 训练步骤

（1）单相异步电动机的拆装

① 按单相异步电动机的拆卸顺序拆卸中、小型三相异步电动机。

② 对电动机转子轴承洗油，对滚动轴承上润滑脂。

③ 按单相异步电动机装配顺序进行装配。

将以上拆装有关情况记录在表 5-12 中。

表 5-12　单相异步电动机拆装记录

步　骤	内　容	工 艺 要 求
1	拆装前的准备	1）拆卸地点＿＿＿＿＿＿＿； 2）拆卸前做记号： ① 联轴器或皮带轮与轴台的距离＿＿＿＿＿＿mm； ② 端盖与机座间做记号于＿＿＿＿＿地方； ③ 前后轴承记号的形状＿＿＿＿＿； ④ 机座在基础上的记号＿＿＿＿＿＿
2	拆卸顺序	1）＿＿＿＿＿＿＿；　2）＿＿＿＿＿＿＿；　3）＿＿＿＿＿＿＿； 4）＿＿＿＿＿＿＿；　5）＿＿＿＿＿＿＿；　6）＿＿＿＿＿＿＿。
3	拆卸皮带轮或联轴器	1）使用工具＿＿＿＿＿＿＿＿＿＿＿＿； 2）工艺要点＿＿＿＿＿＿＿＿＿＿＿＿
4	拆卸轴承	1）使用工具＿＿＿＿＿＿＿＿＿＿＿＿； 2）工艺要点＿＿＿＿＿＿＿＿＿＿＿＿
5	拆卸端盖	1）使用工具＿＿＿＿＿＿＿＿＿＿＿＿； 2）工艺要点＿＿＿＿＿＿＿＿＿＿＿＿
6	检测数据	1）定子铁芯内径＿＿＿＿mm，铁芯长度＿＿＿＿mm； 2）转子铁芯内径＿＿＿＿mm，铁芯长度＿＿＿＿mm，转子总长＿＿＿＿mm； 3）轴承内径＿＿＿＿mm，外径＿＿＿＿mm； 4）键槽长＿＿＿mm，宽＿＿＿mm，深＿＿＿mm

（2）对电动机进行通电检查

测量空载电流；观察是否有异味、温升情况，是否有异常声音；测量转速。电动机连续运行半个小时，观察其运行情况，将有关数据记录在表 5-13 中。

表 5-13　单相异步电动机通电检查记录表

测 量 项 目	空载电流（mA）		空载温升（℃）		转速（r/min）
检测部位及状态	空载时间	冷态	热态	环境温度	实测温度	空载
检测结果						

（3）按表 5-14 所列观测项目，指导教师在电动机上预先设定故障，让学生观察故障现象，测量相关数据并记录在表 5-14 中。

表 5-14　电容运转电动机故障检修表

项目 拟设故障	电源电压	转　速	转　向	绕 组 电 阻		电　容		故障现象
				主绕组	副绕组	容量	漏电阻	
完全正常								
电容失效								
电容量太大								
电容量太小								
主绕组断								
副绕组断								
主绕组引出线对换								
输入电压太低								
加大负载								

5．成绩评定

本项任务的评分标准见表 5-15。

表 5-15 单相异步电动机的拆装、通电检查及故障检修的考核评分标准

项 目 内 容	配　分	扣 分 标 准	扣　　分	得　　分
单相异步电动机的拆装	40 分	1）端盖处不做标记，每处扣 5 分 2）抽转子时碰伤定子绝缘，每处扣 10 分 3）损坏部件，每处扣 5 分 4）拆卸步骤、方法不正确，每处扣 5 分 5）装配前未清理电动机内部，扣 5 分 6）不按标记装端盖，扣 5 分 7）碰伤定子绝缘，扣 5 分 8）装配后转子转动不灵活，扣 10 分 9）紧固件未拧紧，每处扣 5 分		
单相异步电动机的通电检查	10 分	1）仪器仪表操作不规范，每处扣 5 分 2）仪表量程选择错误，每次扣 5 分 3）读数错误，每处扣 3 分		
故障检修	40 分	1）故障现象观察不清或漏测相关数据，扣 15 分 2）根据故障现象和相关测试数据，故障点判定不准确或错误，扣 20 分 3）故障点检修后，第一次试车不成功，扣 10 分 第二次试车不成功，扣 20 分 第三次试车不成功，扣 30 分		
安全操作	10 分	1）不遵守实训室规章制度，违反操作规程，扣 10 分 2）操作过程中人为损坏元器件，每个扣 5 分 3）未经允许擅自通电，扣 10 分		
总评：				

（注：各项内容中扣分总值不超过各项内容所配分数）

【问题研讨】——想一想

（1）简述单相异步电动机的基本结构及工作原理。
（2）拆卸单相异步电动机前要做哪些工作？
（3）简述单相异步电动机的拆卸程序。
（4）简述单相异步电动机装配前要做哪些工作？
（5）简述单相异步电动机轴承的安装过程。
（6）单相异步电动机有不正常振动现象时，应如何检修？

任务 5.3　直流电动机的拆装与检修

 任务引入

直流电动机与交流电机相比，直流电机结构复杂、成本高、运行维护较困难。但直流电动机具有良好的调速性能、较大的启动转矩和过载能力等很多优点，在启动和调速要求较高的生产机

械中，仍得到广泛的应用。

任务目标

熟悉直流电动机的基本结构；理解直流电动机的转动原理；掌握直流电动机的使用、拆装方法，维护保养和常见故障的检修。

【相关知识】——*学一学*

5.3.1　直流电动机的结构和工作原理

1. 直流电动机的结构

直流电动机结构根据用途、环境等不同，种类多种多样，直流电动机由定子、转子和气隙组成。

（1）定子

直流电动机的定子主要由机座、主磁极、换向磁极、电刷装置和端盖组成。直流电动机的结构如图 5-24 所示，其剖面图如图 5-25 所示。

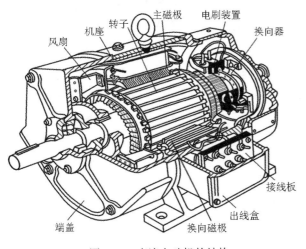

图 5-24　直流电动机的结构

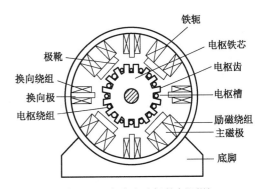

图 5-25　直流电动机的剖面图

① 机座。机座是用来固定主磁极、换向极及端盖等部件，并起支撑、保护作用的部件。机座也是磁路的一部分，称为定子磁轭。机座通常由铸钢或钢板焊接而成，目前由薄钢板或硅钢片叠成的机座应用越来越多。

② 主磁极。主磁极的作用是产生恒定的、有一定空间分布形状的气隙磁通，也是磁路的一部分。主磁极有永磁和电磁两种形式。永磁主磁极主要用永久磁性材料加工而成；电磁式主磁极由主磁极铁芯和放置在铁芯上的励磁绕组构成。主磁极铁芯分成极身和极靴，极靴的作用是使气隙磁通的空间分布均匀并减小气隙磁阻，同时极靴对励磁绕组也起支撑作用。为了减小涡流损耗，主磁极铁芯用 1.0～1.5mm 厚的低碳钢板冲成一定形状，用铆钉把冲片铆紧，然后再固定在机座上。主磁极上的线圈是用来产生主磁通的，称为励磁绕组。当给励磁绕组通入直流电流时，各主磁极均产生一定极性，相邻两主磁极的极性是 N、S 交替出现的。主磁极的结构如图 5-26 所示。微型直流电动机一般采用永磁主磁极；小型或中、大型直流电动机多数采用电磁主磁极。主磁极

固定在机座内圆上。

③ 换向极。换向极的作用是用来改善直流电动机的换向性能。微型直流电动机一般不装换向极；一般电动机容量超过 1kW 的小型或中、大型直流电动机多数装设电磁换向极。电磁换向极由换向极铁芯和换向极绕组构成，如图 5-27 所示。小型或中型直流电动机的换向极铁芯一般由整块钢加工而成，而大型直流电动机换向极铁芯一般由钢板叠成。换向极绕组主要用扁铜线或铜质漆包线通过模具绕制而成。换向极安装在相邻的两个主磁极之间。换向极绕组一般与电枢绕组串联。

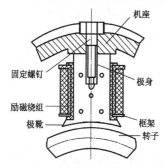

图 5-26　直流电动机的主磁极结构

图 5-27　直流电动机的换向极结构

④ 电刷装置。电刷装置是直流电动机的重要组成部分。通过该装置把电动机电枢中的电流与外部静止电路相连或把外部电源与电动机电枢相连。电刷装置与换向片一起完成机械整流，把外部电路中的直流变换为电枢中的交流。电刷的结构如图 5-28 所示。

⑤ 端盖。电动机中的端盖主要起支撑作用。端盖固定于机座上，其上放置轴承支撑直流电动机的转轴，使直流电动机能够旋转。

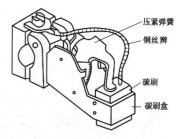

图 5-28　电刷的结构

(2) 转子

直流电动机的转子是电动机的转动部分，又称为电枢，由电枢铁芯、电枢绕组、换向器、电动机转轴和轴承等部分组成。

① 电枢铁芯。电枢铁芯主要用来嵌放电枢绕组和作为直流电动机磁路的一部分。转子旋转时，电枢铁芯中磁通方向发生变化，易产生涡流与磁滞损耗。为了减少这部分损耗，转子铁芯一般用 0.5mm 厚、两边涂有绝缘漆的硅钢冲片叠压而成。为了嵌放电枢绕组，外圆上开有均匀分布的槽，铁芯较长时，为加强冷却，冲片上有轴向通风孔，转子铁芯沿轴向分成数段，段与段之间留有通风道，转子铁芯固定在转轴上。小型直流电动机的电枢冲片形状和电枢铁芯装配图如图 5-29 所示。

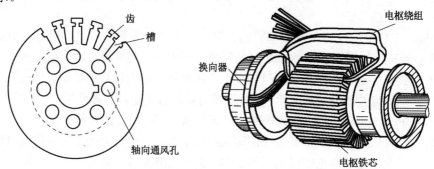

图 5-29　小型直流电动机的电枢冲片形状和电枢铁芯装配图

② 电枢绕组。电枢绕组是由带绝缘的导体绕制而成的。小型电动机常采用铜导线绕制；中型电动机常采用成型线圈。在电动机中每一个线圈称为一个元件，多个元件有规律地连接起来形成电枢绕组。绕制好的绕组或成型绕组放置在电枢铁芯上的槽内，放置在铁芯槽内的直线部分在电动机运转时将产生感应电动势，即为元件的有效部分，称为元件边；在电枢槽两端把有效部分连接起来的部分称为端接部分，端接部分仅起连接作用，在电动机运行过程中不产生感应电动势。为便于嵌线，每个元件的一个元件边放在转子铁芯的某一个槽的上层（称为上层边），另一个元件边则放在转子铁芯的另一个槽的下层（称为下层边），如图 5-30 所示。绘图时为了清楚，将上层边用实线表示，下层边用虚线表示。

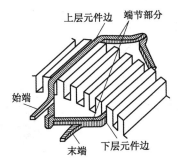

图 5-30　绕组元件边在槽中的位置

③ 换向器。换向器又称为整流子，对于发电机，换向器的作用是把电枢绕组中的交变电动势转变为直流电动势向外部输出直流电压；对于电动机，它是把外界供给的直流电流转变为绕组中的交变电流以使电动机旋转。换向器由换向片组合而成，是直流电机的关键部件之一，也是最薄弱的部分。换向器采用导电性能好、硬度大、耐磨性能好的紫铜或铜合金制成，相邻的两换向片间以 0.6～1.2mm 的云母片作为绝缘。换向器固定在转轴的一端，换向片靠近电枢绕组一端的部分与绕组引出线相焊接。换向器的结构如图 5-31 所示。

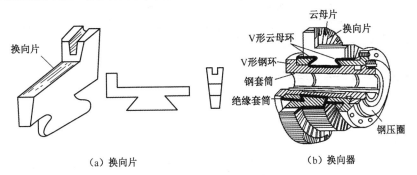

（a）换向片　　　　　　　　（b）换向器

图 5-31　换向器的结构

④ 转轴。转轴是支撑换向器、转子铁芯、端盖、轴承等部件并进行能量传递的重要零件，由转轴向外输出机械能。转轴一般用优质钢材加工而成。

⑤ 风扇。风扇在直流电动机运行时对电动机进行冷却，可以降低运行温度。风扇一般用金属或塑料等机械强度较高的材料做成，其主要结构包括风扇扇叶和风扇支座。

（3）气隙

直流电动机定子、转子有相对运动，故定子、转子间应留有一定的空气间隙。气隙的大小与直流电动机的容量有关。

2. 直流电动机的工作原理

在直流电动机的转子线圈上加上直流电源，借助于换向器和电刷的作用，转子线圈中流过方向交变的电流，在定子产生的磁场中受电磁力，产生方向恒定不变的电磁转矩，使转子朝确定的方向连续旋转，这就是直流电动机的转动原理。

可以用一个简单的模型来说明，如图 5-32 所示，N 和 S 是一对固定的磁极，磁极之间有一个可以转动的线圈 abcd，线圈的两端分别接到相互绝缘的两个称为换向片的弧形铜片上，在换向片上放置固定不动而与换向片滑动接触的电刷 A 和 B，线圈 abcd 通过换向片、电刷与外电路接通。

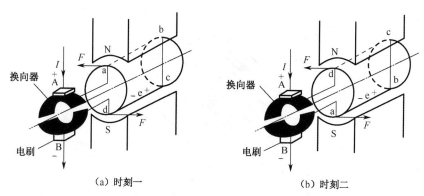

图 5-32　直流电动机的转动原理

此模型作为直流电动机运行时，电源加于电刷 A 和 B。例如，将直流电源正极加于电刷 A，电源负极加于电刷 B，线圈 abcd 中流过电流，在导体 ab 中，电流由 a 流向 b；在导体 cd 中，电流由 c 流向 d。导体 ab 和 cd 均处于 N、S 极之间的磁场当中，受电磁力作用，导体、换向片随转轴一起转动，电磁力的方向即直流电动机转向可用左手定则确定，经判定该转向为逆时针。线圈逆时针旋转 180°，导体 cd 转到 N 极下，ab 转到 S 极下，如图 5-32 所示。由于电流仍从电刷 A 流入，使 cd 中的电流变为由 d 流向 c，而 ab 中的电流由 b 流向 a，从电刷 B 流出，用左手定则判断，转向仍是逆时针。

3. 直流电动机的分类与铭牌数据

（1）直流电动机的分类

直流电动机的类型很多，分类方法也很多。若按励磁方式分类，可分为永磁式直流电动机和电磁式直流电动机。

永磁式直流电动机的磁场是由磁性材料本身提供的，不需要线圈励磁，主要用于微型直流电动机或一些具有特殊要求的直流电动机，如电动剃须刀直流电动机。

电磁式直流电动机又分为他励直流电动机和自励直流电动机。

① 他励直流电动机。他励直流电动机的励磁绕组和转子绕组分别由两个不同的电源供电，这两个电源的电压可以相同，也可以不同，其接线图如图 5-33（a）所示。他励直流电动机具有较硬的机械特性，励磁电流与转子电流无关，不受转子回路的影响。这种励磁方式的直流电动机一般用于大型和精密直流电动机控制系统中。

② 自励直流电动机。自励直流电动机又分为并励直流电动机、串励直流电动机和复励直流电动机。

a. 并励直流电动机。并励直流电动机的励磁绕组和转子绕组由同一个电源供电，其接线图如

图 5-33（b）所示。并励直流电动机的特性与他励直流电动机的特性基本相同，但比他励直流电动机节省了一个电源。小、中型直流电动机多为并励。

　　b．串励直流电动机。串励直流电动机的励磁绕组与转子回路串联，其接线图如图 5-33（c）所示。串励直流电动机具有很大的启动转矩，常用于启动转矩要求很大且转速有较大变化的负载，如电瓶车、起重机、起锚机、电车、电传动机车等。但其机械特性很软，空载时有极高的转速，禁止其空载或轻载运行。

　　d．复励直流电动机。复励电动机的励磁绕组分为两部分，一部分与电枢绕组并联，是主要部分；另一部分与电枢绕组串联，如图 5-33（d）所示。

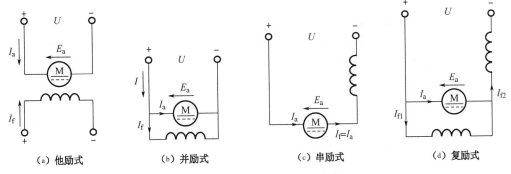

图 5-33　直流电动机的励磁方式

　　直流电动机若按结构形式分类，还可分为开启式、防护式、封闭式和防爆式；按功率大小分类，可分为小型、中型和大型。

2．直流电动机的铭牌数据

　　直流电动机的铭牌数据见表 5-16。

表 5-16　直流电动机的铭牌数据

直流电动机		
型号 Z4-132-2	额定转速 1510r/min	工作制 S1
额定功率 15kW	励磁方式 他励	绝缘等级 F
额定电压 440V	励磁电压 180V	重量 142kg
额定电流 39.3A	励磁电流 4A	出厂日期 ××××年××月
××××电机厂		

（1）型号

　　直流电动机的型号一般用大写印刷体的汉语拼音字母和阿拉伯数字表示。其中汉语拼音字母是根据直流电动机的全名称选择有代表意义的汉字，再从该字的拼音中得到。其格式为：第一个字符用大写的汉语拼音表示产品系列代号；第二个字符用阿拉伯数字表示设计序号；第三个阿拉伯数字表示机座中心高；第四个阿拉伯数字表示电枢铁芯长度代号；第五个阿拉伯数字表示端盖的代号。例如，型号 Z4-180-31 的直流电机，Z 是系列（即一般用途的直流电动机）代号，4 是设计序号，180 表示机座中心高度（单位为 mm），31 中的 3 是电枢铁芯长度代号，1 是端盖的代号（1 为短端盖，2 为长端盖。若无此序号，则无长短之分）。

　　产品代号的含义为：Z 系列，一般用途直流电动机，如 Z2、Z3、Z4 等系列；ZJ 系列：精密机床用直流电动机，ZT 系列：广调速直流电动机；ZQ 系列，牵引直流电动机；ZH 系列，船用直流电动机；ZA 系列，防爆安全型直流电动机；ZKJ 系列，挖掘机用直流电动机；ZZJ 系列，冶金起重机用直流电动机。

（2）额定值

额定数据是表征直流电机按要求长时间运行时允许的安全数据。直流电机的额定数据主要如下。

① 额定功率 P_N。指在额定运行状态下，发电机向负载输出的电功率；或电动机轴上输出的机械功率，单为 W 或 kW。

② 额定电压 U_N。指在额定运行状态下，发电机允许输出的最高电压；或加在电动机电枢两端的电源电压，单位为 V。

③ 额定电流 I_N。指电机按规定的方式运行时，电枢绕组允许流过的电流，单位为 A。

④ 额定转速 n_N。指直流电动机在额定电压、额定电流和额定容量的情况下运行时，直流电动机所允许的旋转速度，单位为 r/min。

⑤ 额定转矩 T_N。指直流电动机带额定负载运行时，输出的机械功率与转子额定角速度的比值，单位为 N·m。

⑥ 额定效率。指直流电动机带额定负载运行时，输出的机械功率与输入的电功率之比。

⑦ 额定励磁电流 I_{fN}。指直流电动机带额定负载运行时，励磁回路所允许的最大励磁电流，单位为 A。

（3）其他有关信息

其他信息包括：励磁方式、防护等级、绝缘等级、工作制、重量、出厂日期、出厂编号、生产单位等。

5.3.2　直流电动机的拆装

直流电动机在拆卸前和拆卸过程中，应对必要的地方（如线头、端盖、刷架等）做好标记和记录。拆卸中应注意，避免电动机各部位受到不应有的损坏。对装有滚动轴承的中、小型直流电动机，其拆卸步骤如下。

① 拆除电动机外部连接导线，并做好线头对应连接标记。用利器或用油漆等在端盖与机座止口处做好明显的标记；有联轴器的电动机，要做好电动机轴伸端与联轴器上的尺寸标记。

② 拆除电动机的底脚螺钉；拆除与电动机相连接的传动装置；拆去轴伸端的联轴器或带轮。

③ 拆去换向器端的轴承外盖，打开换向器端的视察窗，从刷盒中取出电刷，再拆下刷杆上的连接线；拆下换向器端的端盖，取出刷架；用纸板或白布把换向器包好。

④ 小型直流电动机，可先把轴伸端的端盖固定螺栓松掉，用木锤敲击前轴端，有退端盖螺孔的用螺栓插入螺孔，使端盖上口与机座脱开，把带有端盖的电动机转子从定子内小心地抽出。注意防止碰伤换向器和电枢绕组。

⑤ 将带后端盖的电枢放在木架上，再拆除轴伸端的轴承盖螺钉，取下轴承外盖及端盖。如发现轴承已经损坏，则用顶拔器将轴承取下。如无特殊原因，则不需要拆卸。

⑥ 电动机的电枢、定子的零部件如有损坏，则还需继续拆卸，并做好记录。

⑦ 清除电动机内部的灰尘和杂物，如轴承润滑油脂已脏，则需要更换润滑油脂；测量电动机各绕组的对地绝缘电阻。

直流电动机的装配步骤与拆卸顺序相反。但直流电动机检修后装配完毕，要通过检查、试验后才能投入运行。

5.3.3　直流电动机的常见故障检修

在运行中，直流电动机的故障多种多样，产生故障的原因较为复杂，并且互相影响。当直流电动机发生故障时，首先要对电动机的电源、线路、辅助设备和电动机所带的负载进行仔细的检查，看它们是否正常。然后再从电动机机械方面加以检查，如检查电刷架是否有松动、电刷接触是否良好、轴承转动是否灵活等。就直流电动机的内部故障来说，多数故障会从换向火花增大和运行性能异常反映出来，所以要分析故障产生的原因，就必须仔细观察换向火花的显现情况和运行时出现的其他异常情况，通过认真分析，根据直流电动机内部的结构特点和积累的经验作出判断，找到原因。直流电动机的常见故障与处理方法见表 5-17。

表 5-17　直流电动机的常见故障与处理方法

故障现象	可能原因	处理方法
电刷电火花过大	电刷与换向器接触不良	研磨电刷接触面，并在轻载下运转 30～60min
	刷握松动或装置不正	紧固或纠正刷握装置
	电刷与刷握配合太紧	略微磨小电刷尺寸
	电刷压力大小不当或不均	用弹簧秤校正电刷压力，使其为 0.012～0.017MPa
	换向器表面不光洁、不圆或有污垢	清洁或研磨换向器表面
	换向片间云母凸出	将换向器刻槽、倒角、再研磨
	电刷位置不在中性线上	调整刷杆座至原有记号的位置，或按感应法校得中性线位置
	电刷磨损过度，或所用牌号及尺寸不符	更换新电刷
	过载	恢复正常负载
	电动机底脚松动，发生振动	固定底脚螺钉
	换向极绕组短路	检查换向极绕组，修理绝缘损坏处
	电枢绕组断路或电枢绕组与换向器脱焊	查找断路部位，进行修复
	换向极绕组接反	检查换向极的极性，加以纠正
	电刷之间的电流分布不均匀	调整刷架使其等分或按原牌号及尺寸更换新电刷
	电刷分布不等分	校正电刷等分
	电枢平衡未校好	重校转子动平衡
电动机不能启动	无电源	检查线路是否完好，启动器连接是否准确，保险丝是否熔断
	过载	减少负载
	启动电流太小	检查所用启动器是否合适
	电刷接触不良	检查刷握弹簧是否松弛或改善接触面
	励磁回路断路	检查变阻器及磁场绕组是否断路，更换绕组
电动机转速不正常	电动机转速过高，且有剧烈火花	检查磁场绕组与启动器连接是否良好，是否接错，磁场绕组或调速器内部是否断路
	电刷不在正常位置	按所刻记号调整刷杆座位置
	电枢及磁场绕组	检查是否短路
	串励电动机轻载或空载运转	增加负载
	串励磁场绕组接反	纠正
	磁场回路电阻过大	检查磁场变阻器和励磁组电阻，并检查接触是否良对

续表

故障现象	可能原因	处理方法
电枢冒烟	长时间过载	立即恢复正常负载
	换向器或电枢短路	查找短路的部位，进行修复
	负载短路	检查线路是否有短路
	电动机端电压过低	恢复电压至正常值
	电动机直接启动或反向运转过于频繁	使用合适的启动器，避免频繁的反向运转
	定子、转子相擦	检查相擦的原因，进行修复
磁场线圈过热	并励磁场绕组部分短路	查找短路的部位，进行修复
	电动机转速太低	提高转速至额定值
	电动机端电压长期超过额定值	恢复电压
机壳漏电	接地不良	查找原因，并采取相应的措施
	绕组绝缘老化或损坏	查找绝缘老化或损坏的部位，进行修复并进行绝缘处理

【技能训练】——做一做

1．训练内容

直流电动机的拆装与检验。

2．训练要求

掌握小型直流电动机的拆装和检验的方法。

3．器材与工具

电机与电气控制实验台 1 台；兆欧表 1 块；直流（他励、并励、串励、复励）电机各 1 台；电工工具（顶拔器、活扳手、榔头、螺丝刀、紫铜棒、钢套筒、毛刷、钳子、螺丝刀等）1 套。

4．训练步骤

① 观察直流电动机的结构，抄录电动机的铭牌数据，将有关数据填入表 5-18 中。

表 5-18　直流电动机的铭牌数据

型　　号		励 磁 方 式	
额定功率		励磁电压	
额定电压		励磁电流	
额定电流		工作方式	
额定转速		温　　升	

② 用手拨动电动机的转子，观察其转动情况是否良好。

③ 拆装直流电动机。

按直流电动机的拆装方法、步骤进行拆装，将拆装有关情况记录在表 5-19 中。

表 5-19　直流电动机拆装记录

步　骤	内　　容	工　艺　要　求
1	拆装前的准备	1）拆卸地点＿＿＿＿＿＿＿＿； 2）拆卸前做记号： ① 联轴器或皮带轮与轴台的距离＿＿＿＿＿＿mm； ② 端盖与机座间做记号于＿＿＿＿＿地方； ③ 前后轴承记号的形状＿＿＿＿＿； ④ 机座在基础上的记号＿＿＿＿＿＿
2	拆卸顺序	1）＿＿＿＿＿＿；2）＿＿＿＿＿＿；3）＿＿＿＿＿＿； 4）＿＿＿＿＿＿；5）＿＿＿＿＿＿；6）＿＿＿＿＿＿。
3	拆卸皮带轮或联轴器	1）使用工具＿＿＿＿＿＿＿＿＿＿； 2）工艺要点＿＿＿＿＿＿＿＿＿＿；
4	拆卸轴承	1）使用工具＿＿＿＿＿＿＿＿＿＿； 2）工艺要点＿＿＿＿＿＿＿＿＿＿
5	拆卸端盖	1）使用工具＿＿＿＿＿＿＿＿＿＿； 2）工艺要点＿＿＿＿＿＿＿＿＿＿
6	检测数据	1）定子铁芯内径＿＿＿＿mm，铁芯长度＿＿＿＿mm； 2）转子铁芯内径＿＿＿＿mm，铁芯长度＿＿＿＿mm，转子总长＿＿＿mm； 3）轴承内径＿＿＿＿mm，外径＿＿＿＿mm； 4）键槽长＿＿＿mm，宽＿＿＿mm，深＿＿＿mm

④ 电动机装配后进行如下检验，将有关数据详细记录在表 5-20 中。

表 5-20　直流电动机拆装后测量数据记录

步　骤	内　　容	检　查　结　果		
1	用兆欧表检查绝缘电阻（MΩ）	对地绝缘	励磁绕组对机壳	
			换向绕组对机壳	
		励磁绕组、换向绕组间的绝缘	U、V 相间	
			V、W 相间	
2	用万用表检查各绕组直流电阻（Ω）	励磁绕组		
		换向绕组		

5．注意事项

① 拆下刷架前，要做好标记，便于安装后调整电刷的中性线位置。
② 抽出电枢时要仔细，不要碰伤换向器及各绕组。
③ 取出的电枢必须放在木架或木板上，并用布或纸包好。
④ 装配时，拧紧端盖螺栓，必须四周用力均匀，按对角上、下、左、右反复逐步拧紧。
⑤ 直流电机的励磁回路的接线必须牢固。

6．成绩评定

本项任务的评分标准见表 5-21。

表 5-21　单相异步电动机的拆装、通电检查及故障检修的考核评分标准

项 目 内 容	配　　分	扣 分 标 准	扣　　分	得　　分
直流电动机的拆装	60 分	1）端盖处不做标记，每处扣 5 分 2）抽转子时碰伤定子绝缘，每处扣 10 分 3）损坏部件，每处扣 5 分 4）拆卸步骤、方法不正确，每处扣 5 分 5）装配前未清理电动机内部，扣 5 分 6）不按标记装端盖，扣 5 分 7）碰伤定子绝缘，扣 5 分 8）装配后转子转动不灵活，扣 10 分 9）紧固件未拧紧，每处扣 5 分		
直流电动机的通电检查	30 分	1）仪器仪表操作不规范，每处扣 5 分 2）仪表量程选择错误，每次扣 5 分 3）读数错误，每处扣 3 分		
安全操作	10 分	1）不遵守实训室规章制度，违反操作规程，扣 10 分 2）操作过程中人为损坏元器件，每个扣 5 分 3）未经允许擅自通电，扣 10 分		
总评：				

（注：各项内容中扣分总值不超过各项内容所配分数）

【问题研讨】——想一想

（1）直流发电机与直流电动机的输出功率有什么不同？

（2）直流电动机换向极绕组和电枢绕组是怎样连接的？

（3）什么是实槽？什么是虚槽？它们之间有什么关系？

（4）试比较直流电动机与三相异步电动机工作原理，有何不同？

（5）直流电动机的常见故障有哪些？

（6）直流电动机不能正常旋转的主要原因有哪些？

（7）直流电动机冒烟的主要原因有哪些？

（8）检修后的直流电动机应进行哪几项主要的检测工作？

项目 6   常用低压电器的拆装与检修

项目内容

在工矿企业的电气控制设备中，采用的基本上都是低压电器。因此，低压电器是电气控制中的基本组成元件，控制系统的优劣与低压电器的性能有直接的关系。作为电气工程技术人员，应该熟悉低压电器的结构、工作原理和使用方法。本项目的主要内容有：常用低压开关类电器、主令电器、熔断器、接触器、继电器、启动器等的用途、结构、工作原理、选用、安装及故障检修常识。

项目目标

◆ 熟悉常用低压电器的结构、工作原理、用途、电气符号、型号及主要参数。
◆ 能正确选用、安装、拆装、检测和维修常用低压电器。

任务 6.1   常用开关类电器的拆装与检修

任务引入

低压电器是指工作在交流额定电压 1200V、直流额定电压 1500V 及以下电路中，对供、用电系统进行开关、控制、保护和调节作用的电器。按其控制对象不同，低压电器分为配电电器和控制电器两大类共 12 个类别。常用低压开关类电器包括刀开关、组合开关、断路器三类。

任务目标

熟悉刀开关、组合开关、断路器的基本结构；理解他们的动作原理；掌握他们的用途、规格型号、图形符号与文字符号、选用、安装、拆装和检修方法。

任务实施

【相关知识】——学一学

6.1.1   刀开关

1. 胶盖闸刀开关

（1）胶盖闸刀开关的结构及作用

胶盖闸刀开关义称为开启式负荷开关，是一种手动电器。主要用作电气照明电路、电热回路的控制开关，也可作分支电路的配电开关，并具有短路或过保护功能。在降低容量的情况下，还可用作小容量（功率在 5.5kW 及以下）动力电路不频繁启动的控制开关。它主要由刀开关和熔断器组合而成，瓷质底座上装有静触点（刀座）、熔丝接头、瓷质手柄等，并有上、下胶盖来遮盖电弧。它的主要结构及电气符号如图 6-1 所示。它具有结构简单、价格便宜、安装使用维修方便等优点。

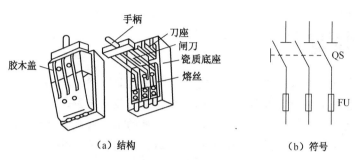

图 6-1　胶盖闸刀开关

闸刀开关可分二极和三极两种，二极式的额定电压为 220V，三极式的额定电压为 380V。使用较为广泛的胶盖闸刀开关为 HK 系列，其型号含义如下：

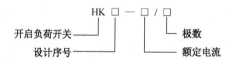

常用的闸刀开关有 HK1 和 HK2 两个系列。

（2）胶盖闸刀开关的选用

选用胶盖闸刀开关的注意事项如下。

① 额定电压、额定电流及极数的选择应符合电路的要求。控制单相负载时选用 220V 或 250V 二极开关，控制三相负载时，选用 380V 三极开关。用于控制照明电路或其他电阻性负载时，开关额定电流应不小于各负载额定电流之和，若控制电动机或其他电感性负载时，其开关额定电流是最大一台电动机额定电流的 2.5 倍加其余电动机额定电流之和，若只控制一台电动机，则开关额定电流为该电动机额定电流的 2.5 倍。

② 选择开关时，应注意检查各刀片与对应夹座是否接触良好，各刀片与夹座开合是否同步。如有问题，应予以修理或更换。

（3）胶盖闸刀开关的安装方法

① 安装时，瓷座底座应与地面垂直，手柄向上推为合闸，不得倒装和平装。因为闸刀正装便于灭弧，而倒装和横装灭弧困难，易烧坏触点，再则因刀片的自重或振动，可能导致误合闸而引发危险。

② 接线时，螺钉旋合应紧固到位，电源进线必须接闸刀上方的静触点接线柱，通往负载的引线接下方的接线柱。

③ 安装好后应检查闸刀和静触点是否成直线和紧密可靠。

④ 更换熔丝时必须按原规格，并在闸刀断开时进行。

（4）胶盖闸刀开关的常见故障及处理方法

胶盖闸刀开关的常见故障及处理方法见表 6-1。

表 6-1　胶盖闸刀开关的常见故障及处理方法

故 障 现 象	故 障 原 因	处 理 方 法
合闸后，开关一相或两相开路	1）静触点弹性消失，开口过大，造成动、静触点接触不良 2）熔丝熔断或虚连 3）动、静触点氧化或有尘污 4）开关进线或出线线头接触不良	1）修整或更换静触点 2）更换熔丝或紧固 3）清洁触点 4）重新连接
合闸后，熔丝熔断	1）外接负载短路 2）熔体规格偏小	1）排除负载短路故障 2）按要求更换熔体
触点烧坏	1）开关容量太小 2）拉、合闸动作过慢，造成电弧过大，烧坏触点	1）更换开关 2）修整或更换触点，并改善操作方法

2. 铁壳开关

（1）铁壳开关的结构及作用。

铁壳开关又称为封闭式负荷开关，与闸刀开关的不同之处是将熔断器和刀座等安装在薄钢板制成的防护外壳内。在铁壳内部有速断弹簧，用以加快刀片与刀座分断速度，减少电弧。铁壳开关的外形如图 6-2 所示。在铁壳开关的外壳上，还设有机械联锁装置，使壳盖打开时开关不能闭合，开关断开时壳盖才能打开，从而保证了操作安全。

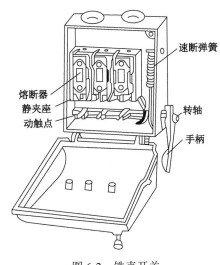

图 6-2　铁壳开关

铁壳开关一般用于电气照明、电力排灌、电热器线路的配电设备中，供手动不频繁地接通和分断负荷电路及作线路末端的短路保护。也可用于 15kW 以下电动机不频繁全压启动的控制开关。

其型号含义如下：

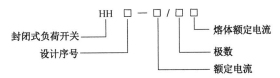

常用的闸刀开关有 HH3 和 HH4 两个系列。

（2）铁壳开关的选用

① 作为隔离开关或控制电热、照明等电阻性负载时，铁壳开关的额定电流等于或稍大于负

载的额定电流即可。

② 用于控制电动机启动和停止时，铁壳开关的额定电流可按大于或等于两倍电动机额定电流选取。

（3）铁壳开关的安装方法

① 安装时先预埋紧固件，固定好木质配电板，再将铁壳开关固定在配电板上。

② 应垂直于地面安装，其安装高度以手动操作方便和安全为原则，通常在 1.3～1.5m 左右。

③ 铁壳开关外壳上的接地螺钉应就近可靠接地，以防漏电。

④ 接线时电源进、出线都应分别穿入铁壳上方进出线孔。

铁壳开关在操作时，不得面对铁壳开关拉闸或合闸。

（4）铁壳开关的常见故障及处理方法。

铁壳开关的常见故障及处理方法见表 6-2。

表 6-2　铁壳开关的常见故障及处理方法

故 障 现 象	故 障 原 因	处 理 方 法
操作手柄带电	1）外壳未接地或接地线松脱 2）电源进出线绝缘损坏碰壳	1）检查后，加固接地导线 2）更换导线或恢复绝缘
夹座静触点过热或烧坏	1）夹座表面烧焦 2）闸刀与夹座压力不足 3）负载过大	1）用细锉修整夹座 2）调整夹座压力 3）减轻负载或更换大容量开关

6.1.2　组合开关

1. 组合开关的结构及作用

组合开关也称为转换开关，也属于手动控制电器。组合开关的结构主要由静触点、动触点和绝缘手柄组成，静触点一端固定在绝缘板上，另一端伸出盒外，并附有接线柱，以便和电源线及其他用电设备的导线相连。动触点装在另外的绝缘垫板上，垫板套装在附有绝缘手柄的绝缘杆上，手柄能沿顺时针或逆时针方向转动，带动动触点分别与静触点接通或断开。如图 6-3 所示为组合开关的结构、接线和符号。

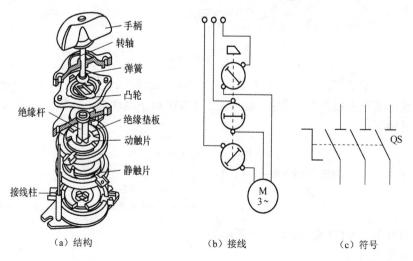

（a）结构　　　　（b）接线　　　　（c）符号

图 6-3　组合开关

组合开关一般用于电气设备中作为电源引入开关，用来非频繁地接通和分断电路，换接电源或作 5.5kW 以下电动机直接启动、停止、反转和调速等用途，其优点是体积小、寿命长、结构简单、操作方便、灭弧性能好，多用于机床控制电路。其额定电压为 380V，额定电流有 6A、10A、15A、25A、60A、100A 等多种。

其型号含义如下：

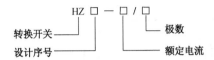

常用的组合开关有 HZ5、HZ10、HZ15 等系列，其中 HZ5 系列类似万能转换开关，HZ10 系列为全国统一设计产品，应用很广，而 HZ15 系列为新型号产品，可取代 HZ10 系列产品。

2. 组合开关的选用

① 用于一般照明、电热电路，其额定电流应大于或等于被控电路的负载电流总和。

② 当用作设备电源引入开关时，其额定电流稍大于或等于被控制电路的负载电流的总和。

③ 当用于直接控制电动机时，其额定电流一般可取电动机额定电流的 2～3 倍。

3. 组合开关的安装方法

① 安装组合开关时应使手柄保持平行于安装面。

② HZ10 系列组合开关应安装在控制箱（或壳体）内，其操作手柄最好伸出在控制箱的前面或侧面，应使手柄在水平旋转位置时为断开状态。

③ 若需在箱内操作，开关最好装在箱内右上方，且其上方不宜安装其他电器，否则应采用隔离或绝缘措施。

4. 组合开关的常见故障及处理方法

组合开关的常见故障及处理方法见表 6-3。

表 6-3　组合开关的常见故障及处理方法

故 障 现 象	故 障 原 因	处 理 方 法
手柄转动后，内部触点未动	（1）手柄上的轴孔磨损变形 （2）绝缘杆变形（由方形磨为圆形） （3）手柄与方轴，或轴与绝缘杆配合松动 （4）操作机构损坏	（1）调换手柄 （2）更换绝缘杆 （3）紧固松动部件 （4）修理更换
手柄转动后，动、静触点不能按要求动作	（1）组合开关型号选用不正确 （2）触点角度装配不正确 （3）触点失去弹性或接触不良	（1）更换开关 （2）重新装配 （3）更换触点、清除氧化层或污染
接线柱间短路	因铁屑或油污附着在接线柱间，形成导电层，将胶木烧焦，绝缘损坏而形成短路	更换开关

6.1.3　断路器

1. 断路器的结构、用途及工作原理

断路器又称为自动空气开关，是低压电路中重要的开关电器。它不仅具有开关的作用，也有保护功能，还具有短路、过载和欠电压保护等功能，动作后不需要更换元件。一般容量的断路器

采用手动操作，较大容量的采用电动操作。

断路器在动作上相当于刀开关、熔断器和欠电压继电器的组合作用。它的结构形式很多，其原理示意图及图形符号如图 6-4 所示，它主要由触点、脱扣机构组成。主触点通常是由手动的操作机构来闭合的，开关的脱扣机构是一套连杆装置，当主触点闭合后就被锁钩扣住。

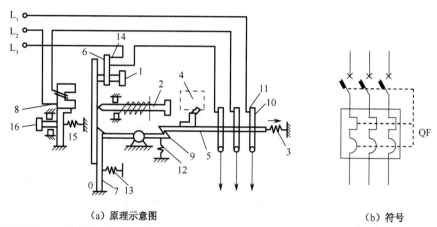

|（a）原理示意图|（b）符号|

1—热脱扣器的整定按钮；2—手动脱扣按钮；3—脱扣弹簧；4—手动合闸机构；5—合闸连杆；6—热脱扣器；7—锁钩；8—电磁脱扣器；9—脱扣连杆；10、11—动、静触点；12、13—弹簧；14—发热元件；15—电磁脱扣弹簧；16—调节按钮

图 6-4　断路器的工作原理图

断路器利用脱扣机构使主触点处于"合"与"分"状态，正常工作时，脱扣机构处于"合"位置，此时触点连杆被搭钩锁住，使触点保持闭合状态；扳动脱扣机构置于"分"位置时，主触点处于断开状态，空气断路器的"分"与"合"在机械上是互锁的。

当被保护电路发生短路或严重过载时，由于电流很大，过流脱扣器的衔铁被吸合，通过杠杆将搭钩顶开，主触点迅速切断短路或严重过载的电路。当被保护电路发生过载时，通过发热元件的电流增大，产生的热量使双金属片弯曲变形，推动杠杆顶开搭钩，主触点断开，切断过载电路。过载越严重，主触点断开越快，但由于热惯性，主触点不可能瞬时动作。

当被保护电路失压或电压过低时，欠压脱扣器中衔铁因吸力不足而将被释放，经过杠杆将搭钩顶开，主触点被断开；当电源恢复正常时，必须重新合闸后才能工作，实现了欠压和失压保护。

断路器的型号含义如下：

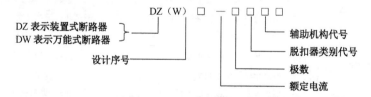

2. 断路器的选用

① 断路器的额定电压应高于线路的额定电压。

② 用于控制照明电路时，电磁脱扣器的瞬时脱扣整定电流一般取负载的 6 倍。用于电动机保护时，装置式断路器电磁脱扣器的瞬时脱扣整定电流应为电动机启动电流的 1.7 倍。万能式断路器的上述电流应为电动机启动电流的 1.35 倍。

③ 用于分断或接通电路时，其额定电流和热脱扣器整定电流均应等于或大于电路中负载电流额定电流的 2 倍。

④ 选用断路器作为多台电动机短路保护时，电磁脱扣器整定电流为容量最大的一台电动机启动电流的 1.3 倍加上其余电动机额定电流的 2 倍。

⑤ 选用断路器时，在类型、等级、规格等方面要配合上、下级开关的保护特性，不允许因本级保护失灵导致越级跳闸，扩大停电范围。

3．断路器的安装

（1）安装前的检查

① 外观检查。看断路器外观有无损坏，紧固件是否松动，可动部分是否灵活。

② 技术指标检查。核查各参数是否符合要求。

③ 绝缘电阻检查。用兆欧表检查断路器相与相、相与地之间的绝缘电阻是否符合要求。

④ 表面清洁，去除污物和衔铁端面油脂。

（2）安装注意事项

① 断路器的底板应垂直于水平位置，固定后应保持平整，倾斜度不大于 5°。

② 断路器应上端接电源，下端接负载。

③ 有接地螺钉的产品应可靠接地。

④ 有半导体脱扣装置的断路器，其接线端应符合相序要求，脱扣装置的端子应可靠连接。

4．断路器的常见故障及处理方法

断路器的常见故障及处理方法见表 6-4。

表 6-4　断路器的常见故障及处理方法

故 障 现 象	故 障 原 因	处 理 方 法
手动操作断路器，触点不能闭合	1）失压脱扣器无电压或线圈烧毁 2）储能弹簧变丨形，闭合力减小 3）反作用弹簧力过大 4）机构不能复位	1）加以电压或更换新线圈 2）更换储能弹簧 3）调整弹簧反作用力 4）调整脱扣器
电动操作断路器，触点不能闭合	1）电源电压不符合操作电压 2）电磁铁拉杆行程不够 3）电机操作定位开关失灵 4）控制器中整流器或电容器损坏 5）电源容量不够	1）更换电源 2）重新调整或更换拉杆 3）重新定位 4）更换损坏的元件 5）更换操作电源
有一相触点不闭合	开关的一相连杆断裂	更换连杆
合/分脱扣器不能使断路器分断	1）线圈短路 2）电源电压太低 3）脱扣面太小 4）螺丝松动	1）更换线圈 2）升高或更换电源电压 3）重新调整脱扣面 4）紧固松动螺丝
失压脱扣器不能使断路器分断	1）反力弹簧变小 2）若为储能释放，则储能弹簧变小 3）机构卡死	1）调整更换弹簧 2）调整储能弹簧 3）消除卡死原因
启动电动机时，断路器立即分断	过电流脱扣器瞬动延时整定值不对	1）调整过电流脱扣器瞬时整定弹簧 2）空气式脱扣器阀门可能失灵或橡皮膜破裂，查明后更换
断路器工作一段时间后自行分断	1）过电流脱扣器长延时整定值不对 2）热元件和半导体延时元件变质	1）重新调整 2）更换元件

续表

故 障 现 象	故 障 原 因	处 理 方 法
失压脱扣器有噪音	1）反力弹簧力太大 2）铁芯工作面有油污 3）短路环断裂	1）调整触点压力或更换弹簧 2）清除油污 3）更换衔铁或铁芯短路环
断路器温度过高	1）触点压力过低 2）触点表面磨损严重或接触不良 3）两个导电元件连接处螺丝松动	1）调整触点压力 2）更换或清扫接触面，如不能换触点时，应更换整台开关 3）拧紧
辅助触点不能闭合	1）辅助开关的动触点卡死或脱落 2）辅助开关传动杆断裂或滚轮脱落	1）更换或重装好触点 2）更换
半导体过电流脱扣器误动作使断路器断开	在查找故障时，确认半导体脱扣器本身无故障后，在大多数情况下，可能是别的电器动作产生巨大电磁场脉冲，错误触发半导体脱扣器	需要仔细查找引起错误触发的原因，例如，大型电磁铁的分断、接触器的分断、电焊等，找出错误触发源，予以隔离或更换线路

【技能训练】——做一做

1．训练内容

常用开关类电器的拆装。

2．训练要求

① 熟悉常用开关类电器的结构，了解各组成部分的作用。
② 掌握常用开关电器的拆卸、组装方法，并能进行简单检测。
③ 学会用万用表、兆欧表等常用电工仪表检测开关类电器。

3．器材与工具

胶盖闸刀开关、铁壳开关、断路器各 1 只；常用电工工具 1 套；万用表 1 块；兆欧表 1 块。

4．训练步骤

① 把一个胶盖闸刀开关拆开，观察其内部结构，将主要零部件的名称及作用记录在表 6-5 中。然后合上闸刀开关，用万用表电阻挡测量各对触点之间的接触电阻，用兆欧表测量每两相触点之间的绝缘电阻。测量后将开关组装还原，将测量结果记录在表 6-5 中。

表 6-5　胶盖闸刀开关的结构与测量记录

型　　　号		极　　　数		主要零部件	
				名　　称	作　　用
触点接触电阻（Ω）					
L₁ 相	L₂ 相		L₃ 相		
相间绝缘电阻（Ω）					
L₁—L₂ 间	L₁—L₃ 间		L₂—L₃ 间		

② 把一个铁壳开关拆开，观察其内部结构，将主要零部件的名称及作用记录在表 5-11 中。然后，合上闸刀开关，用万用表电阻挡测量各触点之间的接触电阻，用兆欧表测量每两相触点之间的绝缘电阻。测量后将开关组装还原，将测量结果记录在表 6-6 中。

表 6-6　铁壳开关的结构与测量记录

型　号		极　数		主要零部件	
				名　称	作　用
触点接触电阻（Ω）					
L_1 相	L_2 相		L_3 相		
相间绝缘电阻（Ω）					
L_1—L_2 间	L_1—L_3 间		L_2—L_3 间		
熔断器					
型　号		规　格			

③ 把一个装置式断路器拆开，观察其内部结构，将主要零部件的名称及作用和有关参数记录在表 6-7 中。然后将开关组装还原。

表 6-7　装置式断路器的结构及参数记录

名　称	作　用	有　关　参　数	
		名　称	参　数

5．注意事项

在拆装低压电器时，要仔细，不要丢失零部件。

6．成绩评定

本项任务的评分标准见表 6-8。

表 6-8　常用开关类电器拆装与检测的考核评分标准

项 目 内 容	配　分	扣 分 标 准	扣　分	得　分
常用开关类电器的拆装	40 分	1）装配不到位，有松脱，每个扣 10 分 2）装配错误或不会装配，扣 30 分 3）零器件损坏或丢失，每个扣 20 分 4）各触点静态或动态时不正确，每处扣 10 分 5）各触点分、合动作不一致，每个扣 10 分		

续表

项目内容	配　分	扣 分 标 准	扣　　分	得　分
常用开关类电器的检测	40 分	1）元器件检测方法错误，每个扣 5 分 2）检测方法不正确，扣 10 分 3）不会检测元器件，扣 10 分		
仪器仪表的使用	10 分	1）仪器仪表操作不规范，每处扣 10 分 2）仪表量程选择错误，每次扣 10 分 3）读数错误，每处扣 5 分		
安全操作	10 分	1）不遵守实训室规章制度，违反操作规程，扣 10 分 2）操作过程中人为损坏元器件，每个扣 5 分 3）未经允许擅自通电，扣 10 分		
总评：				

（注：各项内容中扣分总值不超过各项内容所配分数）

【问题研讨】——想一想

（1）常用低压电器怎样分类？它们各有哪些用途？

（2）试述胶盖闸刀开关和铁壳开关的基本结构及用途。怎样选用胶盖闸刀开关和铁壳开关？胶盖闸刀开关和铁壳开关各有哪些常见故障？如何排除？

（3）试简述组合开关的主要结构及用途。怎样选用组合开关？组合开关有哪些常见故障？如何排除？

任务 6.2　主令电器的拆装与检修

任务引入

主令电器是用于自动控制系统中发出指令的操作电器，利用它控制接触器、继电器或其他电器，使电路接通和分断，来实现对生产机械的自动控制。常用的主令电器有按钮开关、行程开关、万能转换开关、主令控制器等。

任务目标

熟悉按钮、行程开关、万能转换开关的基本结构；理解他们的动作原理；掌握他们的用途、规格型号、图形符号与文字符号、选用、安装、拆装和检修方法。

任务实施

【相关知识】——学一学

6.2.1　按钮

1．按钮的结构及作用

按钮又称为控制按钮或按钮开关，是一种简单的手动电器。它不能直接控制主电路的通断，而通过短时接通或分断 5A 以下的小电流控制电路，向其他电器发出指令性的电信号，控制其他电器的动作。

　　按钮主要由按钮帽、复位弹簧、常闭触点、常开触点、接线柱及外壳组成。其种类很多，常用的有 LA10、LA18、LA19 和 LA25 等系列。其中 LA19 系列按钮结构和外形及符号如图 6-5 所示。

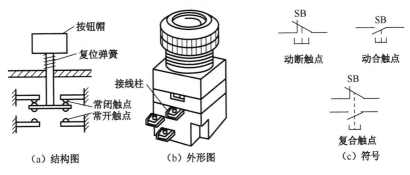

图 6-5　LA19 系列按钮

　　当用手按下按钮帽时，动触点向下移动，上面的动断（常闭）触点先断开，下面的动合（常开）触点后闭后；当松开按钮帽时，在复位弹簧的作用下，动触点自动复位，使得动合触点先断开，动断触点后闭合。这种在一个按钮内分别安装有动断和动合触点的按钮称为复合按钮。

　　由于按钮触点结构、数量和用途的不同，它又分为启动按钮（常开按钮）、停止按钮（常闭按钮）和复合按钮（既有常开触点又有常闭触点），如图 6-5 所示的 LA19 系列即为复合按钮。

　　常用按钮的型号含义如下。

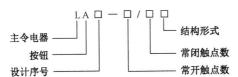

　　不同结构形式的按钮，分别用不同的字母表示：如"K"表示开启式；"H"表示保护式，"X"表示旋钮式，"D"表示带指示灯式，"DJ"表示紧急式带指示灯；"J"表示紧急式，"S"表示防水式；"F"表示防腐式；"Y"表示钥匙式；若无标示则表示为平钮式。

2. 按钮颜色的含义

　　按钮颜色的含义见表 6-9。

表 6-9　按钮颜色的含义

颜　色	含　义	说　明	应 用 示 例
红	紧急	危险或紧急情况时操作	急停
黄	异常	异常情况时操作	干预、制止异常情况；干预、重启中断了的自动循环
绿	安全	安全情况或为正常情况准备时操作	启动/接通
蓝	强制性的	要求强制动作情况下的操作	复位功能
白			启动/接通（优先）；停止/断开
灰	未赋予特定含义	除急停以外的一般功能的启动	启动/接通，停止/断开
黑			启动/接通，停止/断开（优先）

3．按钮的选用

① 根据使用场合，选择按钮的种类，如开启式、保护式、防水式和防腐式等。
② 根据用途，选用合适的形式，如手把旋钮式、紧急式和带灯式等。
③ 按控制回路的需要，确定不同按钮数，如单钮、双钮、三钮和多钮等。
④ 按工作状态指示和工作情况要求，选择按钮和指示灯的颜色（参照国家有关标准）。
⑤ 核对铵钮额定电压、电流等指标是否满足要求。

4．按钮的安装与使用

按钮安装在面板上时，应布置合理，排列整齐。可根据生产机械或机床启动、工作的先后顺序，从上到下或从左至右依次排列。如果它们有几种工作状态，如上、下、前、后、左、右、松、紧等，应使每一组相反状态的按钮安装在一起。在面板上固定按钮时安装应牢固，停止按钮用红色，启动按钮用绿色或黑色，按钮较多时，应在显眼且便于操作处，用红色蘑菇头的总停按钮，以应付紧急情况。

使用前，应检查按钮帽弹性是否正常，动作是否自如，触点接触是否良好可靠，触点及导电部分应清洁无油污。

5．按钮的常见故障及处理方法

按钮的常见故障及处理方法见表 6-10。

表 6-10　按钮的常见故障及处理方法

故 障 现 象	故 障 原 因	处 理 方 法
触点接触不良	1）触点烧损 2）触点表面有尘垢 3）触点弹簧失效	1）修整触点或更换产品 2）清洁触点表面 3）重绕弹簧或更换产品
触点间短路	1）塑料受热变形，导致接线螺钉相碰短路 2）杂物或油污在触点间形成通路	1）更换产品，并查明发热原因 2）清洁按钮内部

6.2.2　行程开关

1．行程开关的结构及作用

行程开关又称为限位开关或位置开关。属于主令电器的另一种类型，其作用与按钮相同，都是向继电器、接触器发出电信号指令，实现对生产机械的控制。不同的是按钮靠手动操作，行程开关则是靠生产机械的某些运动部件与它的传动部位发生碰撞，令其内部触点动作，分断或切换电路，从而限制生产机械的行程、位置，或改变其运动状态，指令生产机械停车、反转或变速等。

常用行程开关有 LX19 系列和 JLXK1 系列，其型号含义如下：

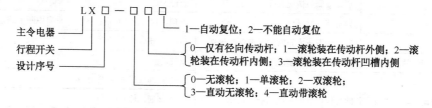

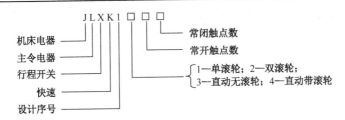

为了适应生产机械对行程开关的碰撞，行程开关与生产机械的碰撞部分有不同的结构形式，常用碰撞部分有直动式（按钮式）和滚轮式（旋转式）。其中滚轮式又有单滚轮式和双滚轮式两种，其外形和符号如图 6-6 所示。

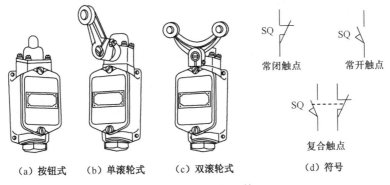

（a）按钮式　　（b）单滚轮式　　（c）双滚轮式　　　　（d）符号

图 6-6　常用行程开关

各种系列的行程开关基本结构相同，区别仅在于使行程开关动作的传动装置和动作速度不同。JLXK1 系列快速行程开关的结构和动作原理如图 6-7 所示。

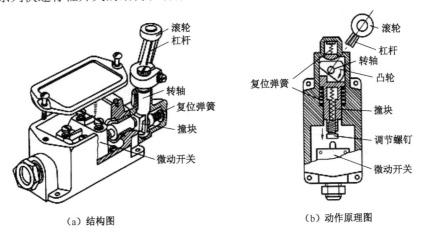

（a）结构图　　　　　　　　　　　　（b）动作原理图

图 6-7　JLXK1 系列行程开关的结构和动作原理图

当生产机械挡铁碰撞行程开关滚轮时，传动杠杆连同转轴一起转动，使凸轮推动撞块，当撞块被推到一定位置时，推动微动开关快速动作，接通常开触点，分断常闭触点；当滚轮上的挡铁移开后，复位弹簧使行程开关各部分恢复到动作前的位置，为下一次动作做好准备。这就是单滚轮自动恢复行程开关的动作原理。对于双滚轮行程开关，在生产机械挡铁碰撞第一只滚轮时，内部微动开关动作；当挡铁离开滚轮后不能自动复位时，必须通过挡铁碰撞第二个滚轮，才能将其复位。

2．行程开关的选用

行程开关触点允许通过的电流较小，一般不超过 5A。选用行程开关时，应根据被控制电路的特点、要求及使用环境和所需触点数量等因素综合考虑。

3．行程开关的安装

安装行程开关时，应注意滚轮方向不能接反，与生产机械撞块碰撞位置应符合线路要求，滚轮固定恰当，有利于生产机械经过预定位置或行程时，能较准确地实现行程控制。

4．行程开关的常见故障及处理方法

行程开关的常见故障及处理方法见表 6-11。

表 6-11　行程开关的常见故障及处理方法

故 障 现 象	故 障 原 因	处 理 方 法
挡铁碰撞位置开关后，触点不动作	1）安装位置不准确 2）触点接触不良或接线松脱 3）触点弹簧失效	1）调整安装位置 2）清刷触点或紧固接线 3）更换弹簧
杠杆已经偏转，或无外界机械力作用，但触点不复位	1）复位弹簧失效 2）内部撞块卡阻 3）调节螺钉太长，顶住开关按钮	1）更换弹簧 2）清扫内部杂物 3）检查调节螺钉

6.2.3　万能转换开关

1．万能转换开关的结构及作用

万能转换开关是一种用于控制多回路的主令电器，由多组相同结构的开关元件叠装而成。它可用作电压表、电流表的换相测量开关，或作为小容量电动机的启动、制动、正反转换向及双速电动机的调速控制开关。由于其触点挡数多，换接线路多，且用途广泛，故称其为万能转换开关。

万能转换开关的外形及凸轮通断触点情况如图 6-8 所示。它是由很多层触点底座叠装而成的，每层触点底座内装有一对（或三对）触点和一个装在转轴上的凸轮。操作时，手柄带动转轴和凸轮一起旋转，控制触点的通断。凸轮控制的触点通断的情况如图 6-8（b）所示。由于凸轮形状不同，当手柄处于不同操作位置时，触点的分合情况也不同。

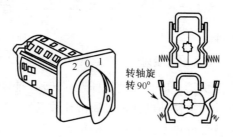

（a）外形　　　（b）触点通断示意图

图 6-8　LW5 系列万能转换开关

万能转换开关在电气原理图中的图形符号以及各位置的触点通断表如图 6-9 所示。图中每根竖的点划线表示手柄位置，点划线上的黑点"●"表示手柄在该位置时，上面这一路触点接通。

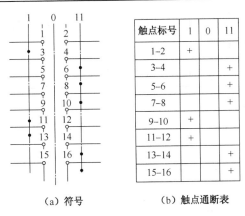

(a) 符号   (b) 触点通断表

图 6-9   万能转换开关符号及触点通断表

常用的万能转换开关有 LW4、LW5 和 LW6 系列。LW5 系列万能转换开关的额定电压在 380V 时，额定电流为 12A；额定电压在 500V 时，额定电流为 9A。额定操作频率为每小时 120 次，机械寿命为 100 万次。

万能转换开关的型号含义如下：

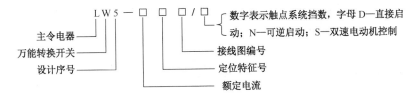

2. 万能转换开关的选用

万能转换开关可按下列要求来进行选择。

（1）按额定电压和工作电流等选择合适的系列。

（2）按操作需要选择手柄形式和定位特征。

（3）按控制要求确定触点数量与接线图编号。

（4）选择面板形式及标志。

【技能训练】——做一做

1. 训练内容

按钮、行程开关的拆装与检测。

2. 训练要求

① 熟悉按钮、行程开关的结构，了解各组成部分的作用。

② 掌握按钮、行程开关的拆卸、组装方法，并能进行简单检测。

③ 学会用万用表检测按钮、行程开关。

3. 器材与工具

按钮、行程开关各 1 只；电工工具 1 套；万用表 1 块。

4. 训练步骤

① 按钮开关的拆装与检测。把一个按钮开关拆开，观察其内部结构，将主要零部件的名称

及作用记录在表 6-12 中。然后将按钮开关组装还原，用万用表电阻挡测量各对触点之间的接触电阻，将测量结果记录在表 6-12 中。

表 6-12 按钮开关的结构与测量记录

型 号	额定电流（A）	主要零部件	
		名 称	作 用
触点数量（副）			
常开	常闭		
触点电阻（Ω）			
常开		常闭	
最大值	最小值	最大值	最小值

注：常开触点的电阻在按钮受压时测量。

② 行程开关的拆装与检测。把一个行程开关拆开，观察其内部结构，将主要零部件的名称及作用记录在表 6-13 中。用万用表电阻挡测量各对触点之间的接触电阻，将测量结果记录在表 6-13 中。然后，将行程开关组装还原。

表 6-13 行程开关的结构与测量记录

型 号	额定电流（A）	主要零部件	
		名 称	作 用
触点数量（副）			
常开	常闭		
触点电阻（Ω）			
常开		常闭	
最大值	最小值	最大值	最小值

注：常开触点的电阻在行程受压时测量。

5. 注意事项

在拆装按钮开关、行程开关时，要仔细，不要丢失零部件。

6. 成绩评定

本项任务的评分标准见表 6-8。

【问题研讨】——想一想

（1）按钮由哪几部分组成？按钮的作用是什么？怎样选用按钮？按钮有哪些常见故障？如何排除？

（2）行程开关主要由哪几部分组成？它有什么作用？怎样选用行程开关？行程开关有哪些常见故障？如何排除？

（3）断路器主要由哪些部分构成？它的热脱扣器、失压脱扣器是怎样工作的？

任务 6.3　低压熔断器的使用

熔断器有高压熔断器和低压熔断器两种。低压熔断器是低压电路和电动机控制电路中最简单、最常用的过载和短路保护电器。它以金属导体做熔体，串联于被保护电器或电路中，当电路或设备过载或短路时，大电流将熔体发热熔化，从而分断电路。

熟悉低压熔断器的结构；理解其动作原理和用途；掌握其用途、规格型号、图形符号与文字符号、选用、安装和检修方法。

【相关知识】——学一学

熔断器的结构简单，分断能力高，使用、维修方便，体积小，价格低，在电气系统中得到广泛的使用。但熔断器大多只能一次性使用，功能简单，且更换需要一定时间，使系统恢复供电时间较长。熔断器的符号如图 6-10 所示。

FU

图 6-10　熔断器的符号

常用的低压熔断器有插入式、螺旋式、无填料封闭式、填料封闭管式等几种，如 RCL、RL1、RT0 系列，其型号的含义如下：

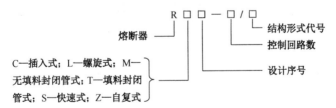

6.3.1　熔断器的种类

1. 瓷插式熔断器

瓷插式熔断器主要用于 380V 三相电路和 220V 单相电路做短路保护,其外形及结构如图 6-10 所示。

瓷插式熔断器主要由瓷座、瓷盖、静触点、动触点、熔丝等组成，瓷座中部有一个空腔，与瓷盖的凸出部分组成灭弧室。60A 以上的在空腔中垫有编织石棉层，加强灭弧功能。当电路短路时，大电流将熔断丝熔化，分断电路而起保护作用。它具有结构简单、价格低廉、熔断丝更换方便等优点，应用非常广泛。

2. 螺旋式熔断器

螺旋式熔断器用于交流 380V、电流 200A 以内的线路和用电设备作短路保护，其外形和结构如图 6-11 所示。

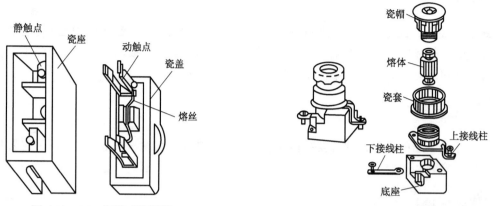

图 6-10　RC1 瓷插式熔断器　　　　　图 6-11　螺旋式熔断器

螺旋式熔断器主要由瓷帽、熔体（熔芯）、瓷套、上、下接线柱及底座等组成。熔芯内除装有熔丝外，还填有灭弧的石英砂。熔芯上盖中心装有标有红色的熔断指示器，当熔断丝熔断时，指示器脱出。因此，从瓷盖上的玻璃窗口可检查熔芯是否完好。

螺旋式熔断器具有体积小、结构紧凑、熔断快、分断能力强、熔丝更换方便、使用安全可靠、熔丝熔断后能自动指示等优点，在机床电路中广泛应用。

3. 无填料封闭管式熔断器

无填料封闭管式熔断器用于交流 380V、额定电流 1000A 以内的低压线路及成套配电设备做短路保护，其外形及结构如图 6-12 所示。

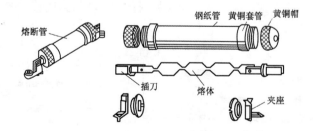

图 6-12　无填料封闭管式熔断器

无填料封闭管式熔断器主要由熔断管、夹座组成。熔断管内装有熔体，当大电流通过时，熔体在狭窄处被熔断，钢纸管在熔体熔断所产生的电弧的高温作用下，分解出大量气体，增大管内压力，起到灭弧作用。

这种熔断器具有分断能力强、保护特性好、熔丝更换方便等优点，但结构复杂、材料消耗大、价格较高。一般熔丝被熔断和拆换三次以后，就要更换新熔管。

4. 填料封闭管式熔断器

填料封闭管式熔断器主要由熔管、触刀、夹座、底座等部分组成，如图 6-13 所示。熔管内填满直径为 0.5～1.0mm 的石英砂，以加强灭弧功能。

填料封闭管式熔断器主要用于交流 380V、额定电流 1000A 以内的高短路电流的电力网络和配电装置中，作为电路、电机、变压器及其他设备的短路保护电器。它具有分断能力强、保护特性好、使用安全、有熔断指示等优点，但价格较高、熔体不能单独更换。

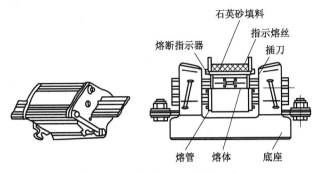

图 6-13　填料封闭管式熔断器

6.3.2　低压熔断器的使用

1. 低压熔断器的选择

选择熔断器主要应考虑熔断器的种类、额定电压、熔断器额定电流等级和熔体的额定电流。

① 熔断器的额定电压 U_N 应大于或等于线路的工作电压 U_L，即 $U_N \geqslant U_L$。

② 熔断器的额定电流 I_N 必须大于或等于所装熔体的额定电流 I_{RN}，即 $I_N \geqslant I_{RN}$。

③ 熔体额定电流 I_{RN} 的选择。

a. 当熔断器保护电阻性负载时，熔体的额定电流等于或稍大于电路的工作电流即可，即 $I_{RN} \geqslant I_L$。

b. 当熔断器保护一台电动机时，熔体的额定电流可按下式计算，即

$$I_{RN} \geqslant （1.5 \sim 2.5）I_N$$

式中　I_N——电动机的额定电流，轻载启动或启动时间短时，系数可取得小些，相反若重载启动或启动时间长时，系数可取得大一些。

c. 当熔断器保护多台电动机时，熔体的额定电流可按下式计算，即

$$I_{RN} \geqslant （1.5 \sim 2.5）I_{N（max）} + \sum I_N$$

式中　$I_{N（max）}$——容量最大的电动机额定电流；

　　　I_N——其余电动机额定电流之和。系数的选取方法同前面一样。

2. 低压熔断器的安装

① 安装前应检查熔断器的各项参数是否符合设计要求。

② 安装熔断器时必须在断电情况下操作。

③ 安装时熔断器必须完整无损，接触紧密可靠。

④ 熔断器应安装在线路各相线上，在三相四线制或三相三线制的中性线上严禁安装熔断器，单相二线制的中性线上应装熔断器。

3. 熔断器的常见故障及处理方法

熔断器的常见故障及处理方法见表 6-14。

表6-14 熔断器的常见故障及处理方法

故 障 现 象	故 障 原 因	处 理 方 法
电路接通瞬间，熔体熔断	1）熔体电流等级选择太小 2）负载侧短路或接地 3）熔体安装时受机械损伤	1）更换熔体 2）排除负载故障 3）更换熔体
熔体未见熔断，但电路不通	熔体或接线座接触不良	重新连接

4．使用低压熔断器的注意事项

① 品牌不清的熔丝不能使用。

② 不能用铜丝或铁丝代替熔丝。

③ 熔断器的插片接触要保持良好。如果发现插口处过热或触点变色，则说明插口处接触不良，应及时修复。

④ 更换熔体或熔管时，必须将电源断开，以免发生电弧烧伤。

⑤ 安装熔丝时，避免把它碰伤，也不要将螺钉拧得太紧，使熔丝扎伤。熔丝应顺时针方向弯过来，这样在拧紧螺钉时就会越拧越紧。熔丝只需弯一圈就可以，不要多弯。

⑥ 如果连接处的螺钉损坏而拧不紧，则应换新的螺钉。

⑦ 对于有指示器的熔断器，应经常注意检查。若发现熔体已烧断，应及时更换。

【问题研讨】——想一想

（1）简述瓷插式、螺旋式、填料封闭管式熔断器的基本结构及各部分的作用。

（2）如何选用熔断器？

（3）简述低压熔断器的安装方法及使用注意事项。

任务 6.4　交流接触器的拆装与检修

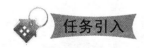

低压开关作为手动控制电器，在控制电路的通断时具有自身的局限性，如只能用于不频繁操作的场合，只能近距离手动控制，只能实现简单的控制作用等。在自动化程度更高、更复杂的控制要求下，经常采用一种典型的自动控制电器——接触器。

熟悉交流接触器的基本结构；理解其工作原理；掌握交流接触器的用途、规格型号、图形符号与文字符号，选用、安装、拆装及检修方法。

【相关知识】——学一学

6.4.1　交流接触器的结构和工作原理

接触器是一种电磁式自动开关，它通过电磁机构动作实现远距离频繁地接通和分断电路。按其触点通过电流种类不同，分为交流接触器和直流接触器两类。其中直流接触器用于直流电路中，它与交流接触器相比具有噪声低、寿命长、冲击小等优点，其组成、工作原理基本与交流接触器相同。接触器的优点是动作迅速、操作方便和便于远距离控制，所以广泛地应用于电动机、电热设备、小型发电机、电焊机和机床电路中。由于它只能接通和分断负荷电流，不具备短路和过载保护作用，故必须与熔断器、热继电器等保护电路配合使用。

常用的交流接触器有 CJ0、CJ10、CJ12 等系列产品，其型号的含义如下：

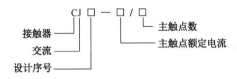

1．交流接触器的结构

交流接触器主要由电磁系统、触点系统、灭弧装置等部分组成，其结构图、原理图及符号如图 6-14 所示。

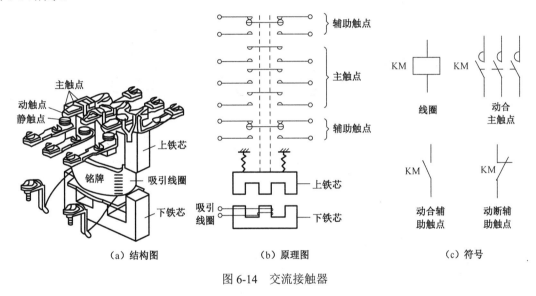

图 6-14　交流接触器

（1）电磁系统

交流接触器的电磁系统由线圈、静铁芯、动铁芯（衔铁）等组成，其作用是操纵触点的闭合与分断。

交流接触器的铁芯一般用硅钢片叠压铆成，以减少交变磁场在铁芯中产生的涡流及磁滞损耗，避免铁芯过热。为了减少接触器吸合时产生的振动和噪声，在铁芯上装有一个短路铜环（又称减振环），如图 6-15 所示。

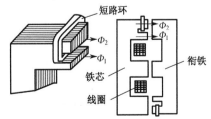

图 6-15　交流电磁铁的短路环

当线圈中通有交流电时，在铁芯中产生的是交变磁通，它对衔铁的吸引是按正弦规律变化的。当磁通经过零值时，铁芯对衔铁的吸力也为零，衔铁在弹簧的作用下有释放的趋势，使得衔铁不能被铁芯紧紧吸住，产生振动，发出噪音。同时这种振动使衔铁与铁芯容易磨损，造成触点接触不良。安装短路铜环后，它相当变压器的一个副绕组，当电磁线圈通入交流电时，线圈电流 i_1 产生磁通 Φ_1，短路环中产生感应电流 i_2 形成磁通 Φ_2，由于 i_1 与 i_2 的相位不同，

故 Φ_1 与 Φ_2 的相位也不同，即 Φ_1 与 Φ_2 不同时为零。这样，在磁通 Φ_1 过零时，Φ_2 不为零而产生吸力，吸住衔铁，使衔铁始终被铁芯吸牢，振动和噪音显著减小。

（2）触点系统

接触器的触点按功能不同分为主触点和辅助触点两类。主触点用于接通和分断电流较大的主电路，体积较大，一般由三对常开触点组成；辅助触点用于接通和分断小电流的控制电路，体积较小，有常开和常闭两种触点。如 CJ0—20 系列交流接触器有三对常开主触点、两对常开辅助触点和两点常闭辅助触点。为使触点导电性能良好，通常用紫铜制成。由于铜的表面容易氧化生成不良导体氧化铜，故一般都在触点的接触点部分镶上银块，使之接触电阻小，导电性能好，使用寿命长。

根据接触器触点形状的不同，可分为桥式触点和指形触点，其形状如图 6-16 所示。桥式触点分为点接触桥式和面接触桥式两种。如图 6-16（a）所示为两个点接触的桥式触点，适用于电流不大且压力小的地方，如辅助触点；如图 6-16（b）所示为两个面接触的桥式触点，适用于大电流的控制，如主触点；如图 6-16（c）所示为线接触指形触点，其接触区域为一直线，在触点闭合时产生滚动接触，适用于动作频繁、电流大的地方，如用作主触点。

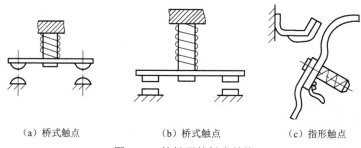

（a）桥式触点　　　　　（b）桥式触点　　　　　（c）指形触点

图 6-16　接触器的触点结构

为了使触点接触更紧密，减小接触电阻，消除开始接触时产生的有害振动，桥式触点或指形触点都安装有压力弹簧，随着触点的闭合加大触点间的压力。

（3）灭弧装置

交流接触器在分断大电流或高电压电路时，其动、静触点间气体在强电场作用下产生放电，形成电弧。电弧发光、发热，灼伤触点，并使电路切断时间延长，引发事故。因此，必须采取措施，使电弧迅速熄灭。在交流接触器中，常用的灭弧方法有以下几种。

① 电动力灭弧。利用触点分断时本身的电动力将电弧拉长，使电弧热量在拉长的过程中散发冷却而迅速熄灭，其原理如图 6-17 所示。

② 双断口灭弧。双断口灭弧方法是将整个电弧分成两段，同时利用上述电动力将电弧迅速熄灭。它适用于桥式触点，其原理如图 6-18 所示。

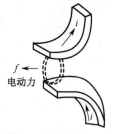

图 6-17　电动力灭弧

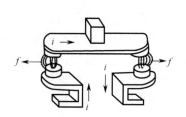

图 6-18　双断口灭弧

③ 纵缝灭弧。纵缝灭弧方法是采用一个纵缝灭弧装置来完成灭弧任务的，如图 6-19 所示。灭弧罩内有一条纵缝，下宽上窄。下宽便于放置触点，上窄有利于电弧压缩，并和灭弧室壁有很

好的接触。当触点分断时，电弧被外界磁场或电动力横吹而进入缝内，其热量传递给室壁而迅速冷却熄灭。

　　④ 栅片灭弧。栅片灭弧装置的结构及原理如图 6-20 所示，主要由灭弧栅和灭弧罩组成。灭弧栅用镀铜的薄铁片制成，各栅片之间互相绝缘。灭弧罩用陶土或石棉水泥制成。当触点分断电路时，在动触点与静触点间产生电弧，电弧产生磁场。由于薄铁片的磁阻比空气小得多，因此，电弧上部的磁通容易通过灭弧栅形成闭合磁路，使得电弧上部的磁通很稀疏，而下部的磁通则很密。这种上稀下密的磁场分布对电弧产生向上运动的力，将电弧拉到灭弧栅片当中。栅片将电弧分割成若干短弧，一方面使栅片间的电弧电压低于燃弧电压；另一方面，栅片将电弧的热量散发，使电弧迅速熄灭。

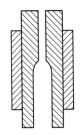

图 6-19　纵缝灭弧装置

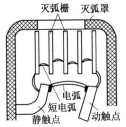

图 6-20　栅片灭弧装置

（4）其他部件

交流接触器除上述三个主要部分外，还包括反作用弹簧、复位弹簧、缓冲弹簧、触点压力弹簧、传动机构、接线柱、外壳等部件。

2．交流接触器的工作原理

当交流接触器的电磁线圈接通电源时，线圈电流产生磁场，使静铁芯产生足以克服弹簧反作用力的吸力，将动铁芯向下吸合，使常开主触点和常开辅助触点闭合，常闭辅助触点断开。主触点将主电路接通，辅助触点则接通或分断与之相连的控制电路。

当接触器线圈断电时，静铁芯吸力消失，动铁芯在反作用弹簧力的作用下复位，各触点也随之复位，将有关的主电路和控制电路分断。

6.4.2　交流接触器的选用、安装与检修

1．交流接触器的选用

交流接触器在选用时，其工作电压不低于被控制电路的最高电压，交流接触器主触点额定电流应大于被控制电路的最大工作电流。用交流接触器控制电动机时，电动机最大电流不应超过交流接触器额定电流允许值。用于控制可逆运转或频繁启动的电动机时，交流接触器要增大一至二级使用。

交流接触器电磁线圈的额定电压应与被控制辅助电路电压一致，对于简单电路，多用 380V 或 220V；在线路较复杂或有低压电源的场合或工作环境有特殊要求时，也可选用 36V、127V 等。

接触器触点的数量、种类等应满足控制线路的要求。

2．交流接触器的安装

（1）安装前检查

① 接触器的型号、规格、技术参数应符合要求。

② 各器件表面应清洁、平整，可动部分应灵活无阻滞现象，灭弧罩之间应有空隙。

③ 各触点接触应紧密，固定主触点的触点杆应固定可靠。

④ 各触点的动作应正确到位。

（2）安装固定的交流接触器的要求

安装固定交流接触器应符合如下要求：

① 交流接触器的工作环境要求清洁、干燥。

② 交流接触器应垂直安装在底板上，倾斜度不超过 5°，且安装固定牢靠，安装位置不得受到剧烈振动。

③ 连接线路时，导线排列应整齐规范。

④ 安装时应满足飞弧距离的要求，以免造成飞弧的相间短路或对地短路。

（3）安装后应进行下列检查

① 接线应正确。

② 主触点不带电情况下，启动线圈间断通电，主触点动作应正常，铁芯吸合后无异常响声。

3. 交流接触器的常见故障及排除方法

交流接触器的常见故障及处理方法见表 6-15。

表 6-15　交流接触器的常见故障及处理方法

故障现象	故障原因	处理方法
吸不上或吸力不足（触点闭合而铁芯未完全闭合）	1）电源电压过低 2）操作回路电源容量不足或断线、配线错误及控制触点接触不良 3）线圈参数及使用技术条件不符 4）接触器受损 5）触点弹簧压力与超程过大	1）调整电源电压至额定值 2）增加电源容量，更换线路，修理控制触点 3）更换线圈 4）更换线圈，排除机械故障，修理受损零件 5）按要求调整触点参数
不释放或释放缓慢	1）触点弹簧压力过小 2）触点熔焊 3）机械可动部分被卡住，转轴生锈或歪斜 4）反力弹簧损坏 5）铁芯极面有油污或灰尘 6）E 型铁芯使用寿命结束而使铁芯不释放	1）调整触点参数 2）排除熔焊故障，修理或更换触点 3）排除卡住现象，修理受损零件 4）更换反力弹簧 5）清理铁芯极面 6）更换铁芯
线圈过热或烧损	1）电源电压过高或过低 2）线圈参数与实际使用条件不符 3）交流操作频率过高 4）线圈接触不良或机械损伤、绝缘损坏 5）运动部分卡住 6）交流铁芯极面不平或中间气隙过大 7）使用环境条件特殊（高湿、高温等）	1）调整电源电压 2）调换线圈或接触器 3）调换合适的接触器 4）更换线圈，排除机械、绝缘损伤的故障 5）排除卡住故障 6）清除铁芯极面或更换铁芯 7）采用特殊设计的线圈
电磁噪声大	1）电源电压过低 2）触点弹簧压力过大 3）磁系统歪斜或机械卡住，使铁芯不能吸平 4）极面生锈或油污、灰尘等侵入铁芯极面 5）短路环断裂 6）铁芯极面磨损过度而不平	1）调整操作回路的电压至额定值 2）调整触点弹簧压力 3）排除歪斜或卡住现象 4）清除铁芯极面 5）更换短路环 6）更换铁芯

续表

故障现象	故障原因	处理方法
触点熔焊	1）操作频率过高或过载使用 2）负载侧短路 3）触点弹簧压力过小 4）触点表面有金属颗粒突起或异物 5）操作回路电压过低或机械卡住，致使吸合过程中有停滞现象，触点停在刚接触的位置上	1）调换合适的接触器 2）排除短路故障，更换触点 3）调整触点弹簧压力 4）清理触点表面 5）调整操作回路电压至额定值，排除机械卡住故障，使接触器吸合可靠
触点过热或灼伤	1）触点弹簧压力过小 2）触点的超程太小 3）触点表面不平或有油污，有金属颗粒突起 4）工作频率过高或电流过大，触点断开容量不够 5）铜触点用于长期工作制 6）环境温度过高或使用在密闭的控制箱中	1）调整触点弹簧压力 2）调整触点超程或更换触点 3）清理触点表面 4）调换容量较大的接触器 5）接触器降容使用 6）接触器降容使用
触点过度磨损	1）接触器选择不当，容量不足；较多密接操作，操作频率过高 2）三相触点动作不同步 3）负载侧短路	1）接触器降容使用或改用适于繁重任务的接触器 2）调至同步 3）排除短路故障，更换触点
相间短路	1）灰尘堆积或沾有水气、油污，使绝缘性能变坏 2）接触器零部件损坏（如灭弧室碎裂） 3）可逆转换的接触器联锁不可靠，由误操作使两台接触器同时投入运行造成相间短路；因接触器动作过快，转换时间短，在转换过程中发生电弧短路	1）经常清理，保持清洁 2）更换损坏零部件 3）检查电气联锁与机械联锁；在控制线路中加中间环节或调换动作时间长的接触器，延长可逆转换时间

【技能训练】——做一做

1. 训练内容

交流接触器的拆装与检测。

2. 训练要求

① 熟悉交流接触器的基本结构，了解各组成部分的作用。
② 掌握交流接触器的拆卸、组装方法，并能进行简单检测。
③ 学会用万用表检测交流接触器。

3. 器材与工具

交流接触器 1 只；常用电工组合工具 1 套；万用表 1 块。

4. 训练步骤

把一个交流接触器拆开，观察其内部结构，将拆卸步骤、主要零部件的名称及作用，各对触点动作前后的电阻值、各类触点的数量、线圈的数据等记录在表 6-16 中。然后，再将这个交流接触器组装还原。

表6-16　交流接触器的拆卸与检测记录

型　　号	容　量（A）		拆卸步骤	主要零部件	
				名　　称	作　　用
触点数量（副）					
主触点	辅助触点	常开触点	常闭触点		
触点电阻（Ω）					
常　开		常　闭			
动作前	动作后	动作前	动作后		
电磁线圈					
线径	匝数	工作电压（V）	直流电阻（Ω）		

5．注意事项

在拆装交流接触器时，要仔细，不要丢失零部件。

6．成绩评定

本项任务的评分标准见表6-8。

【问题研讨】——想一想

（1）交流接触器由哪几大部分组成？说明各部分的作用。

（2）简述交流接触器的工作原理。

（3）怎样选用交流接触器？

（4）安装固定交流接触器有什么要求？

（5）交流接触器有哪些常见故障？如何排除？

任务6.5　继电器的拆装与检修

任务引入

继电器是根据电流、电压、时间、温度和速度等信号来接通或分断小电流电路和电器的控制元件。它一般不直接控制主电路，而是通过接触器或其他电器对主电路进行控制。常用的继电器有热继电器、过电流继电器、欠电压继电器、时间继电器、速度继电器、中间继电器等。按作用它们可分为保护继电器和控制继电器两类。其中热继电器、过电流继电器、欠电压继电器属于保护继电器；时间继电器、速度继电器、中间继电器属于控制继电器。

任务目标

熟悉热继电器、时间继电器、中间继电器、过电流继电器、欠电压继电器、速度继电器的结构；理解他们的动作原理；掌握他们的用途、规格型号、图形符号与文字符号，选用、安装、拆装和检修方法。

【相关知识】——学一学

6.5.1 热继电器

热继电器的用途是对电动机和其他用电设备进行过载保护。与熔断器相比，它的动作速度更快，保护功能更为可靠。常用的热继电器有 JR0、JR2、JR16 等系列，其型号的含义如下：

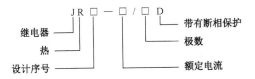

1. 热继电器的结构

热继电器的结构如图 6-21 所示，它由发热元件、触点、动作机构、复位按钮和整定电流装置五部分组成。

发热元件由双金属片及绕在双金属片外面的电阻丝组成，双金属片由两种热膨胀系数不同的金属片复合而成。使用时将电阻丝直接串联在异步电动机的电路上。

2. 热继电器的工作原理

当电路正常工作时，对应的负载电流流过发热元件产生的热量不足以使双金属片产生明显的弯曲变形；当设备过载时，负载电流增大，与它串联的发热元件产生的热量使双金属片产生弯曲变形，经过一段时间后，当弯曲程度达到一定幅度时，由导板推动杠杆，使热继电器的触点动作，其动断触点断开，动合触点闭合。

热继电器的整定电流，是指热继电器长期运行而不动作的最大电流。通常只要负载电流超过整定电流 1.2 倍，热继电器必须动作。整定电流的调整可通过旋转外壳上方的旋钮完成，旋钮上刻有整定电流标尺，作为调整时的依据。

3. 热继电器的选用

应根据保护对象、使用环境等条件选择相应的热继电器类型。

① 对于一般轻载启动、长期工作或间断长期工作的电动机，可选择两相保护式热继电器，当电源平衡性较差、工作环境恶劣或很少有人看守时，可选择三相保护式，对于三角形接线的电动机应选择带断相保护的热继电器。

② 额定电流或发热元件整定电流均应大于电动机或被保护电路的额定电流。当电动机启动时间不超过 5s 时，发热元件整定电流可以与电动机的额定电流相等。在电动机频繁启动、正反转、启动时间较长或带有冲击性负载等情况下，发热元件的整定电流值应为电动机额定电流的1.1～1.5 倍。

应注意：热继电器可以用作过载保护但不能用作短路保护；对于点动、重载启动、频繁正反转及带反接制动等运行的电动机，一般不宜采用热继电器作过载保护。

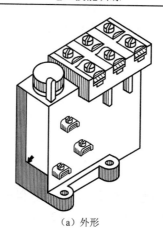

（a）外形

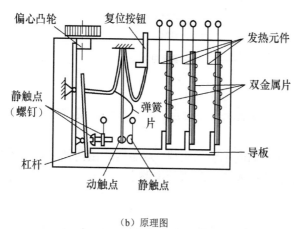

（b）原理图

（c）符号

图 6-21　热继电器

4. 热继电器的安装

① 接热继电器的导线线径应选用适当，过细会造成导热性能差而提前动作，过粗则会滞后动作。并应使连接紧密可靠。

② 安装前应检查热继电器是否完好，各可动作部分是否灵活，并清除触点表面污物。

③ 和其他电气设备安装在一起时，热继电器应安装在其他电器下方，以免受其发热的影响。整定电流装置的位置一般安装在右边，并保证在进行调整和复位时安全和方便。

5. 热继电器的常见故障及排除方法

热继电器的常见故障及处理方法见表 6-17。

表 6-17　热继电器的常见故障及处理方法

故 障 现 象	故 障 原 因	处 理 方 法
热继电器误动作	1）整定值偏小	1）合理调整整定值，如额定电流不符合要求应予更换
	2）电动机启动时间过长	2）从线路上采取措施，启动过程中使热继电器短接
	3）反复短时工作，操作频率过高	3）调换合适的热继电器
	4）强烈的冲击振动	4）选用带防冲击装置的专用热继电器
	5）连接导线太细	5）调换合适的连接导线

续表

故 障 现 象	故 障 原 因	处 理 方 法
热继电器不动作	1）整定值偏大 2）触点接触不良 3）发热元件烧断或脱落 4）运动部分卡住 5）导板脱出 6）连接导线太粗	1）合理调整整定值，如额定电流不符合要求应予更换 2）清理触点表面 3）更换热元件或补焊 4）排除卡住现象，但用户不得随意调整，以免造成动作特性变化 5）重新放入，推动几次看其动作是否灵活 6）调换合适的连接导线
发热元件烧断	1）负载侧短路，电流过大 2）反复短时工作，操作频率过高 3）机械故障，在启动过程中热继电器不能动作	1）检查电路，排除短路故障及更换发热元件 2）调换合适的热继电器 3）排除机械故障及更换发热元件

6.5.2 时间继电器

1. 时间继电器的种类及符号

时间继电器是一种利用电磁原理或机械原理来延迟触点闭合或分断的自动控制电器。它的种类很多，按其工作原理可分为电磁式、空气阻尼式、电子式、电动式；按延时方式可分为通电延时和断电延时两种。

如图 6-22 所示为时间继电器的图形和文字符号。通常时间继电器上有好几组辅助触点，分为瞬动触点、延时触点。延时触点又分为通电延时触点和断电延时触点。所谓瞬动触点即是指当时间继电器的感测机构接收到外界动作信号后，该触点立即动作（与接触器一样），而通电延时触点则是指当接收输入信号（例如线圈通电）后，要经过一定时间（延时时间）后，该触点才动作。断电延时触点，则在线圈断电后要经过一定时间后，该触点才恢复。

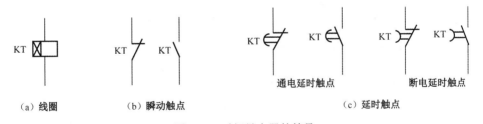

KT		KT KT	KT ⊢ KT	KT ⊢ KT
（a）线圈	（b）瞬动触点		通电延时触点 断电延时触点	
			（c）延时触点	

图 6-22 时间继电器的符号

2. 电子式时间继电器的特点及主要性能指标

电子式时间继电器具有体积小、延时范围大、精度高、寿命长以及调节方便等特点，目前在自动控制系统中的使用十分广泛。

以 JSZ3 系列电子式时间继电器为例。JSZ3 系列时间继电器是采用集成电路和专业制造技术生产的新型时间继电器，具有体积小、重量轻、延时范围广、抗干扰能力强、工作稳定可靠、精度高、延时范围宽、功耗低、外形美观、安装方便等特点，广泛应用于自动化控制中做延时控制之用。JSZ3 系列电子式时间继电器采用插座式结构，所有元件装在印制电路板上，用螺钉使之与插座紧固，再装上塑料罩壳组成本体部分，在罩壳顶部装有铭牌和整定电位器旋钮，并有动作指示灯。

其型号的含义如下：

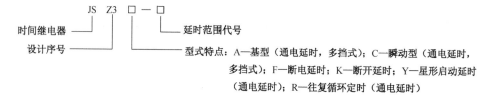

JSZ3A 型延时范围：0.5s/5s/30s/3min。

JSZ3 系列时间继电器的性能指标有：电源电压：AC50Hz，12V、24V、36V、110V、220V、380V；DC12V、24V 等；电寿命：$\geqslant 10 \times 10^4$ 次；机械寿命：$\geqslant 100 \times 10^4$ 次；触点容量：AC220V5A，DC220V0.5A；重复误差：小于 2.5%；功耗：$\leqslant 1W$；使用环境：$-15℃ \sim +40℃$。

JSZ3 系列时间继电器的接线如图 6-23 所示。

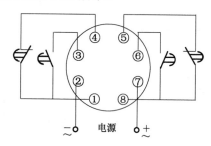

图 6-23　JSZ3 时间继电器接线图

电子式时间继电器在使用时，先预置所需延时时间，然后接通电源，此时红色发光管闪烁，表示计时开始。当达到所预置的时间时，延时触点实行转换，红色发光管停止闪烁，表示所设定的延时时间已到，从而实现定时控制。

3. 时间继电器的选用

① 应根据被控制线路的实际要求选择不同延时方式及延时时间、精度的时间继电器。

② 应根据被控制电路的电压等级选择电磁线圈的电压，使两者电压相符。

4. 时间继电器的常见故障及排除方法

时间继电器的常见故障及处理方法见表 6-18。

表 6-18　时间继电器的常见故障及处理方法

故 障 现 象	故 障 原 因	处 理 方 法
开机不工作	电源线接线不正确或断线	检查接线是否正确，可靠
延时时间到继电器不转换	1）继电器接线有误 2）电源电压过低 3）触点接触不良 4）继电器损坏	1）检查接线 2）调高电源电压 3）检查触点接触是否良好 4）更换继电器
烧坏产品	1）电源电压过高 2）接线错误	1）调低电源电压 2）检查接线

6.5.3　其他继电器

1. 中间继电器

中间继电器一般用来控制各种电磁线圈，使信号得到放大，或将信号同时传给几个控制元件，也可以代替接触器控制额定电流不超过 5A 的电动机控制系统。

　　常用的交流中间继电器有 JZ7 系列，直流中间继电器有 JZ12 系列，交、直流两用的中间继电器有 JZ8 系列，其型号的含义如下：

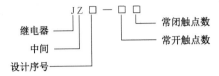

　　JZ7 系列中间继电器的外形结构与交流接触器类似，其符号如图 6-24 所示，它主要由线圈、静铁芯、动铁芯、触点系统、反作用弹簧及复位弹簧等组成。它有 8 对触点，可组成 4 对常开、4 对常闭，或 6 对常开、2 对常闭，或 8 对常开三种形式。

(a) 线圈　　　　　　　　(b) 动合触点　　　　　　　(c) 动断触点

图 6-24　JZ7 系列中间继电器的符号

　　中间继电器的工作原理与 CJ10－10 等小型交流接触器基本相同，只是它的触点没有主、辅之分，每对触点允许通过的电流大小相同。它的触点容量与接触器辅助触点差不多，其额定电流一般为 5A。

　　选用中间继电器，主要依据控制电路的电压等级，同时还要考虑所需触点数量、种类及容量是否满足控制线路的要求。

2. 过电流继电器

　　电流继电器可分为过电流继电器和欠电流继电器。过电流继电器主要用于频繁、重载启动的场合，作为电动机的过载和短路保护。常用的过电流继电器有 JT4、JL12 及 JL14 等系列，其型号的含义如下：

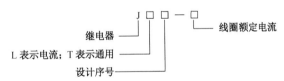

　　JT4 系列过电流继电器为交流通用继电器，即加上不同的线圈或阻尼圈后便可作为电流继电器、电压继电器或中间继电器使用。JT4 系列过电流继电器的外形结构和动作原理图如图 6-25 所示，它由线圈、圆柱静铁芯、衔铁、触点系统及反作用弹簧等组成。

　　过电流继电器的线圈串接在主电路中，当通过线圈的电流为额定值时，它所产生的电磁吸力不足以克服反作用弹簧力，常闭触点保持闭合状态；当通过线圈的电流超过整定值后，电磁吸力大于反作用弹簧力，铁芯吸引衔铁使常闭触点分断，切断控制回路，使负载得到保护。调节反作用弹簧力，可整定继电器动作电流。这种过电流继电器是瞬时动作的，常用于桥式起重机电路中。为避免它在启动电流较大的情况下误动作，通常把动作电流整定在启动电流的 1.1～1.3 倍，只能用做短路保护。

　　JL12 系列过电流继电器主要用于线绕式异步电动机或直流电动机的过电流保护，它具有过载、启动延时和过流迅速动作的保护特性。

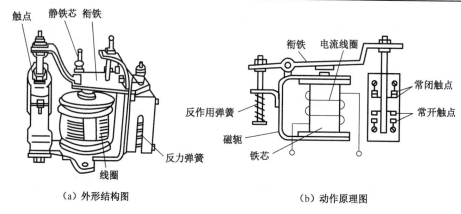

（a）外形结构图　　　　　　　　　　　　（b）动作原理图

图 6-25　JT4 系列过电流继电器的外形结构及动作原理图

在选用过电流继电器保护小容量直流电动机和线绕式异步电动机时，其线圈的额定电流一般可按电动机长期工作额定电流来选择；对于频繁启动的电动机的保护，继电器线圈的额定电流可选大一组。考虑到动作误差，并加上一定余量，过电流继电器的整定电流值可按电动机最大工作电流来整定。

3．欠电压继电器

欠电压继电器又称为零电压继电器，可用作交流电路的欠电压或零电压保护。常用的有 JT4P 系列，其型号的含义如下：

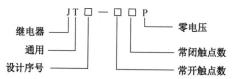

JT4P 系列欠电压继电器的外形结构及动作原理与 JT4 过电流继电器类似，不同点是欠电压继电器的线圈匝数多、导线细、阻抗大，可直接并联在两相电源上。

选用欠电压继电器时，主要根据电源电压、控制线路所需触点的种类和数量来选择。

4．速度继电器

速度继电器又称为反接制动继电器，它的作用是与接触器配合，实现对电动机的反接制动。机床控制线路中常用的速度继电器有 JY1、JFZ0 系列。

① JY1 系列速度继电器的结构。JY1 系列速度继电器的外形及结构如图 6-26 所示，它主要由永久磁铁制成的转子、用硅钢片叠成的铸有笼形绕组的定子、支架、胶木摆杆和触点系统等组成，其中转子与被控电动机的转轴相连接。

② JY1 系列速度继电器的工作原理。由于速度继电器与被控电动机同轴连接，当电动机制动时，由于惯性，它要继续旋转，从而带动速度继电器的转子一起转动。该转子的旋转磁场在速度继电器定子绕组中感应出电动势和电流，由左手定则可以确定。此时，定子受到与转子转向相同的电磁转矩的作用，使定子和转子沿着同一方向转动。定子上固定的胶木摆杆也随着转动，推动簧片（端部有动触点）与静触点闭合（按轴的转动方向而定）。静触点又起挡块作用，限制胶木摆杆继续转动。因此，转子转动时，定子只能转过一个不大的角度。当转子转速接近于零（低于 100r/min）时，胶木摆杆恢复原来状态，触点断开，切断电动机的反接制动电路。

速度继电器的动作转速一般不低于 300r/min，复位转速约在 100r/min 以下。使用时，应将速度继电器的转子与被控制电动机同轴连接，而将其触点（一般用常开触点）串联在控制电路中，通过控制接触器来实现反接制动。

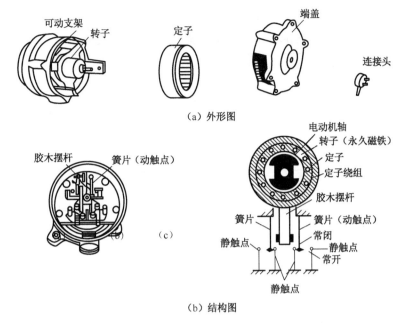

（a）外形图

（b）结构图

图 6-26 JY1 系列速度继电器的外形图及结构图

【技能训练】——做一做

1．训练内容

热继电器与时间继电器的拆装与检测。

2．训练要求

① 熟悉热继电器和时间继电器的基本结构，了解各组成部分的作用。
② 掌握热继电器、时间继电器的拆卸、组装方法，并能进行简单检测。
③ 学会用万用表检测热继电器、时间继电器。

3．器材与工具

热继电器 1 只；电子式时间继电器 1 只；常用电工工具 1 套；万用表 1 块。

4．训练步骤

① 把一个热继电器拆开，观察其内部结构，用万用表测量各发热元件的电阻值，将零部件的名称、作用及有关电阻值记录在表 6-19 中，然后再将热继电器组装还原。

表 6-19 热继电器的结构与测量记录

型　　号		极　　数	主要零部件	
			名　　称	作　　用
热元件电阻（Ω）				
L₁ 相	L₂ 相	L₃ 相		
整定电流调整值（A）				

② 观察电子式时间继电器的结构，用万用表测量线圈的电阻值，将主要零部件的名称、作用、触点数量及种类记录在表 6-20 中。

表 6-20　电子式时间继电器结构与测量记录

型　　号	线圈电阻（Ω）	主要零部件	
		名　　称	作　　用
常开触点数（副）	常闭触点数（副）		
延时触点数（副）	瞬时触点数（副）		
延时断开触点数（副）	延时闭合触点数（副）		

5．注意事项

在拆装电器时，要仔细，不要丢失零部件。

6．成绩评定

本项任务的评分标准见表 6-8。

【问题研讨】——想一想

（1）简述热继电器的主要结构和工作原理。为什么热继电器不能对电路进行短路保护？怎样选用热继电器？热继电器有哪些常见故障？如何排除？

（2）电子式时间继电器有什么特点？怎样选用电子式时间继电器？电子式时间继电器有哪些常见故障？如何排除？

（3）速度继电器主要由哪几部分组成？试简述其工作原理。它在什么情况下使用？

（4）中间继电器在电路中主要起什么作用？

项目 7 继电器—接触器基本控制线路的装配与检修

 项目内容

电气控制线路图根据生产机械运动形式和电力拖动的特点对电气控制系统的要求，采用国家统一规定的电气控制线路图形符号，按照电气设备和电器的工作顺序，详细表示电路、设备或成套装置的全部基本组成和连接关系。电气控制线路图能充分表达电气设备和电器的用途、作用和工作原理，是电气控制线路安装、测试和维修的理论依据。在生产实践中，由于各种生产机械的工作性质和加工工艺的不同，使得它们对电动机的控制不同，需用的电器类型和数量不同，构成的控制线路也就不同，有的比较简单，有的则相当复杂。但所有复杂的控制线路都是由一些基本控制线路组合起来的。电动机常见的继电器—接触器基本控制线路有：点动、长动、正反转、位置、顺序、多地、降压启动、调速和制动控制线路等。本项目的主要内容有：

◆ 继电器—接触器控制线路的绘制与识读方法。
◆ 三相异步电动机继电器—接触器基本控制线路的安装步骤及要求。
◆ 三相异步电动机继电器—接触器基本控制线路的装配与检修。

 项目目标

◆ 能正确地绘制和熟练地识读继电器—接触器控制线路图。
◆ 掌握三相异步电动机继电器—接触器控制线路的安装步骤及要求。
◆ 理解三相异步电动机继电器—接触器基本控制线路的工作原理。
◆ 掌握三相异步电动机继电器—接触器基本控制线路的装配及故障检修的方法。

任务 7.1 继电器—接触器控制线路基础知识

 任务引入

由按钮、继电器、接触器等低压电器组成的电气控制线路，具有线路简单、价格低廉、易于掌握、维修方便等许多优点，在各种生产机械的电气控制领域中，一直有着广泛的应用。正确地绘制和熟练地识读电气控制线路图、了解电动机继电器—接触器控制线路的安装步骤及要求，是电气工程人员应具备的基本能力。

任务目标

熟悉三相异步电动机继电器—接触器控制系统中电气原理图、电器元件布置图及安装接线图的画法；能正确地绘制电气原理图；熟练地识读电气控制线路图；掌握三相异步电动机电气控制线路的安装步骤及要求、故障线路的检修方法。

任务实施

【相关知识】——*学一学*

7.1.1　继电器—接触器电气控制线路图的绘制与识读

1．电气控制线路图的基本知识

（1）电气控制线路图的种类和特点

对生产机械的控制可以采用机械、电气、液压和气动等方式来实现。现代化生产机械大多都以三相异步电动机作为动力，采用继电器—接触器组成的电气控制系统进行控制。电气控制线路主要根据生产工艺的要求，以电动机或其他执行器为控制对象。

继电器—接触器控制系统是由继电器、接触器、电动机及其他电器元件，按一定的要求和方式连接起来，实现电气自动控制的系统。

电气控制系统图（简称电气控制线路图）是用各种电气符号、图线来表示电气系统中各种电气装置、电气设备和电器元件之间的相互关系，阐述线路图的工作原理，描述电气产品的构成和功能，指导各种电气设备电气控制线路的安装接线、运行、维护和管理的工程语言。

电气控制线路图一般可分为：电气系统图和框图、电气原理图、电器元件布置图、电气安装接线图、功能图、电器元件明细表等。电气控制线路图的种类较多，常见的分类及特点见表 7-1。

表 7-1　电气控制线路图的分类和特点

电气控制线路图的种类	各类电气控制线路图的特点
系统图或框图	是指表示系统、分系统、装置、部件、设备和软件中各项目之间主要关系和连接的简图，通常用单线表示法绘制而成。 主要用于表明系统的规模、整体方案、组成情况及主要特性等
电气原理图	根据国家和有关部门制定的标准，采用国家统一的电气图形符号和文字符号，按照电气设备和电器的工作顺序，详细表示电路、设备或成套装置的全部基本组成和连接关系，而不考虑电气设备或电器元件的实际位置的一种简图。 电气原理图能充分地表达电气设备和电器元件的用途、作用和工作原理，是电气控制线路安装、调试和维修的理论依据
元器件布置图	根据电器元件在控制板上的实际位置，采用简化的外形符号（如正方形、矩形、圆形等）而绘制的一种简图。它不表示各电器元件的具体结构、作用、接线情况及工作原理。 主要用于电器元件的布置和安装。图中各电器元件的文字符号必须与电气原理和接线图的标注一致。
接线图	根据电气设备和电器元件的实际位置和安装情况绘制，只用来表示电气设备和电器元件的位置、配线方式和接线方式，而不明显表示电气动作原理。 主要用于安装接线、线路的检查维修和故障处理。 接线图有时又包含布置图
电器元件明细表	将成套装置、设备中的元器件（包括电动机）的名称、型号、规格、数量列成表格。 主要用于准备材料及维修

（2）电气控制线路图的主要表达方式、描述对象和组成

① 电气控制线路图的主要表达方式。电气控制线路图的主要表达方式是一种简图，它并不严格按照几何尺寸和绝对位置测绘，而是用规定标准符号和文字表示系统或设备的组成及相互关系。

② 电气控制线路图的主要描述对象。电气控制线路图的主要描述对象是电器元件和连接线。连接线可用单线法和多线法表示，两种表示方法在同一张图上可以混用。电器元件在图中可以采用集中表示法、半集中表示法、分开表示法来表示。集中表示法是把一个元件的各组成部分的图形符号绘在一起的方法；分开表示法是将同一元件的各组成部分分开布置，有些可以画在主电路，有些画在控制回路；半集中表示法介于上述两种方法之间，在图中将一个元件的某些部分的图形符号分开绘制，并用虚线表示其相互关系。

在绘制电气控制线路图时，一般采用线条有实线、虚线、点划线和双点划线。线宽的规格有：0.18mm、0.25mm、0.35mm、0.5mm、0.7mm、1.0mm、1.4mm、2.0mm。

绘制图线时还要注意：图线采用两种宽度，粗对细之比应不小于 2：1，平行线之间的最小距离不小于粗线宽度的 2 倍，建议不小于 0.7mm。

③ 电气控制线路图的组成。一个电气控制系统图是由各种电器元件组成的，在表示元器件的构成、功能或电气接线时，没有必要也不可能一一画出各种元器件的外形结构，通常是用一种简单的图形符号表示的。同时，为了区分作用不同的同一类型电器，还必须在符号旁标注不同的文字符号以区别其名称、功能、状态、特征及安装位置等。因此，通过图形符号和文字符号，就能使用人们一看就知道它是不同用途的电器。

（3）电气控制线路图的图形符号和文字符号

为了与各国科学技术领域开展交流与借鉴，促进我国电气技术的发展，参照 IEC（国际电工委员会）、TC3（图形符号委员会）等国际组织颁布的技术标准，我国先后制定了 28 个电气制图标准，以利于在电工技术方面与国际接轨。其中包括识图和画图使用的电气设备图形符号和文字符号标准。

① 图形符号、文字符号。在电气控制系统图中，各种电器元件的图形符号和文字符号必须符合国家标准的统一要求。为了便于加强国内与国际间的技术交流，国家标准局修订并颁布了GB/T4728.3—2005《电气简图用图形符号》和 GB/T7159-1987《电气技术中的文字符号制定通则》。国家标准中规定的图形符号基本上与国际电工委员会（IEC）发布的有关标准相同。图形符号由符号要素、限定符号、一般符号以及常用的非电操作控制的动作符号（如机械控制符号等），根据不同的具体器件情况组合构成，国家标准除给出各类电器元件的符号要求、限定符号和一般符号外，还给出了部分常用图形符号及组合图形符号示例。因为国家标准中给出的图形符号例子有限，实际使用中可通过已规定的图形符号适当组合进行派生。

② 线路和接线端子的标记。线路采用字母、数字、符号及其组合标记。接线端子标记是指用以连接器件和外部导电部件的标记。电气控制线路图中各电器的接线端子用字母、数字、符号标记，符合国家标准 GB/T4026-1983《人机界面标志标识的基本方法和安全规则——设备端子和特定导体终端标识及字母数字系统的应用通则》的规定。

三相交流电源和中性线采用 L1、L2、L3、N 标记。直流系统的电源正、负、中间线分别用 L＋、L－、M 标记。保护接地线用 PE 标记，接地线用 E 标记。

连接在电源开关后的三相交流电源主电路分别按 U、V、W 顺序标记。分级三相交流电源主电路采用三相文字代号 U、V、W 前加阿拉伯数字 1、2、3 等来标记，如 1U、1V、1W 及 2U、

2V、2W 等。

各电动机分支电路的各接点标记，采用三相文字代号后面加数字下角来表示，数字中的个位数表示电动机代号，十位数表示该支路各接点的代号，从上到下按数字大小顺序标记。如 U11 表示 M 电动机第一相的第一个接点代号，U21 为第一相的第二个接点代号，依次类推。

控制电路采用阿拉伯数字编号，一般由三位或三位以下的数字组成。标记方法按"等电位"原则进行。在垂直绘制电路中，标号顺序一般由上而下编号，凡被线圈、绕组、触点或电阻、电容元件所隔的线段，都应标以不同的线路标记。

2. 电气原理图绘制与识读

电气原理图是根据电气控制线路的工作原理绘制的，具有结构简单、层次分明、便于研究和分析线路工作原理的特征。在电气原理图中只包括电器元件的导电部件和接线端之间的相互关系，并不按照电器元件的实际位置来绘制，也不反映电器元件的大小。其作用是便于详细了解控制系统的工作原理，指导系统或设备的安装、调试与维修。适用于分析研究电路的工作原理，是绘制其他电气控制图的依据，所以在设计部门和生产现场获得广泛应用。电气原理图是电气控制系统图中最重要的图形之一，也是识图的难点和重点。

（1）电气原理图的绘制原则

以如图 7-1 所示的电气原理图为例介绍电气原理图的绘制原则、方法以及注意事项。

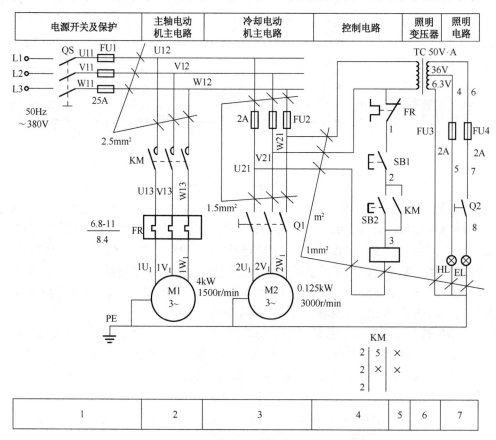

图 7-1　CW6132 型车床控制系统的电气原理图

① 电气原理图一般分电源电路、主电路、控制电路和辅助电路四部分绘制。

a. 电源电路画成水平线，三相交流电源相序 L1、L2、L3 自上而下依次画出，中线 N 和保护地线 PE 依次画在相线之下。直流电源的"＋"端画在上边,"－"端在下边画出,电源开关要水平画出。

　　b. 主电路是指用电的动力装置及控制、保护电器的支路等,它是由主熔断器、接触器的主触点、热继电器的热元件以及电动机组成。主电路通过的电流是电动机的工作电流,电流较大,主电路图要画在电路图的左侧并垂直电源电路。

　　c. 控制电路是控制主电路工作状态的电路,辅助电路包括显示主电路工作状态的指示电路和提供机床设备局部照明的照明电路等。它们是由主令电器的触点、接触器的线圈及辅助触点、继电器的线圈及触点、指示灯和照明灯等组成。辅助电路通过的电流都较小,一般不超过 5A。画控制电路和辅助电路图时,控制电路和辅助电路要跨接在两相电源线之间,一般按照控制电路、指示电路和照明电路的顺序依次垂直画在主电路的右侧,且电路中与下边电源线相连的耗能元件(如接触器、继电器的线圈、指示灯、照明灯等)要画在电路图的下方,而电器的触点要画在耗能元件与上边电源线之间。为读图方便,一般应按照自左至右、自上而下的排列来表示操作顺序。

　　② 电气原理图中,各电器的触点位置都按电路未通电或电器未受外力作用时的常态位置画出。分析原理图时,应从触点的常态位置出发。

　　③ 电气原理图中,不画各电器元件实际的外形图,而采用国家统一规定的电气控制线路图形符号画出。使触点动作的外力方向必须是:当图形垂直放置时从左到右,即垂线左侧的触点为动合触点,垂线右侧的触点为动断触点;当图形水平放置时为从下到上,即水平线下方的触点为动合触点,水平线上方的触点为动断触点。

　　④ 电气原理图中,同一电器的各元件不按它们的实际位置画在一起,而是按其在线路中所起的作用分别画在不同电路中,但它们的动作却是相互关联的,因此,必须标明相同的文字符号。若图中相同的电器较多时,需要在电器文字符号的后面加注不同的数字,以示区别,如 KM1、KM2 等。

　　⑤ 电器元件应按功能布置,并尽可能地按工作顺序,其布局应该是从上到下、从左到右。电路垂直时,类似项目宜横向对齐;水平布置时,类似项目应纵向对齐。例如,电气原理图中的线圈属于类似项目,由于线路采用垂直布置,所以接触器的线圈应横向对齐。

　　⑥ 画电气原理图时,应尽可能减少线条和避免线条交叉。对于需要测试和拆接的外部引线的端子,采用"空心圆"表示;有直接电联系的导线连接点,用"实心圆"表示;无直接电联系的导线交叉点不画黑圆点。

　　⑦ 电路图采用电路编号法,即对电路中的各个接点用字母或数字编号。

　　a. 主电路在电源开关的出线端按相序依次编号为:U11、V11、W11。然后按从上至下、从左至右的顺序,每经过一个电器元件后,编号要递增,如 U12、V12、W12;U13、V13、W13…。单台三相交流电动机的三根引出线按相序依次编号为:U、V、W,对于多台电动机引出线的编号,为了不致引起误解和混淆,可在字母前用不同的数字加以区别,如 1U、1V、1W;2U、2V、2W…。

　　b. 控制电路和辅助电路编号按"等电位"原则从上至下、从左至右的顺序用数字依次编号,每经过一个电器元件后,编号要依次递增。控制电路编号的起始数字必须是 1,其他辅助电路编号的起始数字依次递增 100,如照明电路编号从 101 开始;指示电路编号从 201 开始等。

（2）图幅分区和符号位置的索引

① 图幅分区。为了便于确定图上的内容，也为了在用图时查找图中各项目的位置，往往需要将图幅分区。图幅分区的方法是：在图的边框处，竖边方向用大写英文字母，横边方向用阿拉伯数字，编号顺序应从左上角开始，应按照图的复杂程度选分区的个数。建议组成分区的长方形的任何边长不小于 25mm、不大于 75mm。图区编号一般在图的下面；每个电路的功能，一般在图的顶部标明。图幅分区以后，相当于在图上立了一个坐标系。项目和连接线的位置可用如下方式表示：用行的代号（英文字母）表示；用列的代号（阿拉伯数字）表示；用区的代号表示（区的代号为字母和数字的组合，且字母在左、数字在右）。

② 符号位置的索引。符号位置采用图号、页次和图区编号的组合索引法，索引代号的组成如下：

$$\Box \;/\; \Box \;\cdot\; \Box$$

　　图号　　页次　　图区号（行号、列号）

当某图号仅有一页图样时，只写图号和图区的行、列号；在只有一个图号时，则图号可省略。而元件的相关触点只出现在一张图样时，只标出图区号。

在电气原理图中，接触器和继电器线圈与触点的从属关系应用附图表示。即在电气原理图相应线圈的下方，给出触点的文字符号，并在其下面注明相应触点的索引代号，对未使用的触点用"×"标明（或不作标明），有时也可采用省去触点图形符号的表示法。

对接触器、附图中各栏表示的含义如下：

KM		
左栏	中栏	右栏
主触点所在图区号	辅助常开触点所在图区号	辅助常闭触点所在图区号

KM		
4	6	×
4	×	×
5		

继电器、附图中各栏的含义如下：

KA、KT	
中栏	右栏
常开触点所在图区号	常闭触点所在图区号

KA	
9	×
13	8
×	×
×	×

（3）电气原理图中技术数据的标注

电器元件的技术数据，除在电器元件明细表中标明外，也可用小号字体标注在电器代号下面。如图 7-1 所示，FU1 的额定电流标注为 25A。

（4）电气原理图的识读方法

一般设备的电气原理图可分为：主电路（或主回路）、控制电路和辅助电路。

在读电气原理图之前，先要了解被控对象对电力拖动的要求；了解被控对象有哪些运动部件以及这些部件是怎样动作的，各种运动之间是否有相互制约的关系；熟悉电路图的制图规则及电气器件的图形符号。

读电气原理图时先从主电路开始，掌握电路中电器的动作规律，根据主电路的动作要求再看与此相关的电路，一般步骤如下。

① 看本设备所用的电源。一般设备多用三相电源（380V、50Hz），也有用直流电源的设备。

② 分析主电路有几台电动机，分清它们的用途、类别（笼型、绕线式异步电动机、直流电动机或同步电动机）。

③ 分清各台电动机的动作要求，如启动方式、转动方式、调速及制动方式，各台电动机之间是否有相互制约的关系。

④ 了解主电路中所用的控制电器及保护电器。前者是指除常规接触之外的控制元件，如电源开关（转换开关及断路器）、万能转换开关。后者是指短路及过载保护器件，如空气断路器中的电磁脱扣器及热过载脱扣器的规格，熔断器及过电流继电器等器件的用途及规格。

一般在了解了主电路的上述内容后就可阅读和分析控制电路、辅助电路了。由于存在着各种不同类型的生产机械，它们对电力拖动也就提出了各式各样的要求，表现在电路图上有各种不同的控制及辅助电路。

分析控制电路时，应首先分析控制电路的电源电压。一般生产机械，如仅有一台或较少电动机拖动的设备，其控制电路较简单。为减少电源种类，控制电路的电压也常采用 380V，可直接由主电路引入。对于采用多台电动机拖动且控制要求又比较复杂的生产设备，控制电压采用 110V或 220V，此时的交流控制电压应由隔离变压器供给。然后了解控制电路中所采用的各种继电器、接触器的用途，如采用了一些特殊结构的控制电器时，还应了解它们的动作原理。只有这样，才能理解它们在电路中如何动作和具有何种用途。

控制电路总是按动作顺序画在两条垂直或水平的直线之间。因此，也就可从左到右或从上而下地进行分析。对于较复杂的控制电路，还可将它分成几个功能模块来分析。如启动部分、制动部分、循环部分等。对控制电路的分析就必须随时结合主电路的动作要求来进行；只有全面了解主电路对控制电路的要求后，才能真正掌握控制电路的动作原理。不可孤立地看待各部分的动作原理，而应注意各个动作之间是否有相互制约的关系，如电动机正反转之间设有机械或电气互锁等。

辅助电路一般比较简单，通常它包含照明和信号部分。信号灯是指示生产机械动作状态的，工作过程中可使用操作者随时观察，掌握各运动部件的状况，判别工作是否正常。通常以绿色或白色灯指示正常工作，以红色灯指示出现故障。

3．绘制、识读电气安装接线图时应遵循的原则

① 电气安装接线图中一般标示出如下内容：电气设备和电器元件的相对位置、文字符号、端子号、导线号、导线类型、导线截面积、屏蔽和导线绞合等。

② 所有的电气设备和电器元件都按其所在的实际位置绘制在图样上，且同一电器的各元件根据其实际结构，使用与电气原理图相同的图形符号画在一起，并用点画线框上，其文字符号及接线端子的编号应与电气原理图中的标注一致，以便对照检查接线。

③ 接线图中的导线有单根导线、导线组（或线扎）、电缆等之分，可用连接线和中断线来表示。凡导线走向相同的可以合并，用线束来表示，到达接线端子板或电器元件的连接点时再分别画出。在用线束来表示导线组、电缆等时可用加粗的线条表示，在不引起误解的情况下也可采用部分加粗。另外，导线及管子的型号、根数和规格应标注清楚。如图 7-2 所示为三相异步电动机的点动控制线路的安装接线图。

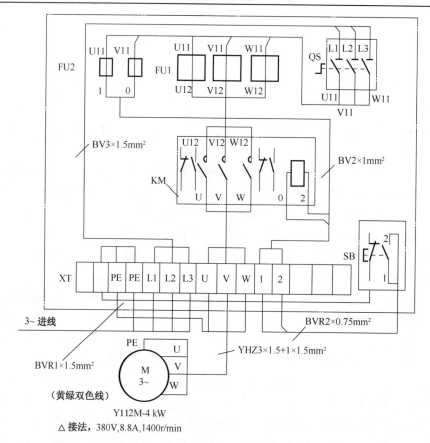

图 7-2 三相电动机点动控制安装接线图

7.1.2 继电器—接触器控制线路安装的步骤

1．按元件明细表配齐电器元件，并进行检验

按照图纸清理出元器件清单，按所需型号、规格配齐元器件，并进行检查，不合格的必须更换。所有电气控制器件，至少应具有制造厂的名称或商标或索引号、工作电压性质和数值等标志。若工作电压标志在操作线圈上，则应使装在器件线圈的标志显而易见。

2．布局、安装元器件

按照图纸元器件的编号顺序，将所用元器件安装在控制板上或控制箱内适当位置，在明显的地方贴上编号。

3．布线

（1）选用导线

① 导线的类型。硬线只能用在固定安装的不动部件之间，且导线的截面积应不小于 $0.5mm^2$，在其余场合则应采用软线。

② 导线的绝缘。导线必须绝缘良好，并应具有抗化学腐蚀的能力。

③ 导线的截面积。在必须能承受正常条件下流过的最大电流的同时，还应考虑到线路中允许的电压降、导线的机械强度，以及要与线芯相配合。

（2）敷线方法

所有导线从一个端子到另一个端子的走线必须是连续的，中间不得有接点；对明露导线必须做到平直、整齐、直线合理等要求。

（3）接线方法

所有导线的连接必须牢固、不得松动。导线与端子的接线，一般是一个端子只连接一根导线。有些端子不适合连接软导线时，可在导线端头上采用针形、叉形等冷压接线头。

（4）导线的标志

① 导线的颜色标志。保护线（PE）必须采用黄绿双色，动力电路的中线性（N）和中间线（M）必须是浅蓝色，交流或直流动力电路应采用黑色，交流控制电路采用红色，直流控制电路采用蓝色，与保护导线连接的电路采用白色。

② 导线的线号标志。导线线号的标志应与原理图和接线图相符。在每一根连接导线的线头上必须套上标有线号的套管，位置应接近端子处。线号的编制方法应符合国家有关标准。

（5）控制箱（板）内部配线方法

一般采用能从正面修改配线的方法，如板前线槽配线或板前明线配线，较少采用板后配线的方法。

4．通电前检查

通电前检查的项目有：各个元器件的代号、标志是否与原理图上的一致，是否齐全；各个安全保护措施是否可靠；控制电路是否满足原理图所要求的功能；各个电器元件安装是否正确和牢靠；各个接线端子是否连接牢固；布线是否符合要求、整齐；各个按钮、信号灯罩、光标按钮和各种电路绝缘导线的颜色是否符合要求；保护电路电线连接是否正确、牢固可靠；电气绝缘电阻是否符合要求等。

5．通电试验

通电前应检查所接电源是否符合要求。通电后应先点动，验证电气设备的各个部分的工作是否正确和操作顺序是否正常。然后在正常负载下连续运行，验证电气设备所有部分运行的正确性。同时要验证全部器件的温升不得超过规定的允许温升。

7.1.3　继电器—接触器控制线路故障检修

电动机控制线路的故障一般可分为自然故障和人为故障两类。自然故障是由于电气设备运行过载、振动或金属屑、油污侵入等原因引起，造成电气绝缘下降、触点熔焊和接触不良，散热条件恶化，甚至发生接地或短路。人为故障是由于在维修电气故障时没有找到真正的原因，基本概念不清，或操作不当，不合理地更换元件或改动线路，或者在安装线路时布线错误等原因引起的。

电气控制线路的形式很复杂，它的故障常常和机械系统交错在一起，难以分辨。这就要求首先要弄懂原理，并应掌握正确的检修方法。每个电气控制线路，往往由若干个电气基本单元组成，每个基本单元控制环节由若干电器元件组成，而每个电器元件又由若干零件组成。但故障往往只是由于某个或某几个电器元件、部件或接线有问题而产生的。因此，只要善于学习，善于总结经验，找出规律，掌握正确的检修方法，就一定能迅速准确地排除故障。

1. 继电器—接触器控制线路故障检修步骤

① 找出故障现象。

② 根据故障现象，依据原理图找出故障发生的部位或回路，并尽可能地缩小故障范围，在故障部位或回路找出故障点。

③ 根据故障点的不同情况，采用正确的检修方法排除故障。

④ 通电空载校验或局部空载校验。

⑤ 正常运行。

2. 继电器—接触器控制线路故障的检查和分析方法

常用的电气控制线路的故障检查和分析方法：调查研究法、试验法、逻辑分析法和测量法等几种。在一般情况下，调查研究法能帮助找出故障现象；试验法不仅能找出故障现象，而且还能找出故障部位或故障回路；逻辑分析法是缩小故障范围的有效方法；测量法是找出故障点的基本、可靠和有效的方法。

（1）调查研究法

当工业机械发生电气故障后，切忌盲目随便动手检修。在检修前，通过问、看、听、摸来了解故障前后的操作情况和故障发生后出现的异常现象，以便根据故障现象判断出故障发生的部位，进而准确地排除故障。

① 问：询问操作者故障前后电路和设备的运行状况及故障发生前后的症状，如故障是经常发生还是偶尔发生；是否有响声、冒烟、火花、异常振动等征兆；故障发生前有无切削力过大和频繁地启动、停止、制动等情况；有无经过保养检修或改动线路等。

② 看：察看故障发生前是否有明显的外观征兆，如各种信号；有指示装置的熔断器的情况；保护电器脱扣动作；接线脱落；触点烧蚀或熔焊；线圈过热烧毁等。

③ 听：在线路还能运行和不扩大故障范围、不损坏设备的前提下，可通电试车，细听电动机、接触器和继电器等电器的声音是否正常。

④ 摸：在刚切断电源后，尽快触摸检查电动机、变压器、电磁线圈及熔断器等，看是否有过热现象。

（2）试验法

在不损伤电气、机械设备的条件下，可进行通电试验。一般可先试验各控制环节的动作程序，若发现某一电器动作不符合要求，即说明故障范围在与此电器有关的电路中。然后在这一部分故障电路中进一步检查，便可找出故障点。

（3）逻辑分析法

逻辑分析法是根据电气控制线路工作原理，控制环节的动作程序，以及它们之间的联系，结合故障现象作具体的分析，迅速地缩小检查范围，然后判断故障所在。逻辑分析是一种以准为前提、以快为目的的检查方法。它更适用于对复杂线路的故障检查。在使用时，应根据原理图，对故障现象作具体分析，在划出可疑范围后，再借鉴试验法，对与故障回路有关的其他控制环节进行控制，就可排除公共支路部分的故障，使貌似复杂的问题变得清晰，从而提高检修的针对性，可以收到准而快的效果。

（4）测量法

测量法是维修电工工作中用来准确确定故障点的一种行之有效的检查方法。常用的测试工具和仪表有校验灯、测电笔、万用表、钳形电流表、兆欧表等，主要通过对电路进行带电或断电时的有关参数，如电压、电阻、电流等的测量，来判断电器元件的好坏、设备的绝缘情况以及线路的通断情况。随着科学技术的发展，测量手段也在不断地更新。

在用测量法检查故障点时，一定要保证各种测量工具和仪表完好，使用方法正确，还要注意防止感应电、回路电及其他并联支路的影响，以免产生误判断。下面介绍几种常见的用测量法确定故障点的方法。

① 电压分阶测量法。测量检查时，首先把万用表的转换开关置于交流电压 500V 的挡位上，然后按如图 7-3 所示的方法进行测量。断开主电路，接通控制电路的电源。若按下启动按钮 SB1 时，接触器 KM 不吸合，则说明控制电路有故障。

检测时，需要两人配合进行。一人先用万用表测量 0 和 1 两点之间的电压，若电压为 380V，则说明控制电路的电源电压正常。然后由另一人按下 SB1 不放，一人把黑表笔接到 0 点上，红表笔依次接到 2、3、4 各点上，分别测量出 0—2、0—3、0—4 两点间的电压。根据其测量结果即可找出故障点，见表 7-2。

表 7-2　电压分阶测量法查找故障点

故 障 现 象	测 量 状 态	0—2	0—3	0—4	故 障 点
按下 SB1，KM 不吸合	按下 SB1 不放	0	0	0	FR 的常闭触点接触不良
		380V	0	0	SB2 的常闭触点接触不良
		380V	380V	0	SB1 的接触不良
		380V	380V	380V	KM 的线圈断路

这种测量方法像下（或上）台阶一样依次测量电压，所以叫电压分阶测量法。

② 电阻分阶测量法。测量检查时，首先把万用表的转换开关置于倍率适当的电阻挡，然后按如图 7-4 的所示方法进行测量。断开主电路，接通控制电路电源。若按下启动按钮 SB1 时，接触器 KM 不吸合，则说明控制电路有故障。

检测时，首先切断控制电路电源（这点与电压分阶测量法不同），然后一人按下 SB1 不放，另一人用万用表依次测量 0—1、0—2、0—3、0—4 各两点之间的电阻值，根据测量结果可找出故障点，见表 7-3。

表 7-3　电阻分阶测量法查找故障点

故 障 现 象	测 量 状 态	0—1	0—2	0—3	0—4	故 障 点
按下 SB1，KM 不吸合	按下 SB1 不放	∞	R	R	R	FR 的常闭触点接触不良
		∞	∞	R	R	SB2 的接触不良
		∞	∞	∞	R	SB1 的接触不良
		∞	∞	∞	∞	KM 的线圈断路

注：R 为 KM 线圈电阻值。

③ 电压分段测量法。首先把万用表的转换开关置于交流电压 500V 的挡位上，然后按如下方法进行测量。先用万用表测量如图 7-5 所示的 0—1 两点间的电压，若为 380V，则说明电源电压正常。然后一人按下启动按钮 SB2，若接触器 KM1 不吸合，则说明电路有故障。这时另一人可用万用表的红、黑两根表笔逐段测量相邻两点 1—2、2—3、3—4、4—5、5—6、6—0 之间的电压，根据其测量结果即可找出故障点，见表 7-4。

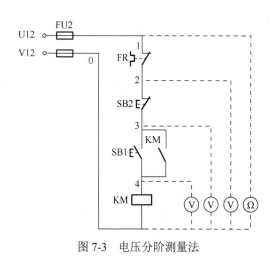

图 7-3　电压分阶测量法

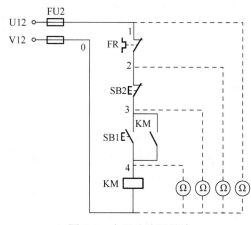

图 7-4　电阻分阶测量法

表 7-4　电压分段测量法查找故障点

故 障 现 象	测 量 状 态	1—2	2—3	3—4	4—5	5—6	6—0	故 障 点
按下 SB1，KM1 不吸合	按下 SB1 不放	380V	0	0	0	0	0	FR 的常闭触点接触不良
		0	380V	0	0	0	0	SB1 的触点接触不良
		0	0	380V	0	0	0	SB2 的触点接触不良
		0	0	0	380V	0	0	KM2 的常闭触点接触不良
		0	0	0	0	380V	0	SQ 常闭触点接触不良
		0	0	0	0	0	380V	KM1 的线圈断路

④ 电阻分段测量法。测量检查时，首先切断电源，然后把万用表的转换开关置于倍率适当的电阻挡，并逐段测量如图 7-6 所示相邻号点 1—2、2—3、3—4（测量时由一人按下 SB2）、4—5、5—6、6—0 之间的电阻。如果测得某两点间电阻值很大（∞），即说明该两点间接触不良或导线断路，见表 7-5。

表 7-5　电阻分段测量法查找故障点

故 障 现 象	测 量 点	电 阻 值	故 障 点
按下 SB1，KM1 不吸合	1—2	∞	FR 的常闭触点接触不良或误动作
	2—3	∞	SB1 的常闭触点接触不良
	3—4	∞	SB2 的常开触点接触不良
	4—5	∞	KM2 的常闭触点接触不良
	5—6	∞	SQ 的常闭触点接触不良
	6—0	∞	KM1 的线圈断路

电阻分段测量法的优点是安全，缺点是测量电阻值不准确时，易造成判断错误，为此应注意以下几点：

a. 用电阻测量法检查故障时，一定要先切断电源。

b. 所测量电路若与其他电路并联，必须将该电路与其他电路断开，否则所测电阻值不准确。

c. 测量高电阻电器元件时，要将万用表的电阻挡转换到适当的挡位。

⑤ 短接法。机床电气设备的常见故障为断路故障，如导线断路、虚连、虚焊、触点接触不良、熔断器熔断等。对这类故障有一种更为简便可靠的方法，就是短接法。检查时，用一根绝缘

良好的导线，将所怀疑的断路部位短接，若短接到某处电路接通，则说明该处断路。短接法分为局部短接法和长短接法。

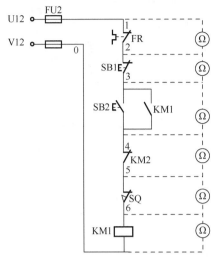

图 7-5 电压分段测量法

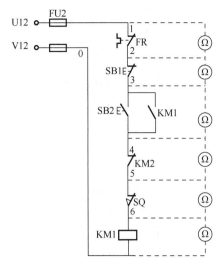

图 7-6 电阻分段测量法

a. 局部短接法。检查前，先用万用表测量如图 7-7 所示的 1—0 两点间的电压，若电压正常，可一人按下启动按钮 SB2 不放，然后另一人用一根绝缘良好的导线，分别短接标号相邻的两点 1—2、2—3、3—4、4—5、5—6（注意不要短接 6—0 两点，否则会造成短路故障），当短接到某两点时，接触器 KM1 吸合，即说明断路故障就在该两点之间，见表 7-6。

表 7-6 局部短接法查找故障点

故　障　现　象	短接点标号	KM1 动作	故　障　点
按下 SB1，KM1 不吸合	1—2	KM1 吸合	FR 常闭触点接触不良或误动作
	2—3	KM1 吸合	SB1 的常闭触点接触不良
	3—4	KM1 吸合	SB2 的常开触点接触不良
	4—5	KM1 吸合	KM2 的常闭触点接触不良
	5—6	KM1 吸合	SQ 的常闭触点接触不良

b. 长短接法。长短接法是指一次短接两个或多个触点来检查故障的方法。如图 7-8 所示，当 FR 的常闭触点和 SB1 的常闭触点同时接触不良时，若用局部短接法短接，如 1—2 两点，按下 SB2，KM1 仍不能吸合，则可能造成判断错误。而用长短接法将 1—6 两点短接，如果 KM1 吸合，则说明 1—6 这段电路上有断路故障，然后再用局部短接法逐段找出故障点。

长短接法的另一个作用是可把故障点缩小到一个较小的范围。例如，第一次先短接 3—6 两点，KM1 不吸合；再短接 1—3 两点，KM1 吸合，说明故障在 1—3 范围内。可见，如果长短接法和局部短接法能结合使用，很快就可找出故障点。

用短接法检查故障时必须注意以下几点：第一，用短接法检测时，是用手拿绝缘导线带电操作的，所以一定要注意安全，避免触电事故。第二，短接法只适用于查找压降极小的导线及触点之类的断路故障。对于压降较大的电器，如电阻、线圈、绕组等断路故障，不能采用短接法，否则会出现短路故障。第三，对于工业机械的某些要害部位，必须在保证电气设备或机械部件不会出现事故的情况下，才能使用短接法。

总之，电动机控制线路的故障不是千篇一律的，即使是同一种故障现象，发生的部位也不一定相同。所以在采用故障检修的一般步骤和方法时，不要生搬硬套，而应按不同的故障情况灵活处理，力求迅速准确地找出故障点，判明故障原因，及时正确排除故障。

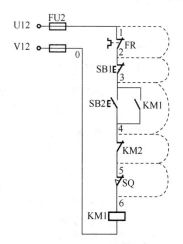

图 7-7　局部短接法

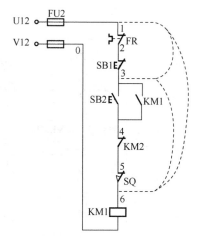

图 7-8　长短接法

【技能训练】——做一做

1．训练内容

电气控制线路图的绘制与识读。

2．训练要求

（1）绘制电气控制线路图的要求

① 在两张 A4 纸上分别绘制如图 7-1 所示的 CW6132 型车床控制系统的电气原理图和如图 7-2 所示的三相异步电动机点动控制线路安装接线图。

② 绘制的图样要求比例美观，标注明确，电气符号与图线标示正确，图幅与 A4 纸张相匹配。

（2）对绘制的电路图进行识读

识图要求如下：

① 写出所绘制图样的图形符号与文字符号，并将结果填入表 7-7 中。

表 7-7　图形符号与文字符号

序　号	名　称	图 形 符 号	文 字 符 号	作　用

② 写出电器元件的购置清单及咨询电器元件的市场价格，填入表 7-8 中。

表 7-8　电器元件的市场价格表

序　号	名　称	规格/型号	单　价	品　牌	厂家或商家名称

3. 成绩评定

本项任务的评分标准见表 7-9。

表 7-9 电气控制线路图的绘制与识读的考核评分标准

项 目 内 容	配 分	扣 分 标 准	扣 分	得 分
电气控制线路图的绘制	50 分	1）图样比例不恰当，整体不美观，扣 20 分 1）图形符号、文字符号不符合国家标准，每个扣 10 分 2）电源电路绘制不规范，扣 5 分 3）主电路绘制不规范，每处扣 20 分 4）控制线路、辅助电路绘制不规范，每处扣 5 分 5）同类电器元件没有有效区分，每个扣 10 分 6）电路每个接点的字母或数字编号不规范，每处扣 5 分		
电气控制线路图的识读	50 分	1）元器件少列，每个扣 5 分 2）元器件符号不规范，每个扣 5 分 3）元器件作用不准确，每个扣 5 分 4）元器件清单少列、规格型号不确切，每个扣 5 分 5）元器件价格不确切，厂家或商家不明确，每个扣 5 分		
总评：				

（注：各项内容中扣分总值不超过各项内容所配分数）

【问题研讨】——想一想

（1）电气控制线路图的种类及各自特点。

（2）电气控制原理图的绘制原则与识读方法。

（3）简述继电器—接触器控制线路安装步骤、故障检修步骤、故障检查和分析方法。

任务 7.2 三相异步电动机单向启动控制电路的装配与检修

 任务引入

在启动三相异步电动机时，对于功率较小的三相异步电动机，可以采用直接启动（三相异步电动机的直接启动也称全压启动，就是将额定电压直接加到电动机的定子绕组使电动机启动），对于较大功率的三相异步电动机，需要采用降压启动。

 任务目标

理解三相异步电动机的点动控制、单向长动控制、点动与长动混合控制、多地控制线路、星形—三角形降压启动控制线路的工作原理；学会正确地安装这些控制线路，初步具有调试和检修控制线路的能力。

 任务实施

【相关知识】——学一学

用接触器和按钮来控制电动机的启停，用热继电器作电动机过载保护，这就是继电器—接触

器控制的最基本电路。但工业用的生产机械，其动作是多种多样的，继电器——接触器控制线路也是多种多样的，各种控制线路只不过是在基本电路基础上，根据生产机械要求，适当增加一些电气设备罢了。

生产中常遇到如下一些环节（基本电路）：点动控制，单向长动控制，电动机正、反转互锁控制，多地控制，时间控制等。这些控制环节也称为典型控制环节。一台比较复杂的设备，它的控制线路常包括几个典型环节，掌握这些典型环节，对阅读、应用和设计控制线路是至关重要的。

7.2.1　三相异步电动机单向直接启动控制线路

1. 点动控制线路

生产机械不仅需要连续运转，有的生产机械还需要点动运行，还有的生产机械要求用点动运行来完成调整工作。

所谓点动控制就是按下按钮时电动机通电运转，松开按钮时电动机断电停止的控制方式。

如图 7-9 所示为电动机点动控制的线路图，主电路由刀开关 QS、熔断器 FU、交流接触器 KM 主触点及电动机组成，控制电路由按钮 SB 和接触器 KM 线圈组成。其接线图如图 7-2 所示。

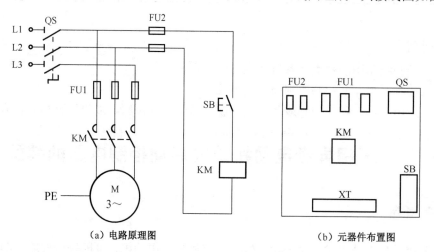

（a）电路原理图　　　　　　　　　　（b）元器件布置图

图 7-9　电动机点动控制线路图

电动机点动控制线路的工作原理为：合上刀开关 QS，接通三相电源，按下点动按钮 SB，接触器 KM 线圈通电，接触器衔铁被吸合，使 KM 动合主触点闭合，电动机接通电源启动运转。松开按钮 SB，接触器 KM 线圈失电，主触点恢复到常开状态（复位），电动机因失电而停转。

可见，电动机的启停全靠按钮，按下按钮就转，松开按钮就停，所以叫点动。按钮 SB 的按下时间长短直接决定了电动机接通电源的运转时间长短。

点动环节在工业生产中应用颇多，如电动葫芦，机床工作台的上、下移动等。

2. 长动控制线路

前面介绍的点动控制电路不便于电动机长时间动作，所以不能满足许多需要连续工作的状况。电动机的连续运转也称为长动控制，是相对点动控制而言的，它是指在按下启动按钮启动电动机后，松开按钮，电动机仍然能够通电连续运转。实现长动控制的关键是在启动电路中增设了"自锁"环节。用按钮和接触器组成的单向长动控制线路原理图和元件布置图如图 7-10 所示，其安装接线图如图 7-11 所示。

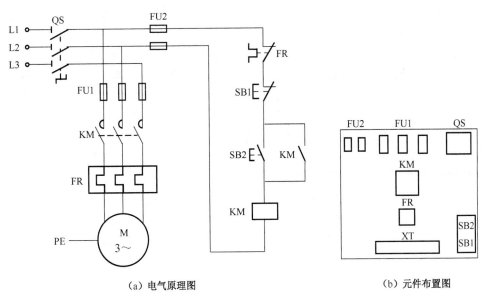

（a）电气原理图　　　　　　　　　　　　　　　（b）元件布置图

图 7-10　三相异步电动机单向长动控制原理图和元件布置图

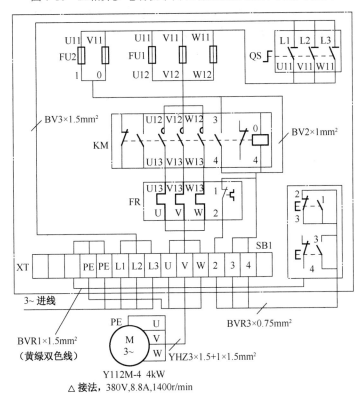

图 7-11　电动机长动控制接线图

　　该电路由刀开关 QS，熔断器 FU1、FU2，接触器 KM，热继电器 FR 和按钮 SB1、SB2 等组成。其中由 QS、FU1、KM 主触点、FR 发热元件与电动机 M 构成主电路。由停止按钮 SB1、启动按钮 SB2、KM 常开辅助触点、KM 线圈、FR 常闭触点及 FU2 构成控制电路。

　　电动机启动时，合上电源开关 QS，接通整个控制线路电源。按下启动按钮 SB2 后，其常开触点闭合，接触器 KM 线圈通电吸合，KM 常开主触点与并接在启动按钮 SB2 两端的常开辅助触点同时闭合，前者使电动机接入三相交流电源启动旋转；后者使 KM 线圈经 SB2 常开触点与接触器 KM 自身的常开辅助触点两路供电而吸合。松开启动按钮 SB2 时，虽然 SB2 一路已断开，但 KM 线圈仍通过自身常开辅助触点这一通路而保持通电，从而确保电动机继续运转。这种依靠接触器自身辅助触点而使其线圈保持通电的方式，称为接触器自锁，也叫电气自锁。这对起自锁作用的常开辅助触点称为自锁触点，这段电路称为自锁电路。

要使电动机停止运转，可按下停止按钮 SB1，接触器 KM 线圈断电释放，KM 的常开主触点、常开辅助触点均断开，切断电动机主电路和控制电路，电动机停止转动。当手松开停止按钮后，SB1 的常闭触点在复位弹簧作用下，虽又恢复到原来的常闭状态，但原来闭合的 KM 自锁触点早已随着接触器 KM 线圈断电而断开，接触器已不再依靠自锁触点通电了。由此可见，点动控制与长动控制的根本区别在于电动机控制电路中有无自锁电路。再者，从主电路上看，电动机连续运转电路应装有热继电器以作长期过载保护，对于点动控制线路则可不接热继电器。

电路的保护环节。熔断器 FU1、FU2 分别为主电路、控制电路的短路保护。热继电器 FR 作为电动机的长期过载保护。这是由于热继电器的热惯性较大，只有当电动机长期过载时 FR 才动作。使串接在控制电路中的 FR 常闭触点断开，切断 KM 线圈电路，使接触器 KM 断电释放，主电路 KM 三对常开主触点断开，电动机断电停止转动，实现对电动机的过载保护。

电路的欠电压与失电压保护。这一保护是依靠接触器自身的电磁机构来实现的。当电源电压降低到一定值时或电源断电时，接触器电磁机构反力大于电磁吸力，接触器衔铁释放，常开触点断开，电动机停止转动，而当电源电压恢复正常或重新供电时，接触器线圈均不会自行通电吸合，只有在操作人员再次按下启动按钮之后，电动机才能重新启动。这样，一方面防止电动机在电压严重下降时仍低压运行而烧毁电动机。另一方面防止电源电压恢复时，电动机自行启动旋转，造成设备和人身事故的发生。

3. 既能点动又能长动的控制线路

在实际生产过程中，电动机控制线路往往是既需要能实现点动控制也需要能实现连续控制的。如图 7-12 所示为常见的既可实现点动控制又可实现连续控制的控制线路。

工作原理：如图 7-12（a）所示，点动控制与连续运转控制由手动开关 SA 进行选择。当 SA 断开时自锁电路断开，成为点动控制，工作原理与任务一中点动控制线路工作原理相同。当 SA 闭合时，由于自锁电路接入成为连续控制，工作原理与本任务中长动控制线路工作原理相同。

如图 7-12（b）所示，增加了一个中间继电器 KA。按下点动按钮 SB3，接触器线圈通电，主电路中 KM 主触点闭合，三相异步电动机通电运转，松开 SB3，KM 线圈断电，其主触点断开，电动机断电停转。按下长动按钮 SB2，中间继电器 KA 线圈通电，其两对常开触点都闭合，其中一对闭合实现自锁，另一对闭合，接通接触器 KM 线圈支路，使 KM 线圈通电，主电路 KM 主触点闭合，电动机启动旋转。此时，按下停止按钮 SB1，KA、KM 线圈都断电，触点均恢复到初始状态，电动机断电停止。

如图 7-12（c）所示，增加了一个复合按钮 SB3。将 SB3 的常闭触点串接在接触器自锁电路中，其常开触点与连续运转启动按钮 SB2 常开触点并联，使 SB3 成为点动控制按钮。当按下 SB3 时，其常闭触点先断开，切断自锁电路，常开触点后闭合，接触器 KM 线圈通电并吸合，主触点闭合，电动机启动旋转。当松开 SB3 时，它的常开触点先恢复断开，KM 线圈断电并释放，KM 主触点及与 SB3 常闭触点串联的常开辅助触点都断开，电动机停止旋转。SB3 常闭触点恢复闭合，这时也无法接通自锁电路，KM 线圈无法通电，电动机也无法运转。电动机需连续运转时，可按下连续运转启动按钮 SB2，停机时按下停止按钮 SB1，便可实现电动机的连续运转启动和停止控制。

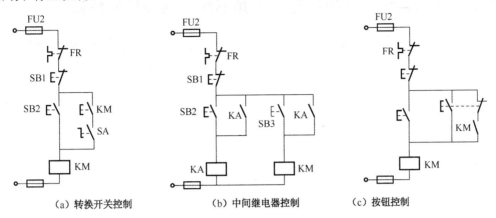

图 7-12 电动机既能点动又能长动控制线路

4. 多地控制线路

所谓多地控制，是指能够在两个或多个不同的地方对同一台电动机的动作进行控制。

在一些大型机床设备中，为了工作人员操作方便，经常采用多地控制方式，在机床的不同位置各安装一套启动和停止按钮。如万能铣床控制主轴电动机启动、停止的两套按钮，分别装在床身上和升降台上。

如图 7-13 所示为常见的两地控制具有过载保护的接触器自锁三相异步电动机控制线路，图中 SB11、SB12 为安装在甲地的启动按钮和停止按钮；SB21、SB22 为安装在乙地的启动按钮和停止按钮。

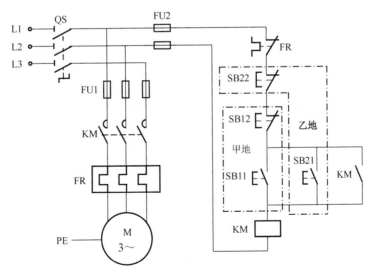

图 7-13 电动机单向连续旋转两地控制线路电气原理图

启动时，合上电源开关 QS，按下启动按钮 SB11 或 SB21，接触器 KM 线圈通电，主电路中 KM 三对常开主触点闭合，三相异步电动机 M 通电运转，控制电路中 KM 自锁触点闭合，实现自锁，保证电动机连续运转。

停止时，按下停止按钮 SB12 或 SB22，接触器 KM 线圈断电，主电路中 KM 三对常开主触点恢复断开，三相异步电动机 M 断电停止运转，控制电路中 KM 自锁触点恢复断开，解除自锁。

7.2.2　三相异步电动机星形—三角形降压启动控制线路

三相异步电动机降压启动控制线路有许多种，本任务学习由时间继电器控制的星形—三角形（简记为"丫—△"）降压启动控制线路，如图 7-14 所示。图中 KM1 为电源接触器，KM2 为定子绕组星形连接接触器，KM3 为定子绕组三角形连接接触器。

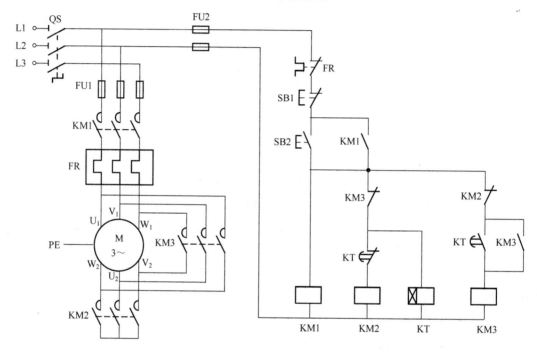

图 7-14　时间继电器控制丫—△降压启动控制线路电气原理图

电动机启动时，合上电源开关 QS，接通整个控制电路电源。其控制过程为：按下启动按钮 SB2→KM1、KM2、KT 线圈同时通电→KM1 辅助触点吸合自锁，KM1 主触点吸合，接通三相交流电源；KM2 主触点吸合将电动机三相定子绕组尾端短接，电动机星形启动；KM2 的常闭辅助触点（联锁触点）断开对 KM3 线圈联锁，使 KM2 线圈不能得电；KT 按设定的丫形降压启动时间工作→电动机转速上升至一定值（接近额定转速）时，时间继电器 KT 的延时时间结束→KT 延时断开的常闭触点断开，KM2 断电，KM2 主触点恢复断开，电动机断开星形接法；KM2 常闭辅助触点（联锁触点）恢复闭合，为 KM3 通电做好准备→KT 延时闭合的常开触点闭合，KM3 线圈通电自锁，KM3 主触点将电动机三相定子绕组首、尾端顺次连接成三角形，电动机接成三角形全压运行。同时 KM3 的常闭辅助触点（联锁触点）断开，使 KM2 和 KT 线圈都断电。

停止时，按下停止按钮 SB1→KM1、KM3 线圈断电→KM1 主触点断开，切断电动机的三相交流电源，KM1 自锁触点恢复断开解除自锁，电动机断电停转；KM3 常开主触点恢复断开，解除电动机三相定子绕组的三角形接法，为电动机下次星形启动做准备，KM3 自锁触点恢复断开解除自锁，KM3 常闭辅助触点（联锁触点）恢复闭合，为下次星形启动 KM2、KT 线圈通电做准备。

此电路中时间继电器的延时时间可根据电动机启动时间的长短进行调整，设备较少，接线较简单。但由于启动时间的长短与负载大小有关，负载越大，启动时间越长。对负载经常变化的电动机，若对启动时间控制要求较高时，需要经常调整时间继电器的整定值，就显得很不方便。此电路适合控制功率为 13kW 以上的大容量异步电动机。

【技能训练】——做一做

1．训练内容

三相异步电动机点动控制、单向长动控制、两地控制、丫—△降压启动控制线路的装配与检修。

2．训练要求

① 正确地绘制三相异步电动机的点动、单向长动控制、既能点动又能长动控制、两地控制、丫—△降压启动控制线路图。

② 合理地在配电板上布局电器元件，并牢固地安装电器元件。

③ 学会装配三相异步电动机的点动、单向长动控制、既能点动又能长动、两地控制 丫—△降压启动控制线路。

④ 学会继电器—接触器控制线路常见故障的分析与检修。

3．器材与工具

控制线路板 1 块；自动空气开关、热继电器各 1 只；交流接触器 3 只；按钮 2 只；时间继电器 1 只；熔断器 2 组；三相笼式异步电动机 1 台；导线、紧固体及编码套管若干；兆欧表、钳形电流表、万用表各 1 块；电工工具 1 套。

4．训练指导

（1）控制线路的装配方法与步骤

基本操作步骤为：选择电器元件及导线→设备及电器元件检查→固定安装元器件→布线→安装电动机并接线→连接电源→自检→交验→通电试车。

① 电器元件检查。配齐所有电器元件，并进行检验。

a．电器元件的技术数据（如型号、规格、额定电压、额定电流等）应完整并符合要求，外观无损伤，备件、附件齐全完好。

b．电器元件的电磁机构动作是否灵活，有无衔铁卡阻等不正常现象。用万用表检查电磁线圈的通断情况以及各触点的分、合情况。

c．接触器线圈额定电压与电源电压是否一致。

d．对电动机的质量进行常规检查。

② 根据元件布置图固定元器件。在控制板（网孔板）上按布置图安装电器元件，并贴上醒目的文字符号。安装元器件的工艺要求如下：

a．自动空气开关、熔断器的受电端子安装在网孔板的外侧，便于手动操作。

b．各元器件间距合理，便于元器件的检修和更换。

c．紧固各元器件时应用力均匀，紧固程度适当。可用手轻摇，以确保其稳固。

③ 画出安装接线图。

④ 先进行主电路配线，再进行控制电路配线。板前明线布线的工艺要求如下：

a．布线通道要尽可能减少。主电路、控制电路要分类清晰，同一类线路要单层密排，紧贴安装板面布线。

b. 同一平面内的导线要尽量避免交叉。当必须交叉时，布线线路要清晰，便于识别。布线应横平竖直，走线改变方向时，应垂直转向。

c. 布线一般按照先主电路，后控制电路的顺序。主电路和控制电路要尽量分开。

d. 导线与接线端子或接线柱连接时，应不压绝缘层、不反圈及不露铜过长，并做到同一元件、同一回路的不同接点的导线间距离保持一致。

e. 一个电器元件接线端子上的连接导线不得超过两根。每节接线端子板上的连接导线一般只允许连接一根。

f. 布线时，严禁损伤线芯和导线绝缘，不在控制线路板（网孔板）上的电器元件，要从端子排上引出。布线时，要确保连接牢靠，用手轻拉不会脱落或断开。

⑤ 根据电气原理图及安装接线图，检验控制线路板内部布线的正确性。

⑥ 安装电动机，可靠连接电动机和各电器元件金属外壳的保护接地线。

⑦ 连接电源、电动机等控制板（网孔板）外部的导线。

⑧ 自检。控制线路接好线后，必须经过认真检查后，才允许通电试车，以防止接错、漏接造成不能正常运转和短路事故。

a. 按电路图或接线图从电源端开始，逐段核对连线是否正确，连接点是否符合要求。

b. 用万用表进行检查时，应选用电阻挡的适当倍率，并进行校零，以防错漏短路故障。校验控制电路时，可将表笔分别搭在连接控制电路的两根电源线的接线端上，读数应为"∞"；按下点动按钮 SB 时，读数应为接触器线圈的直流电阻阻值。

c. 检查主电路时，可以用手动来代替接触器受电线圈励磁吸合时的情况。

d. 用兆欧表检查电路的绝缘电阻应不得小于 $1M\Omega$。

⑨ 交验。检查无误后可通电试车，试车前应检查与通电试车有关的电气设备是否有不安全的因素存在，若检查出应立即整改，然后方能试车。在试车时，要认真执行安全操作规程的有关规定，一人监护，一人操作。

⑩ 通电试车前，必须经过指导老师的许可，并由指导老师接通三相电源 L1、L2、L3，同时在现场监护。

a. 合上电源开关 QS 后，用验电笔检查熔断器出线端，氖管亮说明电源接通。按下启动按钮，观察接触器情况是否正常，是否符合功能要求，观察元器件动作是否灵活，有无卡阻及噪音过大等现象，观察电动机运行是否正常，观察中若有异常现象应立即停车。当电动机运转平稳后，用钳形电流表测量三相电流是否平衡。

b. 通电试车完毕，停转，切断电源。先拆除三相电源线，再拆除其他接线。

（2）电气控制线路故障的检修

① 故障设置。在控制电路或主电路中人为设置两处故障点。

② 教师示范检修。教师进行示范检修时，可把下述检修步骤及要求贯穿其中，直至将故障排除。

a. 用实验法来观察故障现象。主要注意观察电动机的运行情况、接触器的动作和线路的工作情况等，如发现有异常情况，应马上断电检查。

b. 用逻辑分析法缩小故障范围，并在电路图上用虚线标出故障部位的最小范围。

c. 用测量法正确、迅速地找出故障点。

d. 根据故障点的不同情况，采取正确的修复方法，迅速排除故障。

e. 排除故障后通电试车。

③ 学生自行检修。教师示范检修后，再由指导教师重新设置两个故障点，让学生进行检修。

在学生检修的过程中，教师可进行启发性的指导，并让学生做好维修记录。包括故障现象、故障点以及故障排除的具体方法。

5．训练步骤

① 清理并检测所需元器件。

② 分别按图 7-9、图 7-12、图 7-13 和图 7-14 接线。接线应按照主电路、控制电路分步来接；接线次序应按自上而下、从左向右来接。接线要整齐、清晰，接点牢固可靠。

③ 接线完毕需经指导教师检查线路后通电运行。分别按下启动按钮和停止按钮，观察电动机转动情况。

④ 在已安装完工经通电检验合格的电路上，人为设置故障，通电运行，观察故障现象，并排除故障。

6．注意事项

① 螺旋式熔断器的接线要正确，以确保用电安全。

② 电动机等的金属外壳必须可靠接地。点动、长动和两地控制线路中的电动机采用星形连接。Y—△降压启动控制线路中的电动机必须采用在正常运行时采用三角形接法的电动机，并且电源电压与电动机的额定电压相符。

③ 接至电动机的导线必须牢固，同时要有良好的绝缘性能。

④ 安装完成的控制线路板，必须经过认真的检查并经指导教师允许后，方可通电试车，以防止严重事故发生。

⑤ 故障检测训练前要熟练掌握电路图中各个环节的作用。

7．成绩评定

本项任务的评分标准见表 7-10。

表 7-10　三相异步电动机基本控制线路的安装与调试的考核评分标准

项目内容	配　分	扣　分　标　准	扣　分	得　分
元器件的安装	10 分	1）不按电器布置图安装，扣 10 分 2）元器件松动、不整齐，每处扣 5 分 3）损坏元器件，每个扣 10 分		
布线	30 分	1）不按电气原理图接线，扣 25 分 2）布线不符合要求，每处扣 10 分 3）接点不符合要求，每个扣 5 分 4）损伤电线绝缘或芯线，每根扣 5 分		
通电试车	50 分	第一次试车不成功，扣 20 分 第二次试车不成功，扣 40 分 第三次试车不成功，扣 50 分		
安全操作	10 分	1）不遵守实训室规章制度，违反操作规程，扣 10 分 2）未经允许擅自通电，扣 10 分		
总评：				

（注：各项内容中扣分总值不超过各项内容所配分数）

【问题研讨】——想一想

（1）简述继电器—接触器控制线路安装步骤、故障检修步骤、故障检查和分析方法。

（2）什么是三相异步电动机的点动控制？实现点动控制线路有哪几种？各有什么特点？

（3）什么叫"自锁"？自锁线路由什么部件组成？如果用接触器的常闭触点作为自锁触点，将会出现什么现象？

（4）在电动机单向长动控制线路中，当电源电压降低到某一值时会自动停车，其原理是什么？若出现突然断电，当恢复供电时电动机能否自行启动运转？

（5）为什么说接触器自锁控制线路具有欠压和失压保护作用？

（6）简述多地控制电路的接线原则。

（7）三相笼式异步电动机在什么情况下可采用Y—△降压启动？定子绕组为Y形连接的笼式异步电动机能否采用Y—△启动？为什么？

（8）在电气控制线路中，电动机的启动电流是额定电流的 4～7 倍，为什么电动机启动时热继电器不动作？

任务 7.3　三相异步电动机正反转控制线路的装配与检修

 **任务引入**

生产上有许多设备需要正、反转两个方向的运动，例如，机床主轴的正转和反转、工作台的前进和后退、吊车的上升和下降等，都要求电动机能够正、反转。由三相异步电动机的基础知识知道，为了实现三相异步电动机的正、反转，只要将接到电源的线中的任意两根对调即可。因此，可利用两个接触器和三个按钮组成正反转控制电路。

 **任务目标**

理解三相异步电动机的正反转控制线路的工作原理；学会正确地安装正反转控制线路；具有调试和检修控制线路的能力。

 **任务实施**

【相关知识】——学一学

7.3.1　三相异步电动机正反转控制线路

1. 接触器互锁正反转控制线路

按触器互锁电动机正、反转电路如图 7-15 所示。其工作原理为：按下正转启动按钮 SB2，正转接触器 KM1 线圈通电，一方面 KM1 主电路中的主触点和控制电路中的自锁触点闭合，使电动机连续正转。另一方面，动断互锁触点 KM1 断开，切断反转接触器 KM2 线圈支路，使得它无法通电，实现互锁。此时，即使按下反转启动按钮 SB3，反转接触器 KM2 线圈因 KM1 互锁触点断开也不会通电。要实现反转控制，必须先按下停止按钮 SB1，切断正转接触器 KM1 线圈支路，KM1 主电路中的主触点和控制电路中的自锁触点恢复断开，互锁触点恢复闭合，解除对 KM2 的互锁，然后按下反转启动按钮 SB3，才能使电动机反向启动运转。

同理可知，反转启动按钮 SB3 按下时，反转接触器 KM2 线圈通电。一方面主电路中 KM2

的三对常开主触点闭合，控制电路中自锁触点闭合，实现反转；另一方面正转互锁触点断开，使正转接触器 KM1 线圈支路无法接通，进行互锁。

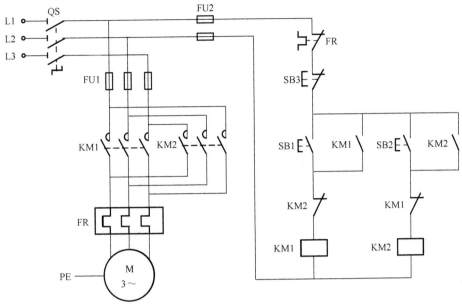

图 7-15　接触器互锁的电动机正、反转控制线路

接触器互锁正、反转控制电路优点是可以避免由于误操作以及因接触器故障引起电源短路的事故发生，但存在的主要问题是，从一个转向过渡到另一个转向时要先按停止按钮 SB1，不能直接过渡，显然这是十分不方便的。可见接触器互锁正、反转控制电路的特点是安全但不方便，运行状态转换必须是"正转—停止—反转"。

2. 双重互锁的正反转控制线路

采用复式按钮和接触器复合互锁的正反转控制电路如图 7-16 所示，图中，SB1 与 SB2 是两只复合按钮，它们各具有一对动合触点和一对动断触点，该电路具有按钮和接触双重互锁作用。

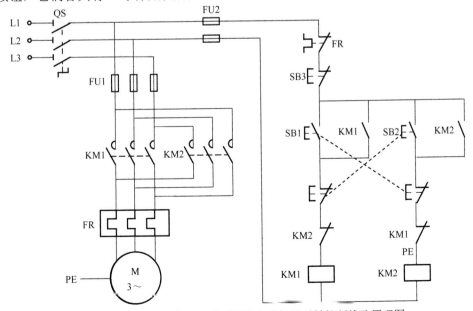

图 7-16　接触器、按钮双重互锁的电动机正反转控制线路原理图

工作原理为：合上电源开关 QS。正转时，按正转按钮 SB1，正转接触器 KM1 线圈通电，KM1 主触点闭合，电动机正转。与此同时，SB1 的动断触点和 KM1 的互锁动断触点都断开，双双保证反转接触器 KM2 线圈不会同时获电。

若要反转，只要直接按下反转复合按钮 SB2，其动断触点先断开，使正转接触器 KM1 线圈断电，KM1 的主、辅触点复位，电动机停止正转。与此同时，SB2 动合触点闭合，使反转接触器 KM2 线圈通电，KM2 主触点闭合，电动机反转，串接在正转接触器 KM1 线圈电路中的 KM2 动断辅助触点断开，起到互锁作用。

7.3.2　三相异步电动机限位控制线路

1. 三相异步电动机限位控制线路的分析

限位控制（又称为行程控制或位置控制）线路的行程开关是一种将机械信号转换为电气信号，以控制运动部件位置或行程的自动控制电器。而限位控制就是利用生产机械运动部件上的挡铁与行程开关碰撞，使其触点动作，来接通或断开电路，以实现对生产机械运动部件的位置或行程的自动控制。限位控制线路如图 7-17 所示。

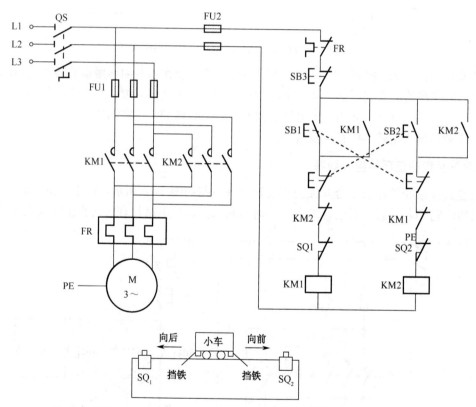

图 7-17　三相异步电动机正反转限位控制线路电气原理图

小车在规定的轨道上运行时，可用行程开关实现行程控制和限位保护，控制小车在规定的轨道上运行。小车在轨道上的向前、向后运动可利用电动机的正反转实现。若实现限位，应在小车行程的两个终端位置各安装一个限位开关，将限位开关的触点接于线路中，当小车碰撞限位开关后，使拖动小车的电动机停转，就可达到限位保护的目的。

合上电源开关 QS，按下按钮 SB1 后，KM1 线圈通电并自锁，互锁触点断开，对 KM2 线圈进行互锁，使其不得电，同时 KM1 主触点吸合，电动机正转，小车向前运动。运动一段距离后，小车挡铁碰撞行程开关 SQ1，SQ1 常闭触点断开，KM1 线圈失电，KM1 主触点断开，电动机断电停转，同时 KM1 自锁触点断开，KM1 互锁触点闭合。小车向后运动情况类似，不再叙述，读者可自行分析。

2．自动往复循环控制线路的分析

许多生产机械的运动部件往往要求在规定的区域内实现正、反两个方向的循环运动，例如，生产车间的行车运行到终点位置时需要及时停车，并能按控制要求回到起点位置，即要求工作台在一定距离内能做自由往复循环运动。这种特殊要求的行程控制，称为自动往复循环控制。

在如图 7-18 所示的电路中，按下 SB1，接触器 KM1 线圈通电，其自锁触点闭合，实现自锁，互锁触点断开，实现对接触器 KM2 线圈的互锁，主电路中的 KM1 主触点闭合，电动机通电正转，拖动工作台向右运动。到达右边终点位置后，安装在工作台上的限定位置撞块碰撞行程开关 SQ1，撞块压下 SQ1，其动断触点先断开，切断接触器 KM1 线圈支路，KM1 线圈断电，主电路中 KM1 主触点分断，电动机断电正转停止，工作台停止向右运动，控制电路中，KM1 自锁触点分断解除自锁，KM1 的动断触点恢复闭合，解除对接触器 KM2 线圈的互锁。SQ1 的动合触点后闭合，接通 KM2 线圈支路，KM2 线圈得电，KM2 自锁触点闭合实现自锁，KM2 的动断触点断开，实现对接触器 KM1 线圈的互锁，主电路中的 KM2 主触点闭合，电动机通电，改变相序反转，拖动工作台向左运动。到达左边终点位置后，安装在工作台上的限定位置的撞块碰撞行程开关 SQ2，其动断和动合触点先后动作。

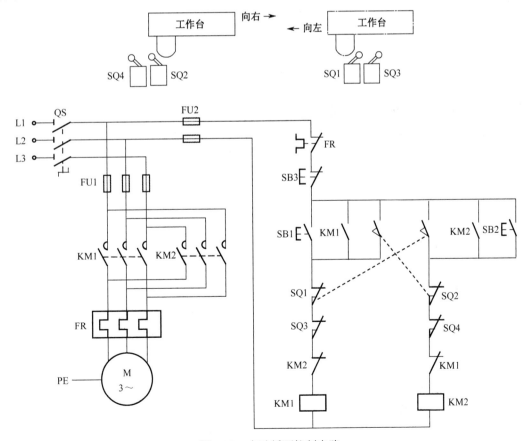

图 7-18　自动循环控制电路

以后重复上述过程，工作台在 SQ1 和 SQ2 之间周而复始地做往复循环运动，直到按下停止按钮 SB1 为止。整个控制电路失电，接触器 KM1（或 KM2）主触点分断，电动机断电停转，工作台停止运动。

由以上分析可以看出，行程开关在电气控制电路中，若起行程限位控制作用时，总是用其常闭触点串接于被控制的接触器线圈的电路中；若起自动往返控制作用时，总是以复合触点形式接于电路中，其常闭触点串接于将被切除的电路中，其常开触点并接于将待启动的换向按钮两端。

【技能训练】——做一做

1．训练内容

三相异步电动机正反转控制线路、小车自动循环控制线路的装配与检修。

2．训练要求

① 正确地绘制三相异步电动机的正反转控制线路、小车自动循环控制线路图。

② 合理地在配电板上的布局电器元件，并牢固地安装电器元件。

③ 能在规定的时间内，完成三相异步电动机的正反转控制线路、小车自动循环控制线路的装配。

④ 较熟练进行控制线路的故障分析与检修。

3．器材与工具

控制线路板 1 块；交流接触器 2 只；自动空气开关、热继电器、行程开关各 1 只；复合按钮 3 只；熔断器 2 组；三相笼式异步电动机 1 台；导线、紧固体及编码套管若干；兆欧表、钳形电流表、万用表各 1 块；电工工具 1 套。

4．训练步骤

按任务 7.2 中的训练指导进行操作。

① 清理并检测所需元器件。

② 分别按图 7-16 和图 7-17 接线。其中电动机采用星形接法。

③ 接线完毕，需经指导教师检查线路后通电运行。分别按下启动按钮和停止按钮，观察电动机转动情况。

④ 在已安装完工经通电检验合格的电路上，人为设置故障，通电运行，观察故障现象，并排除故障。

5．注意事项

① 注意检查行程开关的滚轮、传动部件和触点是否完好，滚轮转动是否正常，检查、调整小车上的挡铁与行程开关滚轮的相对位置，保证控制动作准确可靠。

② 故障检测训练前要熟练掌握电路图中各个环节的作用。

6．成绩评定

本项任务的评分标准见表 7-14。

【问题研讨】——想一想

（1）什么叫互锁？常见电动机正反转控制电路中有几种互锁形式？各是如何实现的？

（2）在如图 7-5 所示的三相异步电动机正反转控制电路中，已采用了按钮来实现机械互锁，为什么还要采用接触器实现电气互锁？

（3）在自动往返的正反转控制电路中，限位开关的作用和接线特点是什么？

（4）自动往返控制电路中，在试车过程中发现行程开关不起作用，若行程开关本身无故障，则故障的原因是什么？

任务 7.4　三相异步电动机顺序控制线路的装配与检修

在实际生产中，装有多台电动机的生产机械上，由于各电动机所起的作用不同，根据实际需要，有时需按一定的先后顺序启动或停止，才能符合生产工艺规程的要求，保证操作过程的合理和工作的安全可靠，如自动加工设备必须在前一工序完成且转换控制条件具备时，方可进入新的工序。像这种要求几台电动机的启动或停止必须按一定的先后顺序来完成的控制方式，称为电动机的顺序控制。

顺序控制的具体要求可以各不相同，但实现的方法有两种：一种是通过主电路来实现顺序控制，另一种是通过控制电路来实现顺序控制。

理解三相异步电动机的顺序控制线路的工作原理；能正确地安装正反转控制线路；具有调试和检修控制线路的能力。

【相关知识】——学一学

7.4.1　主电路实现顺序控制的控制线路

如图 7-19 所示为常见的通过主电路来实现两台电动机顺序控制的电路，由此可见线路的特点是：M2 的主电路接在控制 M1 的接触器主触点的下方。如图 7-19 的所示电路中，电动机 M2 是通过接插器 X 和热继电器 FR2 的发热元件，接在接触器 KM1 的主触点下面的，因此，只有当 KM1 主触点闭合，电动机 M1 启动运转后，电动机 M2 才有可能接通电源运转。M7120 型平面磨床的砂轮电动机和冷却泵电动机就采用这种方式来实现两台电动机的顺序控制。而在如图 7-20 所示的电路中，电动机 M1 和 M2 分别通过接触器 KM1 和 KM2 来控制，接触器 KM2 的主触点接在接触器 KM1 主触点的下面，这样也保证了当 KM1 主触点闭合、电动机 M1 启动运转后，M2 才有可能接通电源运转。

其控制过程为：合上电源开关 QS，按下启动按钮 SB1，接触器 KM1 线圈通电，其主触点闭合，电动机 M1 启动运转，自锁触点闭合，实现自锁。电动机启动运转后，这时在如图 7-19 所示的电路中，M2 可随时通过接插器与电源相连或断开，使之启动运转或停转；而在如图 7-20 所示的电路中，只有按过 SB1 后，按下 SB2，接触器 KM2 线圈通电，其主触点闭合，电动机 M2 才能得电启动运转，自锁触点闭合，实现自锁。

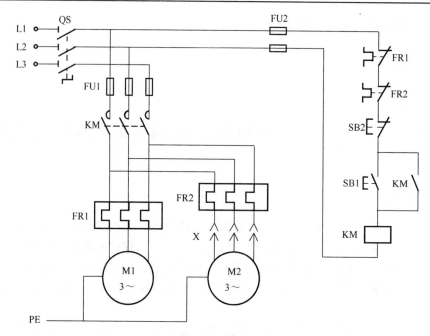

图 7-19　主电路实现顺序控制电路图（1）

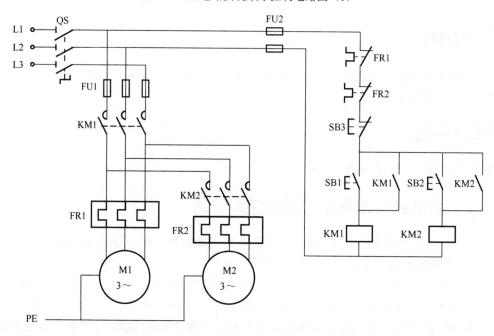

图 7-20　主电路实现顺序控制电路图（2）

停止时，按下 SB3，接触器 KM1、KM2 的线圈均断电，其主触点分断，电动机 M1、M2 同时断电停止运转，自锁触点均断开，解除自锁。

7.4.2　控制电路实现顺序控制的控制线路

如图 7-21～图 7-24 所示为几种常见的通过控制电路来实现两台电动机 M1、M2 的顺序控制的电路（图 7-22 和图 7-24 各图的主电路与如图 7-21 所示的主电路相同）。主电路的特点是：KM1、KM2 主触点是并列的，均接在熔断器 FU1 的下方。下面对各图进行分析。

① 如图 7-21 所示为实现 M1 先启动，M2 后启动；M1 停止时，M2 也停止；M1 运行时，M2 可以单独停止的电气控制线路。

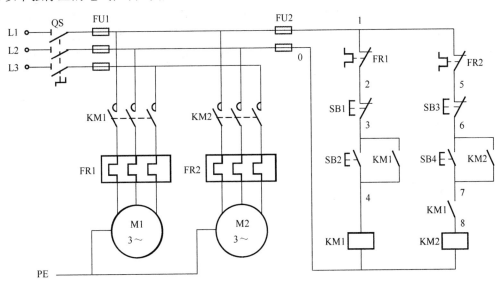

图 7-21　两台电动机控制电路实现顺序控制的电路图（1）

这种控制线路是将控制电动机 M1 的接触器 KM1 的常开辅助触点串入控制电动机 M2 的接触器 KM2 的线圈回路。这样就保证了在启动时，只有在电动机 M1 启动后，即 KM1 吸合，其常开辅助触点 KM1（7-8）闭合，按下 SB4 才能使 KM2 的线圈通电动作，KM2 的主触点闭合才能启动电动机 M2。实现了电动机 M1 启动后，M2 才能启动。

在停止时，按下 SB1，KM1 线圈断电，其主触点断开，电动机 M1 停止，同时 KM1 的常开辅助触点 KM1（3-4）断开，切断自锁回路，KM1 的常开辅助触点 KM1（7-8）断开，使 KM2 线圈断电释放，其主触点断开，电动机 M2 断电。实现了当电动机 M1 停止时，电动机 M2 立即停止。当电动机 M1 运行时，按下电动机 M2 的停止按钮 SB3，电动机 M2 可以单独停止。

② 如图 7-22 所示为实现 M1 先启动，M2 后启动；M1、M2 同时停止的控制线路。这种控制线路实现的顺序启动，同样是通过将接触器 KM1 的常开辅助触点串入 KM2 线圈回路实现的。

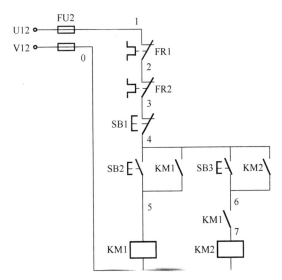

图 7-22　两台电动机控制电路实现顺序控制的电路图（2）

M1 和 M2 同时停止，只需要一个停止按钮控制两台电动机的停止。若一台电动机发生过载时，则两台电动机同时停止。

③ 如图 7-23 所示为 M1 先启动，M2 后启动；M1、M2 可以单独停止的控制电路。此图也是通过将接触器 KM1 的常开辅助触点 KM1（7-8）串入 KM2 线圈回路实现 M1、M2 顺序启动的。M1 和 M2 可以单独停止，需要两个停止按钮分别控制两台电动机的停止，但是 KM2 自锁回路应将 KM1 的辅助常开触点 KM1（7-8）自锁在内，这样当 KM2 通电后，其常开辅助触点 KM2（6-8）闭合，KM1 的辅助常开触点 KM1（7-8）则失去了作用。SB1 和 SB3 可以单独使电动机 M1 和 M2 停止。

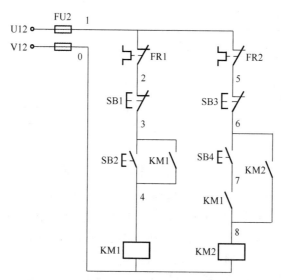

图 7-23　两台电动机控制电路实现顺序控制的电路图（3）

④ 如图 7-24 所示为按时间顺序控制电动机顺序启动。M1 启动后，经过 5s（假设时间继电器整定时间调为 5s）后 M2 自行启动，M1、M2 同时停止的控制电路。

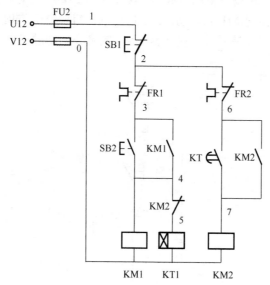

图 7-24　两台电动机控制电路实现顺序控制的电路图（4）

这种控制需要用时间继电器实现延时，时间继电器的延时时间设置为 5s。如图 7-24 所示，按下 M1 的启动按钮 SB2，接触器 KM1 的线圈通电并自锁，其主触点闭合，电动机 M1 启动，同时时间继电器 KT 线圈通电，开始延时。经过 5s 的延时后，时间继电器的延时闭合的常开触点 KT（6-7）闭合，接触器 KM2 的线圈通电，其主触点闭合，电动机 M2 启动，其常开辅助触点 KM2（7-8）闭合自锁，同时其常闭辅助触点 KM2（4-5）断开，时间继电器的线圈断电，退出运行。

【技能训练】——做一做

1．训练内容

三相异步电动机顺序控制线路的装配与检修。

2．训练要求

① 正确地绘制三相异步电动机的顺序控制线路图。
② 合理地在配电板上布局电器元件，并牢固地安装电器元件。
③ 能在规定的时间内，完成三相异步电动机顺序控制线路的装配。
④ 较熟练进行控制线路的故障分析与检修。

3．器材与工具

控制线路板 1 块；交流接触器 2 只；自动空气开关 1 只；热继电器 2 只；时间继电器 1 只；按钮 4 只；熔断器 2 组；三相笼式异步电动机 2 台；导线、紧固体及编码套管若干；兆欧表、钳形电流表、万用表各 1 块；电工工具 1 套。

4．训练步骤

按任务 7.2 中的训练指导进行操作。
① 清理并检测所需元器件。
② 从图 7-21～图 7-24 中选两个图进行接线。其中电动机采用星形接法。
③ 接线完毕需经指导教师检查线路后通电运行。分别按下启动按钮和停止按钮，观察电动机转动情况。
④ 在已安装完工经通电检验合格的电路上，人为设置故障，通电运行，观察故障现象，并排除故障。

5．成绩评定

本项任务的评分标准见表 7-14。

【问题研讨】——想一想

（1）什么是顺序控制？实现顺序控制的方法有哪些？
（2）举出两台电动机顺序控制的实际应用的例子。

任务 7.5　三相异步电动机调速和制动控制线路的装配与检修

任务引入

三相异步电动机在负载不变的情况下的调速方法有：变极调速、变频调速和变转差率调速。

目前，机床设备电动机的调速方法仍以变极调速为主，双速异步电动机是变极调速中最常用的一种形式。三相异步电动机在脱离电源后由于机械惯性的存在，完全停止需要一段时间，这就要求对电动机采取制动的措施，使电动机迅速停转，电动机的制动方法有机械制动和电气制动，使电动机快速停车的电气制动方式有能耗制动和反接制动。

理解三相异步电动机的变极调速控制线路和能耗制动、反接制动控制线路的工作原理；能正确地安装变极调速控制线路和能耗制动、反接制动控制线路；具有调试和检修控制线路的能力。

【相关知识】——学一学

7.5.1　三相双速异步电动机控制线路

1．三相双速异步电动机的变速原理

双速异步电动机是通过改变电动机定子绕组的连接方式，来获得不同的磁极数，使电动机同步转速发生变化，从而达到电动机调速的目的。

双速异步电动机定子绕组的结构如图 7-25（a）所示，从三个连接点引出三个接线端 1、2、3，从每相绕组的中点各引出一个接线端 4、5、6，这样定子绕组共有 6 个接线端。把三相交流电源分别接到定子绕组的接线端 1、2、3 上，另外三个接线端 4、5、6 空着不接，如图 7-25（b）所示，此时电动机定子绕组接成三角形，磁极为 4 极，同步转速为 1500r/min，这是一种低速接法。当把三个接线端 1、2、3 并接在一起，另外三个接线端 4、5、6 分别接到三相交流电源上，如图 7-25（c）所示，此时电动机定子绕组接成双星形，磁极为 2 极，同步转速为 3000r/min，这是一种高速接法。三相异步电动机转子的转速略小于同步转速，双速异步电动机高速运转时的转速几乎是低速运转时转速的两倍。

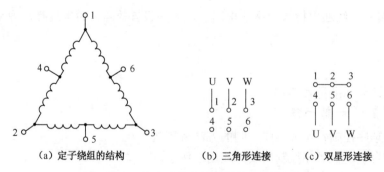

（a）定子绕组的结构　　　　（b）三角形连接　　　　（c）双星形连接

图 7-25　双速电动机定子绕组的△/YY连接

2．双速异步电动机的控制线路分析

如图 7-26 所示为转换开关 SA 选择电动机高、低速的双速控制电路。图中转换开关 SA 断开时选择低速；SA 闭合时选择高速。

工作原理：低速控制时，转换开关 SA 置断开位置，此时时间继电器 KT 未接入电路，接触器 KM2、KM3 无法接通。按下启动按钮 SB2，接触器 KM1 线圈通电，自锁触点闭合，实现自锁。

KM1 主触点接通三相交流电源，电动机低速运行。

　　当 SA 置闭合位置时，选择低速启动、高速运行。按下启动按钮 SB2，接触器 KM1 线圈、时间继电器 KT 线圈同时通电。KM1 线圈通电，同上面所述，电动机低速启动运行。由于如图 7-25 所示的时间继电器为通电延时型，因此当 KT 线圈通电，时间继电器开始计时。当时间继电器延时结束时，其延时断开的常闭触点先断开，切断 KM1 线圈支路，电动机处于暂时断电、自由停车状态；其延时闭合的常开触点后闭合，同时接通 KM2、KM3 线圈支路，同上所述，电动机由三角形运行转入双星形运行，即实现高速运行。

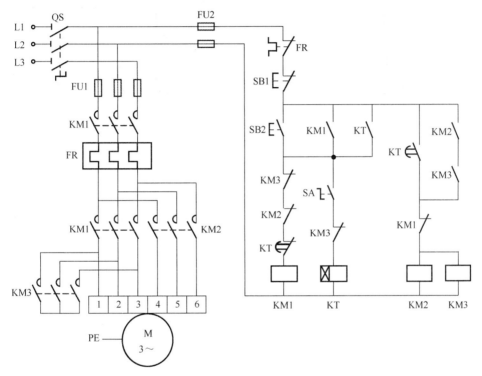

图 7-26　时间继电器控制双速异步电动机控制线路

　　注意：如图 7-26 所示的控制电路，电动机在低速运行时可用转换开关直接切换到高速运行，但不能从高速运行直接用转换开关切换到低速运行，必须先按停止按钮后，再进行低速运行操作。

7.5.2　三相异步电动机制动控制线路

1. 三相异步电动机能耗制动线路

（1）按时间原则控制的能耗制动线路

　　当电动机切断交流电源后，立即在定子绕组中通入直流电，迫使电动机停转的方法称为能耗制动。单相桥式整流能耗制动控制线路如图 7-27 所示。该电路采用单相桥式整流器作为直流电源，图中 KT 瞬动常开触点的作用是当有 KT 线圈断线或机械卡住等故障时，按下 SB2 后能使电动机制动后脱离直流电源。

　　工作原理分析：按下 SB2，KM1 线圈通电并自锁，电动机通电正常启动，若要停机时，按下按钮 SB1，KM1 失电，电动机断电，同时 SB1 的动合触点让 KM2 线圈通电，KT 线圈也同时通电，KT 瞬动触点闭合，使 KM2 和 KT 线圈产生自锁，KT 开始延时。KM2 得电以后，电动机定子两相绕组通入一个直流电，产生一恒定磁场，电动机转子在恒定磁场作用下，转速迅速下降，当定时时间到，KT 延时触点断开，KM2 线圈断电，电动机定子绕组断电，同时 KT 线圈也断电，制动过程结束。

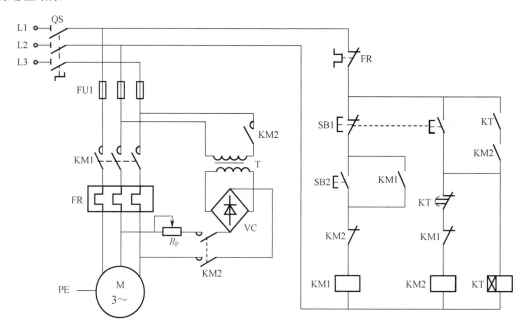

图 7-27　按时间原则控制的单向运行能耗制动线路

（2）按速度原则控制的能耗制动线路

用速度继电器按速度原则控制的能耗制动控制线路如图 7-28 所示，该电路采用单相桥式整流器作为直流电源。

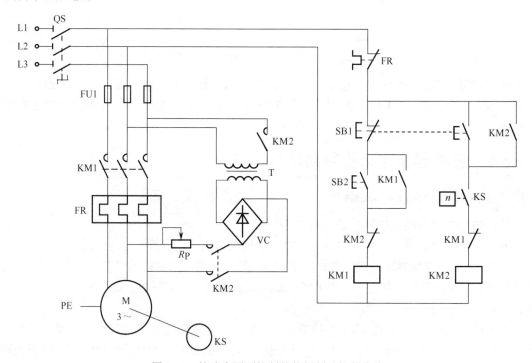

图 7-28　按速度原则控制的能耗制动控制线路

工作原理分析：按下按钮 SB2，KM1 线圈通电并自锁，电动机得电启动运转，同时 KM1 的辅助动断触点断开，确保 KM2 线圈不会得电，也就是电动机不会通入直流电源，保证电动机的正常运转。当电动机转速升高到一定值以后，速度继电器 KS 动作，动合触点闭合，为能耗制动做准备。要停车时，按下停止按钮 SB1，首先 KM1 线圈断电，KM1 辅助动断触点闭合，SB2 的动合触点闭合，使 KM2 线圈得电，电动机三相电源线断开，在电动机两相绕组中经过电阻通入直流电，电动机定子绕组中的旋转磁场变为一恒定磁场，转动的转子在恒定磁场的作用下，转速下降，实现制动，当转速下降到一定值以后，速度继电器的动合触点断开，KM2 线圈失电，制动过程结束。

2. 三相异步电动机反接制动控制线路

当电动机的电源反接时，转子与定子旋转磁场的相对转速接近电动机同步转速的两倍，此时转子中流过的电流相当于全压启动电流的两倍，因此反接制动转矩大，制动迅速，为减小制动电流，必须在制动电路中串入电阻。电动机反接制动的要求是：三相电动机的电源应能实现反接；当电动机制动转速接近零时，应及时切断电源；对笼型三相异步电动机进行反接制动时，应在电动机定子回路中串入电阻。

单向运行反接制动控制线路如图 7-29 所示，其控制过程为：按下 SB1，KM1 线圈通电，KM1 辅助触点闭合并自锁，KM1 主触点闭合，电动机得正序电源启动，转速升高，当电动机的转速升高到一定值时，速度继电器动合触点闭合，因 KM1 辅助动断触点断开，确保 KM2 线圈不会得电，为实现电动机反接制动做准备。

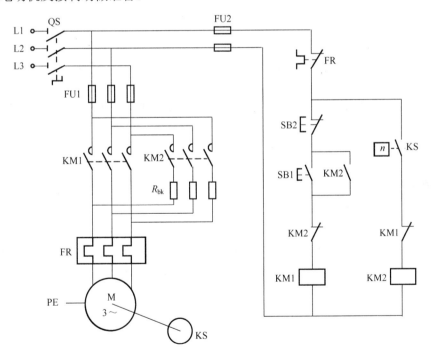

图 7-29 三相异步电动机反接制动控制线路

如果要使电动机停转，按下 SB2，KM1 线圈首先断电释放，电动机正序电源断开，做惯性运转，同时 KM1 辅助动断触点闭合，使 KM2 线圈通电，KM2 主触点将反序电源通过电阻接入电动机，使电动机实现反接制动，KM2 的辅助动断触点使 KM1 不能得电，确保电源不会短路。在反接制动的过程中，电动机的转速迅速下降，当转速下降到较小值时，速度继电器的动合触点断开复位，KM2 线圈断电释放，电动机反序电源断开，制动过程结束。

【技能训练】——做一做

1．训练内容

三相异步电动机调速和制动控制线路的装配与检修。

2．训练要求

① 正确地绘制三相异步电动机的调速和制动控制线路图。

② 合理地在配电板上布局电器元件，并牢固地安装电器元件。

③ 能在规定的时间内，完成三相异步电动机调速和制动控制线路的装配。

④ 较熟练进行控制线路的故障分析与检修。

3．器材与工具

控制线路板 1 块；交流接触器 3 只；自动空气开关、热继电器、时间继电器、速度继电器各 1 只；转换开关 1 只；按钮 2 只；熔断器 2 组；变压器 1 台；桥式整流块 1 块；可调电阻器 1 只；制动电阻器 3 只；三相笼式异步电动机、三相双速电动机各 1 台；导线、紧固体及编码套管若干；兆欧表、钳形电流表、万用表各 1 块；电工工具 1 套。

4．训练步骤

按任务 7.2 中的训练指导进行操作。

① 清理并检测所需元器件。

② 按照图 7-25、图 7-26 和图 7-27 进行接线。

③ 接线完毕需经指导教师检查线路后通电运行。分别按下启动按钮、扳动转换开关和按下停止按钮，观察电动机转动情况。

④ 在已安装完工经通电检验合格的电路上，人为设置故障，通电运行，观察故障现象，并排除故障。

5．成绩评定

本项任务的评分标准见表 7-10。

【问题研讨】——想一想

（1）三相双速异步电动机的双速控制是如何实现的？

（2）在能耗制动控制线路中，为什么要在直流回路中串入一个电阻？它的作用是什么？

（3）在反接制动控制电路中，为什么要用速度继电器？如果不用速度继电器，能不能实现反接制动？为什么？

（4）在反接制动控制线路的主电路中，为什么要串入电阻？其作用是什么？如果没有电阻，电动机能否正常工作？

项目 8　典型机床电气控制线路的分析与检修

 **项目内容**

机床是将金属毛坯加工成机器零件的机器，它是制造机器的机器，所以又称为"工作母机"或"工具机"，习惯上简称为机床。现代机械制造中加工机械零件的方法很多：除切削加工外，还有铸造、锻造、焊接、冲压及挤压等，但凡属精度要求较高的表面粗糙度要求较细的零件，一般都需在机床上用切削的方法进行最终加工。在一般的机器制造中，机床所担负的加工工作量占机器制造工作量的40%～60%，机床在国民经济现代化的建设中起着重大的作用。因此，作为电气维修人员应该在掌握好基本控制线路的基础上，进一步熟悉机床的结构组成、线路原理和常见故障，掌握分析故障、排除故障的基本方法。本项目的内容有：

✦ CA140 型普通车床电气控制线路的分析与检修。
✦ Z3040 型摇臂钻床电气控制线路的分析与检修。
✦ M7130 型平面磨床电气控制线路的分析与检修。

 **项目目标**

✦ 了解常用典型机床的结构、运动形式、用途和典型机床的正确使用与维护方法。
✦ 了解机床等电气设备上机械装置、电气系统、液压部分之间的配合关系。
✦ 能够灵活运用电气控制的基本环节进行机床电气控制系统的分析，并能够进行电气控制系统的安装、调试。
✦ 能正确地使用仪器仪表，熟练地排除机床常见故障。
✦ 通过对机床结构、电气控制等方面的深入学习，提高实际工作中综合（分析问题、解决问题）技能。

任务 8.1　CA6140 型普通车床电气控制线路的分析与检修

 **任务引入**

车床是应用最广泛的金属切削机床，普通车床可用来切削工件的外圆、内圆、端面和螺纹等，并可以装上钻头或铰刀等进行钻孔或铰孔等的加工。本任务以 CA6140 型普通车床为例介绍其结构、运动形式、电气控制线路的分析与常见故障的检修方法。

掌握机床电气控制线路的分析方法。能够分析 CA6140 型普通车床电气控制线路的工作原理及常见故障；会进行 CA6140 型普通车床电气控制线路的分析、故障检修与排除。

【相关知识】——学一学

8.1.1　普通机床电气故障检修知识

由于各类机床的型号不止一种，即使同一种型号，制造商的不同，其控制电路也存在差别。只有通过典型的机床控制线路的学习，进行归纳推敲，才能抓住各类机床的特殊性与普遍性。做到举一反三，触类旁通。掌握机床电气控制电路的故障检修，不仅需要掌握继电器—接触器基本控制电路的安装、调试，还必须对普通机床的有关知识有比较全面的了解。学会阅读、分析普通机床设备说明书和机床电气控制电路，掌握普通机床控制电路故障的诊断和对故障进行维修的方法。

1. 阅读设备说明书

通过阅读设备说明书，对整个设备及使用进行全面的了解，包括：

① 设备的构造。机械、液压及气动部分的工作原理、相互之间的关联情况，设备技术指标。

② 电气传动方式。电动机、执行电器的数量、规格型号、安装位置、用途和控制要求。

③ 设备的使用方法。各操作设备（如操作手柄、开关、按钮、旋钮等）和指示装置的布置情况，及在控制电路中的作用。

2. 阅读分析机床电气控制原理图的一般方法

掌握了阅读原理图的方法和技巧，对于分析电气电路、排除机床电路故障是十分有意义的。机床电气原理图一般由主电路、控制电路、照明电路和指示电路等几部分组成。阅读方法如下：

① 主电路的分析。阅读主电路时，关键是先了解主电路中有哪些用电设备，所起的主要作用，由哪些电器来控制，采取哪些保护措施。

② 控制电路的分析。阅读控制电路时，根据主电路中接触器的主触点编号，很快找到相应的线圈及控制电路。依次分析出电路的控制功能。从简单到复杂，从局部到整体，最后综合起来分析，就可以全面读懂控制电路。

③ 照明电路的分析。阅读照明电路时，应查看变压器的变比、灯泡的额定电压。

④ 指示电路的分析。阅读指示电路时很重要的一点是：当电路正常工作时，为机床正常工作状态的指示；当机床出现故障时，是机床故障信息反馈的依据。

3. 机床电气故障检修步骤

（1）确定故障现象

机床电气故障检修，首先要全面准确地判断故障现象。在确定故障的过程中，要求认真细致，并做好记录。

　　① 询问机床操作情况。向机床操作人员全面地了解机床故障发生的背景，机床生产情况，机床平时使用中出现的一些问题，采取过哪些措施等。

　　② 现场观察。认真仔细地观察机床电器主板上各元器件的外观的完好性，操控是否正常，保护设备是否发生过动作，如手柄活动是否正常、开关是否跳闸、熔断器是否熔断等。

　　③ 必要时通电观察。根据操作人员的描述，对非短路性跳闸故障，必要时可以通电复试，观察故障现象。

　　（2）分析故障原因

　　根据故障现象，通过资料分析故障原因，编制故障检修流程图。

　　因为机床是机电一体化设备，机械、电气和液压等部分紧密联系，在分析故障原因过程中，很难完全分清故障的性质是属于机械故障还是电气故障，需要在动手检修的过程中加以鉴别。

　　（3）诊断故障点

　　根据故障检修流程图，找出故障确切部位，进行维修或用备件更换。

　　查找故障点的方法很多，按照维修的熟练程度，通常有经验法和分析试验法；按照维修的方式，有断电检查法和通电检查法，以及两者结合的方法；按照维修的手段，有直接更换怀疑器件法和仪器仪表检验法等。在现场维修时，应该是上述各种方法的综合运用。

　　① 断电检查法。断电检查法主要针对有明显的外观损坏特征的电气故障，如触头严重熔蚀，电动机、变压器、接触器线圈过热冒烟等。

　　断电检查法通常采用兆欧表和万用表的欧姆挡，检测设备的对地和相间绝缘、线圈的阻值、开关和触点的通断等。在测量过程中，为了不影响测量结果的准确性，要注意被检测区段电路或器件与其他电路分离的情况，测量后要及时恢复被断开的电路。

　　② 通电检查法。经过对故障现象分析研究，在条件允许并充分预估通电后可能发生的不良后果的情况下，给全部或部分电路通电，检测故障点。

　　利用通电检查法可以初步区分机械故障还是电气故障，是主电路故障还是控制电路故障。通电检查法要求在通电检查时，严格遵守操作规程，注意人身安全和设备安全。通电时要尽量切断主电路电源，严格控制通电部分。如果需要电动机运转，应该使电动机与机械传动脱离，使电动机空载运行。

　　通电检查法采用测量仪表测量各点电位和各线路的电流，分析故障点。在测量过程中，要按照仪表的使用注意事项进行操作，防止大电感、大电容元件对测量的影响，避免误判断，甚至损坏仪表。

　　③ 短接检查法。短接法是利用一根绝缘良好的导线，将所怀疑的断路部位短接，若故障现象消失，说明该处断路。用短路法检测故障时，一定要将接头牢固连接，不可搭接。

　　短接法不能用于电阻、绕组、电容等断路故障的检修，否则会出现短路故障。如果采用通电短接法，必须断开所有的执行电器与机械部分的联系。

　　4．在检修机床电气故障时应注意以下问题

　　① 将机床电源断开。

　　② 电动机不能转动，要从电动机有无通电，控制电动机的交流接触器是否吸合入手，绝不能立即拆修电动机。通电检查时，一定要先排除短路故障，在确认无短路故障后方可通电，否则，会造成更大的事故。

　　③ 熔体熔断，说明电路存在较大的冲击电流，如短路、严重过载等。

　　④ 热继电器的动作、烧毁，也要求先查明过载原因，否则，故障还会复发。

⑤ 在拆卸元件及端子连线时，特别是对不熟悉的机床，一定要仔细观察，理清控制电路，要及时做好记录、标号，避免在安装时发生错误。

8.1.2　CA6140 型普通车床主要结构与运动形式

普通车床有两个主的运动部分：一是主轴（卡盘）的旋转运动；另一个是刀架的直线运动，称为进给运动。车床工作时，绝大部分功率消耗在主轴运动上。

1. CA6140 型普通车床型号的意义

机床的型号是机床产品的代号，用以表明机床的类型、功用和结构特性、主要技术参数等。我国的机床型号由汉语拼音字母和阿拉伯数字按一定规律组合而成，如 CA6140 的含义如下。

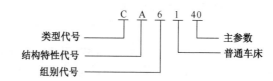

C——表示车床；A——表示第一次重大改进；6——表示落地及普通车床；

1——表示普通车床；40——是机床主参数：回转直径为 400mm

2. CA6140 型普通车床的结构

CA6140 型普通车床主要由床身、主轴箱、进给箱、溜板箱、刀架、尾架、光杠和丝杆等组成，如图 8-1 所示。

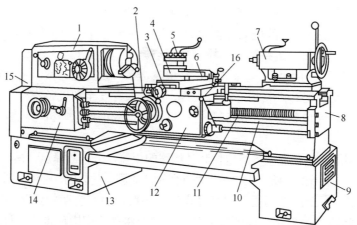

1—主轴箱；2—纵溜板；3—横溜板；4—转盘；5—方刀架；6—小溜板；7—尾架；8—床身；9—右床座；

10—光杆；11—丝杠；12—溜板箱；13—左床座；14—进给箱；15—挂轮箱；16—操纵手柄

图 8-1　CA6140 型普通车床的结构

3. 运动形式

车床运动形式有切削运动和辅助运动，切削运动包括工件的旋转运动（主运动）和刀具的直线进给运动（进给运动），除此之外的其他运动皆为辅助运动。

（1）主运动

主运动是指主轴通过卡盘带动工件旋转，主轴的旋转轴是由主轴电动机经传动机构拖动，根据工件材料性质、车刀材料及几何形状、工作直径、加工方式及冷却条件的不同，要求主轴有不同的切削速度。另外，为了加工螺钉，还要求主轴能够正反转。主轴的变速是由主轴电动机经 V 带传递到主轴变速箱实现的（由机械部分实现正反转和调速），CA6140 普通车床的主轴正转速度有 24 种（10～1400r/min），反转速度有 12 种（14～1580r/min）。

（2）进给运动

车床的进给运动是刀架带动刀具纵向或横向直线运动，溜板箱把丝杠或光杠的转动传递给刀架部分，变换溜板箱外的手柄位置，经刀架部分使车刀做纵向或横向进给。刀架的进给运动也是由主轴电动机拖动的，其运动方式有手动和自动两种。

（3）辅助运动

辅助运动指刀架的快速移动、尾座的移动以及工件的夹紧与放松等。

4．电力拖动方式及控制要求

① 主轴电动机一般选用三相笼式异步电动机。为满足加工螺纹的要求，主运动和进给运动采用同一台电动机拖动。为满足调速要求，只用机械调速，不进行电气调速。

② 主轴要能够正、反转，以满足螺纹加工要求。

③ 主轴电动机的启动、停止采用按钮操作。

④ 溜板箱的快速移动，应由单独的快速移动电动机来拖动并采用点动控制。

⑤ 为防止切削过程中刀具和工件温度过高，需要切削液进行冷却，因此要配有冷却泵。

⑥ 电路必须有过载、短路、欠压、失压保护。

⑦ 具有安全的局部照明装置。

8.1.3　CA6140 型普通车床电气控制线路分析

CA6140 型普通车床的电气控制电路如图 8-2 所示。

1．主电路分析

如图 8-2 所示的主电路中，共有三台电动机：M1 为主轴电动机，带动主轴旋转和刀架进给运动；M2 为冷却泵电动，用来输送切削液；M3 为刀架快速移动电动机。

将钥匙开关 SB 向右旋转，再扳动断路器 QF 将三相电源引入。主轴电动机 M1 由交流接触器 KM1 控制，热继电器 FR1 作过载保护，熔断器 FU1 作总短路保护。冷却泵电动机 M2 由交流接触器 KM2 控制，热继电器 FR2 作为过载保护。快速移动电动机 M3 由交流接触器 KM3 控制，因为是点动控制，故未设置过载保护。

2．控制电路分析

由控制变压器 TC 二次侧提供 110V 电压，在正常工作时，位置开关 SQ1 的常开触点是闭合的（机床皮带罩保护），只有在床头皮带罩被打开时，SQ1 的常开触点才断开。切断控制电路电源，确保人身安全。钥匙开关 SB 和位置开关 SQ2 的常闭触点在正常工作时是断开的，QF 线圈不得电，断路器 QF 能合闸。当打开配电盘壁龛门时，位置开关 SQ2 闭合，QF 线圈得电，断路器 QF 自动断开切断电源，保证维修人员的安全。

（1）主轴电动控制

先按下按钮 SB1，再按下启动按钮 SB2，交流接触器 KM1 线圈得电，KM1 的辅助触点（6—7）闭合自锁，KM1 的主触点闭合，主轴电动机 M1 启动，同时辅助触点 KM（10—11）闭合，为冷却泵启动做好准备。

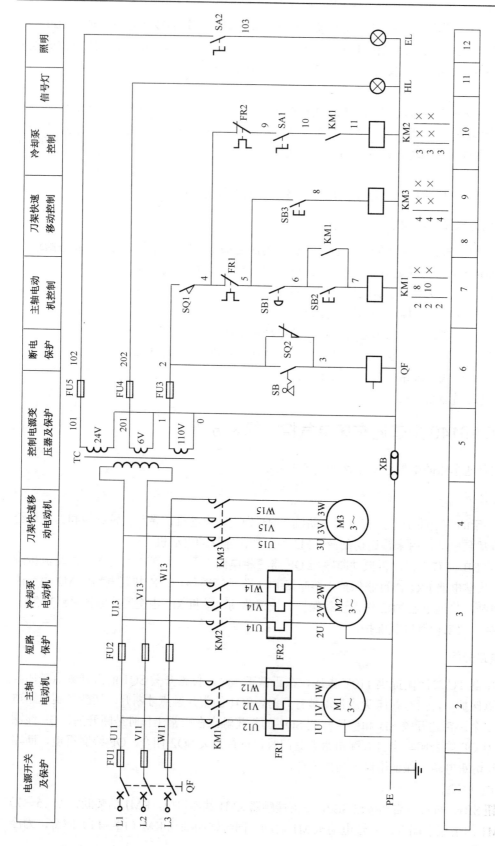

图 8-2　CA6140 型普通车床的电气控制电路原理图

（2）冷却泵控制

在主轴电动机启动后，KM1 的辅助触点（10—11）闭合，将旋钮开关 SA1 闭合，交流接触器 KM2 的线圈得电，KM2 的主触点吸合，冷却泵电动机启动，将 SA1 断开，交流接触器 KM2 的线圈失电复位，冷却泵电动机停止。将主轴电动机停止，冷却泵也自动停止。

（3）刀架快速移动控制

刀架快速移动电动机 M3 采用点动控制，按下按钮 SB3、交流接触器 KM3 的线圈得电，KM3 的主触点闭合，快速移动电动机 M3 启动，松开 SB3，交流接触器 KM3 释放，电动机 M3 停止。

（4）照明和信号灯电路

接通电源，控制变压器输出电压，HL 直接得电发光，作为电源信号灯。EL 为照明灯，将常开旋钮关，SA2 闭合，EL 亮，将 SA2 断开，照明灯 EL 灭。

8.1.4 CA6140 型普通车床常见电气故障检修

普通车床的工作过程是由电气与机械、液压系统紧密结合实现的，在维修中不仅要注意电气部分能否正常工作，也要注意它与机械和液压部分的协调关系。普通车床常见电气故障见表 8-1。

表 8-1 CA6140 普通车床常见电气故障现象、原因、检修

故障现象	故障原因	故障检修
三台电动机均不能启动，且无电源指示和照明	设备供电电源不正常，控制变压器 TC 一次侧回路有开路现象	1）因控制变压器 TC 的二次侧电路没有电源指示与照明，可以暂时排除二次侧存在故障的可能性，而把故障的可能部位定位在控制变压器 TC 的一次侧 2）合上 QF，用万用表测量 TC 一次侧的 U13 与 V13 之间的电压，测量电压，若为 0V→断定 TC 一次侧有开路现象→用万用表测量 U11、V11 及 W11 两两之间的电压→若测得电压均为 380V，则三相电源正常 3）故障范围可以确定在 U11→FU2→U13→TC 一次侧线圈→V13→FU2→V11 回路里 4）切断 QF，用万用表依次测量以上所指的故障回路的器件与线号间的直流电阻值，若测量到某处的阻值为无穷大，则说明该点断路 **注意**：在测量 TC 一次侧绕组直流电阻时，因线圈有一定阻值，故此时万用表量程应选择在 $R×10$ 或 $R×100$ 挡，以免造成判断失误
三台电动机均不能启动，但有电源指示，照明灯工作正常	控制变压器二次侧 FU3 对应回路里有故障；L3 电源缺相；控制变压器 TC 二次侧提供 110V 电源的绕组出现故障	1）用万用表测量三相交流电源电压是否正常，确定 L3 电源是否缺相 2）用电阻测量法或电压测量法，判断 TC 二次侧 110V 电源绕组的两个线号 1 与 0 之间是否有开路故障 3）若用万用表测量 TC 的二次侧的电压为 U_{1-0}=110V，且操作控制回路的按钮或开关均不能启动三台电动机，故可把故障范围判断在控制回路中 4）用电阻测量法，即依次用万用表电阻挡测量：FU3（1—2）→SQ1（2—4）→FR1（4—5）；SB3（5—8）→KM3（8—0）；FR2（4—9）→SA1（9—10）→KM（10—11）→KM2（11—0）；控制变压器 TC 的 0 号端子→0 号线→KM1、KM3、KM2 的 0 号线端回路。若测量中某点的电阻 $R=∞$，说明此处有开路或接触不良的故障
主轴电动机与冷却泵电动机不能启动，刀架快速移动，电动机能启动，且有电源指示，照明灯工作正常	KM1 线圈支路中有故障；KM1 的线圈损坏或有机械故障	1）若测量 KM1 线圈的直流电阻约为 1200Ω（以实测值为准），则说明 KM1 线圈无故障 2）若用外力压合交流接触器 KM1 可动部分，无异常阻力且触点能正常闭合，可以基本排除 KM1 的机械故障 3）故障范围可确定在 FR2（4—5）→SB1（5—6）→SB2（6—7）→KM1（7—0）→0 号线→TC 的 0 号接线端的回路里 对以上所示的回路用万用表依次测量进行故障排查。测量若某两点的电阻 $R=∞$，说明此处有开路

【技能训练】——做一做

1. 训练内容

根据 CA6140 型普通车床的电气原理图，在模拟 CA6140 型普通车床上排除电气故障，故障现象为：主轴电动机点动时，合上 SA1 时，冷却泵电动机能跟着主轴电动机点动，照明、电源指示及刀架快速移动电动机均正常。

2. 训练要求

① 必须穿戴好劳保用品并进行安全文明操作。
② 能正确地操作模拟 CA6140 型普通车床，能准确地确认故障现象。
③ 能根据故障现象在电气原理图上准确标出最小的故障范围。
④ 能依据电路原理图快速查找到模拟机床上的对应器件及导线。
⑤ 用电阻测量法快速检测出故障点，并安全修复。

3. 器材与工具

模拟 CA6140 型普通车床及配套电路图 1 套；万用表 1 块；电工工具 1 套。

4. 训练步骤

（1）在教师指导下，分析理解 CA6140 型普通车床的电气控制原理图，由电气接线图和电器元件布置图出发，在车床上通过测量等方法找出实际走线路径。

（2）学生观摩，在 CA6140 型普通车床人为设置一个故障点，教师示范检修。教师边讲解边操作示范。

（3）学生练习一个故障点的检修

在实训教师指导下逐步完成一个指定电气故障的排除过程，故障排除的一般过程为：故障现象的确认故障原因分析→故障部位的分析→故障部位的检测→故障部位的修复→故障修复后的再次试车等六步故障检修法。

① 确认故障现象。仔细观察和记录实训指导教师正确地操作 CA6140 普通车床的步骤，查看和确认在有故障情况下车床的故障现象，记录故障排除所需的相关线索。记录故障现象如下：

_____

_____。

② 分析故障原因。根据机床的电气控制原理图、机床的运动形式、工作要求及故障现象进行故障产生原因的全面分析，必要时通过检测性的通电试车排除不可能的原因，缩小故障范围。写出故障原因：

a. _____。

b. _____。

c. _____。

③ 分析故障部位。根据故障原因的分析，排除不可能的原因，确定"最小的故障范围"。写出最小的故障范围：

_____

_____。

④ 检测故障部位。设备断电的情况下，利用万用表的电阻挡对"最小的故障范围"逐一检测，直到检查出电路的故障点。电气故障主要表现为：接触不良、电路开路、短路、接错线、元

件烧毁等。考虑到实训教学设备的反复使用率，一般不设置破坏性的短路故障。另外，使用中的电气设备接错线也是不可能的，故机床上的电气故障主要是开路故障。确定的故障部位为：

_____。

⑤ 修复部位。对检查出的故障部位进行修复。如用带绝缘层的导线将断开的线路段进行可靠连接。是否确认故障已修复？切记不要进行异号线短接！

_____。

⑥ 故障修复后的再试车。修复故障后，清理修复故障时留在现场的工具、导线、木螺钉等电工材料，恢复维修时开启箱、盖、门等防护设施，告知线路或设备上作业的其他工作人员准备再次通电试车，使通电试车没有其他安全隐患，查看无误后，通电试车，直到测试出该模拟机床的所有功能均为正常为止。为确保通电试车的安全性，通常在试车前还会作普及性的安全性能检测，如被控电动机的绝缘性能检测、三相绕组的电阻平衡度的检测、线路之间绝缘性能的检测、设备金属外壳与导线之间的绝缘性能检测、设备金属外壳的接地性能的检测、更换损坏的部件等，这些都是要根据现场的维修需要及设备在生产中的重要性作出必要的体检，以发现其他故障隐患，延长设备使用的寿命。

a. 故障修复做了哪些事？

_____。

b. 是否做好了再次试车的全部检查？

_____。

c. 试车的所有功能是否正常？

_____。

（4）试车成功后，待教师对该任务的训练情况进行评价，并口试回答教师提出的问题后，方可进行设备的断电和短接线的拆除。

（5）完成一个故障后，学生可再用类似的方法排除教师设置的其他故障。

5. 成绩评定

本项任务的评分标准见表 8-2。

表 8-2 机床电气控制线路故障检修的考核评分标准

项 目 内 容	配　分	扣 分 标 准	扣　分	得　分
故障分析	40 分	1）排除故障前不进行调查研究，扣 3～5 分 2）检修思路不正确，每处扣 5～10 分 3）标不出故障点、线或标错位置，每个故障点扣 1～10 分		
故障检修	50 分	1）切断电源后不验电，扣 10 分 2）使用仪表和工具不正确，每次扣 3～5 分 3）检查故障的方法不正确，扣 5～10 分 4）查出故障不会排除，每个故障扣 5～20 分 5）检修中扩大故障范围的，扣 10 分 6）少查出故障，每个扣 5～20 分 7）损坏电器元件，每个扣 10 分 8）检修中或检修后试车操作不正确，每次扣 5 分 9）检修结束后未恢复原状，每处扣 5 分 10）检修中丢失零件，每个扣 5 分		
安全、文明生产	10 分	1）不遵守实训室规章制度，违反操作规程，扣 10 分 2）未经允许擅自通电，扣 10 分		
总评：				

（注：各项内容中扣分总值不超过各项内容所配分数）

【问题研讨】——想一想

（1）CA6140 型普通车床的电力拖动的方式与控制要求有哪些？

（2）CA6140 型普通车床照明灯采用多少伏电压？为什么要用这个电压等级？

（3）从主轴电动机的电气控制线路图可见，CA6140 型普通车床并没有电气控制要求上的正反转，而实际生产中我们却见到主轴电动机能正反转，那么主轴电动机是如何实现正反转控制的？

（4）CA6140 型普通车床的主轴电动机因过载而自动停车后，操作者立即按启动按钮，但电动机不能启动，试分析可能的故障原因。

（5）CA6140 型普通车床中，位置开关 SQ2 的作用是什么？怎样操作能实现打开配电壁龛门进行带电检修？

任务 8.2　M7130 型平面磨床电气控制线路的分析与检修

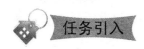

磨床是用砂轮的周边或端面对工件的表面进行机械加工的一种精密机床。磨床的种类很多，根据用途分为平面磨床、内圆磨床、外圆磨床、无芯磨床以及一些螺纹磨床、球面磨床、齿轮磨床、导轨磨床等专用磨床。平面磨床用砂轮磨削加工各种零件的平面。M7130 型平面磨床是平面磨床中使用较为普遍的一种机床。该磨床操作方便、磨削精度和粗糙度都比较高，适用于磨削精密零件和各种工具，并可作镜面磨削。本任务以 M7130 型平面磨床为例，介绍其结构、运动形式、电气控制线路的分析与常见故障的检修方法。

了解 M7130 型平面磨床的结构；熟悉其运动形式；能分析 M7130 型平面磨床的电气控制线路的工作原理，学会检修平面磨床的电气控制线路的常见故障。

【相关知识】——学一学

8.2.1　M7130 型平面磨床的主要结构及运动形式

1. M7130 型平面磨床型号的意义

M7130 型平面磨床型号意义如下：

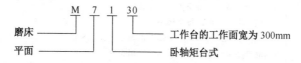

2. M7130 平面磨床的主要结构

卧轴矩台平面磨床的外形如图 8-3 所示。在床身中装有液压传动装置，工作台通过活塞杆由液压驱动做往复运动，床身导轨由自动润滑装置进行润滑。工作台表面有 T 形槽，用以固定电磁吸盘，再用电磁吸盘来吸持加工工件。工作台往复运动的行程长度可通过调节装在工作台正面槽中的换向撞块的位置来改变，换向撞块通过碰撞工作台往复运动换向手柄来改变油路方向，以实现工作台往复运动。

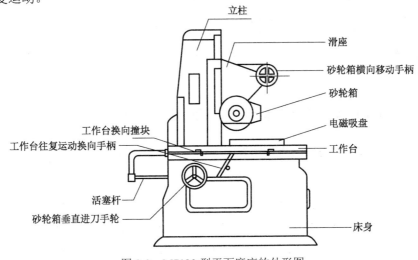

图 8-3　M7130 型平面磨床的外形图

在床身上固定有立柱，沿立柱的导轨上装有滑座，砂轮箱能沿滑座的水平导轨做横向移动。砂轮轴由装入式砂轮电动机直接拖动。在滑座内部也装有液压传动机构。

滑座可在立柱导轨上做上下垂直移动，并可由垂直进刀手轮操作。砂轮箱的水平轴向移动可由横向移动手轮操作，也可由液压传动做连续或间断横向移动，连续移动用于调节砂轮位置或整修砂轮，间断移动用于进给。

3．平面磨床的运动形式

卧轴矩台平面磨床的主运动是砂轮的旋转运动，进给运动有垂直进给（即滑座在立柱上的上、下运动）、横向进给（即砂轮箱在滑座上的水平运动）和纵向进给（即工作台沿床身的往复运动）。工作时，砂轮作旋转运动并沿其轴向作定期的横向进给运动。工件固定在工作台上，工作台作直线往返运动。矩形工作台每完成一个纵向行程时，砂轮作横向进给，当加工整个平面后，砂轮作垂直方向的进给，以此完成整个平面的加工。

4．电力拖动方式及控制要求

磨床的砂轮主轴一般并不需要较大的调速范围，所以采用笼式异步电动机拖动。为达到缩小体积、结构简单及提高机床精度，减少中间传动，采用装入式异步电动机直接拖动砂轮，这样电动机的转轴就是砂轮轴。

由于平面磨床是一种精密机床，为保证加工精度采用了液压传动。采用一台液压泵电动机，通过液压装置以实现工作台的往复运动和砂轮的横向的连续与断续进给。

为在磨削加工时对工件进行冷却，须采用冷却液冷却，由冷却泵电动机拖动。为提高生产效率及加工精度，磨床中广泛采用多电动机拖动，使磨床有最简单的机械传动系统。所以 M7130 型平面磨床采用三台电动机：砂轮电动机、液压泵电动机和冷却泵电动机进行分别拖动。

基于上述拖动特点，对其自动控制有如下要求：

① 砂轮电动机、液压泵电动机、冷却泵电动机都只要求单方向运动。

② 冷却泵电动机随砂轮电动机运转而运转，但冷却泵电动机不需要时，可单独断开冷却泵

电动机。

③ 具有完善的保护环节：各电路的短路保护、电动机的长期过载保护、零压保护、电磁吸盘断开时产生高电压而危及电路中其他电气设备的保护等。

④ 保证在使用电磁吸盘的正常工作时和不用电磁吸盘在调整机床工作时，都能开动机床各电动机。在使用电磁吸盘的工作状态时，必须保证电磁吸盘吸力足够大时，才能开动机床各电动机。

⑤ 具有电磁吸盘吸持工件、松开工件，并使工件去磁的控制环节。

⑥ 必要的照明与指示信号。

8.2.2　M7130 型平面磨床电气控制线路分析

M7130 型平面磨床的电气控制线路原理图如图 8-4 所示。该线路分为：主电路、控制电路、电磁吸盘电路和照明电路四部分。

1．主电路分析

QS 为电源开关。主电路中有三台电动机，M1 为砂轮电动机，拖动砂轮的旋转；M2 为冷却泵电动机，拖动冷却泵供给磨削加工时需要的冷却液；M3 为液压泵电动机，拖动油泵，供出压力油，经液压传动机构来完成工作台往复运动，并实现砂轮的横向自动进给，且承担工作台的润滑工作。

电动机 M1、M2、M3，它们共用一组熔断器 FU1 作为短路保护。砂轮电动机 M1 用接触器 KM1 控制，用热继电器 FR1 进行过载保护。由于冷却泵箱和床身是分装的，所以冷却泵电动机 M2 通过接插器 X1 和砂轮电动机 M1 的电源线相连，并和 M1 在主电路实现顺序控制，当需要冷却液时，将插头插入插座；冷却泵电动机的容量较小，没有单独设置过载保护；液压泵电动机 M3 由接触器 KM2 控制，由热继电器 FR2 作过载保护。

2．控制电路分析

控制电路采用交流 380V 电压供电，由熔断器 RU2 作短路保护。在电动机控制电路中，串接着转换开关 SA1 的动合触点（6 区）和欠电流继电器 KI 的动合触点（8 区）。因此，三台电动机启动的必要条件是使 SA1 的动合触点闭合（即转换开关 SA1 扳到退磁位置）或 KI 的动合触点闭合。欠电流继电器 KI 的线圈串接在电磁吸盘 YH 的工作回路中，所以当电磁吸盘得电工作时，欠电流继电器 KI 线圈得电吸合，接通砂轮电动机 M1 和液压泵电动机 M3 的控制电路，这样就保证了加工工件在被 YH 吸住的情况下，砂轮和工作台才能进行磨削加工，保证了安全。

SB1、SB2 为砂轮电动机 M1 和冷却泵电动机 M2 的启动和停止按钮，SB3、SB4 为液压泵电动机 M3 的启动和停止按钮。按下 SB1，接触器 KM1 的线圈通电，其常开触点 KM1（5-6）闭合进行自锁，其主触点闭合，砂轮电动机 M1 及冷却泵电动机 M2 启动运行。按下 SB2，KM1 线圈断电，M1、M2 停止。按下 SB3，接触器 KM2 线圈通电，其常开触点 KM2（7-8）闭合，进行自锁，其主触点闭合，液压泵电动机 M3 启动运行。按下 SB4，KM2 线圈断电，M3 停止。

3．电磁吸盘（YH）控制电路的分析

（1）电磁吸盘的结构及工作原理

电磁吸盘是用来吸持工件进行磨削加工的。整个电磁吸盘是钢制的箱体，在它中部凸起的芯体上绕有电磁线圈，如图 8-5 所示。电磁吸盘的线圈通以直流电，使芯体被磁化，磁力线经钢制吸盘体、钢制盖板、工件、钢制盖板、钢制吸盘体闭合，将工件牢牢吸住。电磁吸盘的线圈不能用交流电，因为通过交流电会使工件产生振动并且使铁芯发热。钢制盖板由非导磁材料构成的隔

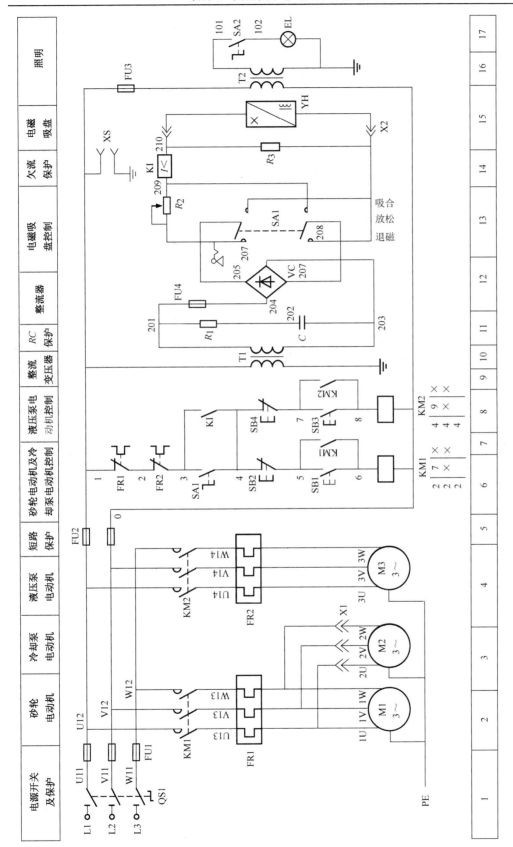

图 8-4　M7130 型平面磨床的电气控制电路原理图

磁层分成许多条，其作用是使磁力线通过工件后再闭合，不直接通过钢制盖板闭合。电磁吸盘与机械夹紧装置相比，它的优点是不损伤工件，操作快速简便，磨削中工件发热可自由伸缩、不会变形。缺点是只能对导磁性材料的工件（如钢、铁）吸持，对非导磁性材料的工件（如铜、铝）没有吸力。

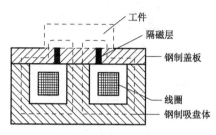

图 8-5　电磁吸盘的结构

（2）电磁吸盘控制电路的分析

电磁吸盘控制电路由降压整流电路、转换开关和欠电流保护电路组成。降压整流电路由变压器 T2 和桥式全波整流装置 VC 组成。变压器 T2 将交流电压 220V 降为 127V，经过桥式整流装置 VC 变为 110V 的直流电压，供给电磁吸盘的线圈。电阻 R_1 和电容 C 是用来限制过电压的，防止交流电网的瞬时过电压和直流回路的通断在 T2 的二次侧产生过电压，对桥式整流装置 VC 产生危害。

SA1 是电磁吸盘 YH 的转换开关，有"吸合"（即励磁）、"放松"（即断电）、"退磁"三个位置。

① "吸合"触点（205—208）和（206—209）闭合，电磁吸盘 YH 得到 110V 的直流电压，进行励磁，当通过 YH 线圈的电流足够大时，可将工件牢牢吸住，同时欠电流继电器线圈 KI 得电，KI 的动合触点（3—4）闭合，这时可以操作控制电路的按钮 SB1 和 SB3，启动电动机对工件进行磨削加工，停止加工时，按下 SB2 和 SB4，电动机停转。待加工完毕，先把 SA1 置于"放松"位置，切断电磁吸盘 YH 的电源。由于工件和电磁吸盘都具有剩磁，工件不能取下，因此，必须进行退磁。

② "退磁"触点（205—207）和（206—208）闭合，电磁吸盘 YH 经退磁电阻 R_2 反向、限流、退磁。可变电阻器 R_2 的作用是限制反向去磁电流的大小，达到既能退磁又不致反向磁化。

③ "放松"，退磁结束后，立即将 SA1 扳置到"放松"位置，SA1 的所有触点都断开，电磁吸盘断电，即可取下工件。若工件的去磁要求较高时，则应将取下的工件再在磨床的附件（交流退磁器）上进一步去磁。使用时，将交流退磁器的插头插在床身的插座 XS 上，将工件放在退磁器上即可退磁。

如果工件夹在工作台上（无需电磁吸盘），则将电磁吸盘 YH 的插头拔下，同时将转换开关 SA1 扳到"退磁"位置，控制电路中的 SA1 动合触点（3-4）闭合，砂轮和液压泵电动机可以启动，加工。

（3）保护措施

① 当转换开关 SA1 扳到"励磁"位置时，SA1 的动合触点 SA1（3-4）断开，欠电流继电器的动合触点 KI（3-4）接通，若电磁吸盘的线圈断电或电流太小吸不住工件，则欠电流继电器 KI 释放，其常开触点 KI（3-4）断开，M1、M2、M3 因控制回路断电而停止，这样就避免了工件因吸不牢而被高速旋转的砂轮碰击飞出的事故。

② 与电磁吸盘并联的电阻 R_3 为放电电阻，它为电磁吸盘断电瞬间提供通路，吸收线圈断电

瞬间释放的磁场能量。因为电磁吸盘是一个大电感，在电磁吸盘从工作位置转换到放松位置的瞬间，线圈产生很高的过电压，易将线圈的绝缘损坏，也将在转换开关 SA1 上产生电弧，使开关的触点损坏。

4．照明电路分析

照明变压器 T1 将 380V 的交流电压降为 36V 的安全电压供给照明电路。EL 为照明灯，一端接地，另一端由开关 SA2 控制，FU3 为照明电路的短路保护。

8.2.3　M7130 型平面磨床常见的电气故障检修

M7130 型平面磨床常故障现象、原因及检修方法见表 8-3。

表 8-3　M7130 型平面磨床常见电气故障现象、原因、检修

故 障 现 象	故 障 原 因	故 障 检 修
三台电动机都不能启动	1）欠电流继电器 KI 的动合触点 KI（3-4）接触不良，接线松动脱落或有油垢，导致电动机的控制线路中的接触器不能通电吸合 2）转换开关 SA1（3-4）接触不良、接线松动脱落或有油垢，控制电路断开	1）将转换开关 SA1 扳到励磁位置，检查继电器触点 KI（3-4）是否接通，不通则修理或更换触点，可排除故障 2）将转换开关 SA1 扳到"退磁"位置，拔掉电磁吸盘的插头，检查触点 SA1（3-4）是否接通，不通则修理或更换转换开关
砂轮电动机的热继电器 FR1 脱扣	1）砂轮电动机的前轴瓦磨损，电动机发生堵转，产生很大的堵转电流，使得热继电器脱扣 2）砂轮进刀量太大，电动机堵转，产生很大的堵转电流，使得热继电器动作 3）更换后的热继电器的规格和原来的不符或未调整	1）修理或更换轴瓦 2）选择合适的进刀量 3）根据砂轮电动机的额定电流选择和调整热继电器
电磁吸盘没有吸力	1）熔断器 FU1、FU2 或 FU4 熔丝熔断 2）插头插座 X2 接触不良 3）电流继电器的线圈断开或电磁吸盘的线圈断开 4）桥式整流装置相邻的二极管都烧成短路或发生断路	1）更换熔丝 2）修理插头插座 X2 3）修理电流继电器或电磁吸盘的线圈 4）更换整流二极管
电磁吸盘吸力不足	1）交流电源电压低 2）桥式整流装置中二极管断路 3）电磁吸盘的线圈局部短路	1）调整交流电源电压 2）更换二极管 3）更换电磁吸盘线圈
电磁吸盘退磁效果差，退磁后工件难以取下	1）退磁电路电压过高 2）退磁回路断开 3）退磁时间掌握不好，不同材料的工件，所需退磁时间不同	1）调整 R_2，使退磁电压为 5～10V 2）检查转换开关 SA1 接触是否良好，电阻 R_2 有无损坏 3）掌握好退磁时间

【技能训练】——做一做

1．训练内容

依据 M7130 型平面磨床的电气原理图，在模拟 M7130 型平面磨床上排除电气故障，故障现象为：在电磁吸盘退磁时，各电动机均能正常工作，但电磁吸盘在励磁时，各电动机均不能正常工作，只有照明灯正常工作。

2．训练要求

① 必须穿戴好劳保用品并进行安全文明操作。

② 能正确地操作模拟 M7130 型平面磨床，能再次准确验证故障现象。

③ 能根据故障现象在电气原理图上准确标出最小的故障范围。

④ 能依据电路原理图快速查找到模拟机床上的对应器件及导线。

⑤ 用电阻测量法快速检测出故障点，并安全修复。

3．器材与工具

模拟 M7130 型平面磨床及配套电路图 1 套；万用表 1 块；电工工具 1 套。

4．训练步骤

（1）六步故障排除法的训练

① 记录故障现象如下：

_____

_____。

② 写出故障原因：

a. _____。

b. _____。

c. _____。

③ 写出最小的故障范围：

_____

_____。

④ 确定的故障部位为：

_____。

⑤ 是否确认故障已修？

_____。

⑥ 故障修复后的再试车：

a. 故障修复做了哪些事？

_____。

b. 是否做好了再次试车的全部检查？

_____。

c. 试车的所有功能是否正常？

_____。

（2）试车成功后，待教师对该任务的训练情况进行评价，并口试回答教师提出的问题后，方可进行设备的断电和短接线的拆除。

（3）完成一个故障后，学生可再用类似的方法排除教师设置的其他故障。

5．注意事项

① 通电检查时，最好将电磁吸盘拆除，用 110V、100W 的白炽灯做负载，一是便于观察整流电路的直流输出情况，二是因为整流二极管为电流元件，通电检查必须要接入负载。

② 通电检查时，必须熟悉电气原理图，弄清机床线路走向及元件所在位置。检查时要核对好导线线号，而且要注意安全防护和监护。

③ 用万用表测电磁吸盘线圈电阻值时，因吸盘的直流电阻较小，要先调好零，选用低阻值挡。

④ 用万用表测直流电压时，要注意选用的量程和挡位，还要注意检测点的极性。选用量程

可根据说明书所注电磁吸盘的工作电压和电气原理图中图注选择。

⑤ 用万用表检查整流二极管，应断电进行。测试时，应拔掉熔断器 FU4 并将 SA1 置于中间位置。

⑥ 检修整流电路时，不可将二极管的极性接错，若接错一只二极管，将会发生整流器和电源变压器的短路事故。

6．成绩评定

本项任务的评分标准见表 8-2。

【问题研讨】——想一想

（1）M7130 型平面磨床的电力拖动的方式与控制要求有哪些？

（2）电磁吸盘为何用直流供电而不能采用交流供电？

（3）M7130 型平面磨床中的电磁吸盘的控制回路由哪几部分组成？R_2、R_3 的作用是什么？

（4）电磁吸盘没有吸力的原因有哪些？吸力不足的原因有哪些？电磁吸盘退磁效果差，退磁后工件难以取下的原因是什么？

（5）在 M7130 型平面磨床砂轮控制电路中，转换开关 SA1 与欠电流继电器 KI 这个常开触点并联在一起的作用是什么？

（6）M7130 型平面磨床在电磁吸盘退磁时，各电动机工作正常，但当电磁吸盘充磁时，各电动机均不能工作。试分析故障的可能原因及故障部位怎样确定。

（7）在 M7130 型平面磨床中，若砂轮电动机 M1 能工作，而液压泵电动机不能工作。试分析故障的可能原因及故障部位怎样确定。

任务 8.3　Z3040B 型摇臂钻床电气控制线路的分析与检修

任务引入

钻床是一种用途广泛的孔加工机床，主要用于钻削精度要求不太高的孔，另外还可以用来扩孔、铰孔、镗孔，以及刮平面、攻螺纹等。钻床的结构型式很多，有立式钻床、台式钻床、摇臂钻床、卧式钻床。摇臂钻床是一种立式钻床，它适用于单件或批量生产中带有多孔的大型零件的孔加工，应用广泛，操作方便灵活。本任务以 Z3040B 型摇臂钻床为例介绍其结构、运动形式、电气控制线路的分析与常见故障的检修方法。

任务目标

能够分析 Z3040B 型摇臂钻床电气控制线路的工作原理、线路设计原则及常见故障；会进行 Z3040B 型摇臂钻床电气控制线路的测试、线路日常维护、故障检修与排除。

8.3.1　Z3040B 型摇臂钻床主要结构与运动形式

1．Z3040B 型摇臂钻床型号的意义

Z3040B 型摇臂钻床型号意义如下：

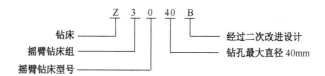

2. Z3040B 型摇臂钻床结构

如图 8-6 所示为 Z3040B 型摇臂钻床的结构图。它主要由底座、内立柱、外立柱、摇臂、主轴箱、工作台等组成。内立柱固定在底座上，在它外面套着空心的外立柱，外立柱可绕着内立柱回转一周，摇臂一端的套筒部分与外立柱滑动配合，借助于丝杆，摇臂可沿着外立柱上、下移动，但两者不能做相对移动，所以摇臂将与外立柱一起相对内立柱回转。主轴箱是一个复合的部件，它具有主轴及主轴旋转部件和主轴进给的全部变速和操纵机构，主轴箱可沿着摇臂上的水平导轨做径向移动。当进行加工时，可利用特殊的夹紧机构将外立柱紧固在内立柱上，摇臂紧固在外立柱上，主轴箱紧固在摇臂导轨上，然后进行钻削加工。

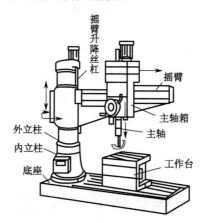

图 8-6　Z3040B 摇臂钻床的结构图

3. Z3040B 型摇臂钻床运动形式

主运动：主轴的旋转。

进给运动：主轴的轴向进给。

摇臂钻床除主运动与进给运动外，还有外立柱、摇臂和主轴箱的辅助运动，它们都有夹紧装置和固定位置。摇臂的升降及夹紧放松由一台异步电动机拖动，摇臂的回转和主轴箱的径向移动采用手动，立柱的夹紧松开由一台电动机拖动一台齿轮泵来供给夹紧装置所用的压力油来实现，同时通过电气联锁来实现主轴箱的夹紧与放松。摇臂钻床的主轴旋转和摇臂升降不允许同时进行，以保证安全生产。

由于摇臂钻床的运动部件较多，为简化传动装置，使用多台电动机拖动，主电动机承担主钻削及进给任务，摇臂升降及其夹紧放松、立柱夹紧放松和冷却泵各用一台电动机拖动。为了适应多种加工方式的要求，主轴及进给应在较大范围内调速。但这些调速都是机械调速，用手柄操作变速箱调速，对电动机无任何调速要求。从结构上看，主轴变速机构与进给变速机构应该放在一个变速箱内，而且两种运动由一台电动机拖动是合理的。加工螺纹时要求主轴能正反转，摇臂钻床的正反转一般用机械方法实现，电动机只需单方向旋转。

4. 电力拖动方式及控制要求

① 由于摇臂钻床的运动部件较多，为简化传动装置，使用多台电动机拖动，主电动机承担

主钻削及进给任务，摇臂升降及其夹紧放松、立柱夹紧放松和冷却泵各用一台电动机拖动。

② 为了适应多种加工方式的要求，主轴及进给应在较大范围内调速。但这些调速都是机械调速，用手柄操作变速箱调速，对电动机无任何调速要求。从结构上看，主轴变速机构与进给变速机构应该放在一个变速箱内，而且两种运动由一台电动机拖动是合理的。

③ 加工螺纹时要求主轴能正反转。摇臂钻床的正反转一般用机械方法实现，电动机只需单方向旋转。

8.3.2　Z3040B 型摇臂钻床电气控制线路分析

Z3040B 型摇臂钻床的电气原理图如图 8-7 所示。

1．主电路分析

本机床的电源开关采用接触器 KM，这是由于本机床的主轴旋转和摇臂升降不用按钮操作，而采用了不自动复位的开关操作。用按钮和接触器来代替一般的电源开关，就可以具有零压保护和一定的欠电压保护作用。

主电动机 M2 和冷却泵电动机 M1 都只需单方向旋转，所以用接触器 KM1 和 KM6 分别控制。立柱夹紧松开电动机 M3 和摇臂升降电动机 M4 都需要正反转，所以各用两只接触器控制。KM2 和 KM3 控制立柱的夹紧和松开；KM4 和 KM5 控制摇臂的升降。Z3040B 型摇臂钻床的四台电动机只用了两套熔断器做短路保护。只有主轴电动机具有过载保护。因立柱夹紧松开电动机 M3 和摇臂升降电动机都是短时工作，故不需要用热继电器来做过载保护。冷却泵电动机 M1 因容量很小，也没有应用保护器件。

在安装实际的机床电气设备时，应当注意三相交流电源的相序，如果三相电源的相序接错了，电动机的旋转方向就要与规定的方向不符，在开动机床时容易发生事故。Z3040B 型摇臂钻床三相电源的相序可以用立柱的夹紧机构来检查。Z3040B 型摇臂钻床立柱的夹紧和放松动作有指示标牌指示，接通机床电源，接触器 KM 动作，将电源引入机床，然后按压立柱夹紧或放松按钮 SB1 和 SB2，如果夹紧和松开动作与标牌的指示相符合，就表示三相电源的相序是正确的；如果夹紧与松开动作与标牌的指示相反，三相电源的相序一定是接错了。这时就应当关断总电源，把三相电源线中的任意两根电线对调位置接好，就可以保证相序正确。

2．控制电路分析

① 电源接触器和冷却泵的控制。按下按钮 SB3，电源接触器 KM 吸合并自锁，把机床的三相电源接通。按 SB4，KM 断电释放，机床电源即被断开。KM 吸合后，转动 SA6，使其接通，KM6 则通电吸合，冷却泵电动机旋转。

② 主轴电动机和摇臂升降电动机控制。采用十字开关操作，控制电路中的 SA1a、SA1b 和 SA1c 是十字开关的三个触点，十字开关的手柄有五个位置，当手柄处在中间位置时，所有的触点都不通，手柄向右，触点 SA1a 闭合，接通主轴电动机接触器 KM1；手柄向上时，触点 SA1b 闭合，接通摇臂上升接触器 KM4；手柄向下时，触点 SA1c 闭合，接通摇臂下降接触器 KM5。手柄向左的位置，未加利用。十字开关的使用使操作形象化，不容易误操作。十字开关操作时，一次只能占有一个位置，KM1、KM4、KM5 三个接触器不会同时通电，这就有利于防止主轴电动机和摇臂升降电动机同时启动运行，也减少了接触器 KM4 与 KM5 的主触点同时闭合导致短路事故的机会。但是单靠十字开关还不能完全防止 KM1、KM4 和 KM5 三个接触器的主触点同时闭合的事故，因为接触器的主触点由于通电发热和火花的影响，有时会焊住而不能释放，特别是在

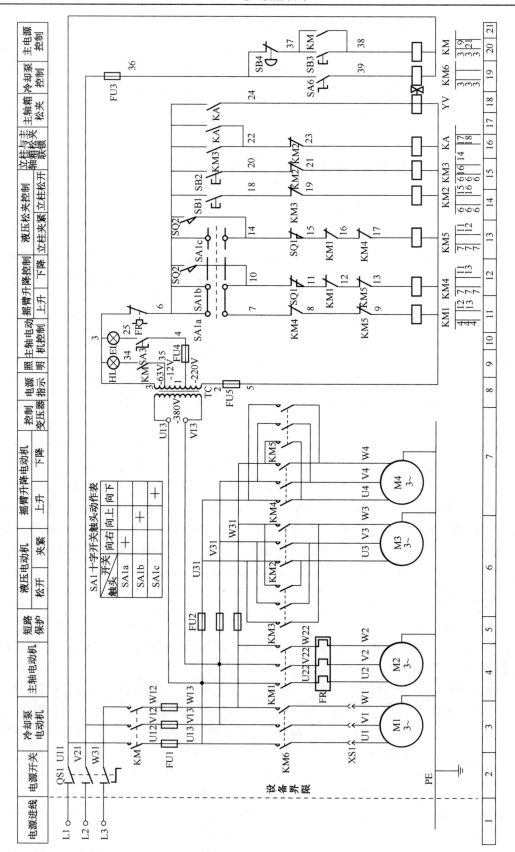

图 8-7　Z3040B 型摇臂钻床的电气原理图

运作很频繁的情况下，更容易发生这种事故，就可能导致在开关手柄改变位置的时候，一个接触器未释放，而另一个接触器又吸合，从而发生事故。所以在控制电路上，KM1、KM4 和 KM5 三个接触器之间都有动断触点进行联锁，使线路的动作更为安全可靠。

③ 摇臂升降和夹紧工作的自动循环。摇臂钻床正常工作时，摇臂应夹紧在立柱上。在摇臂上升或下降之间，必须先松开夹紧装置。当摇臂上升或下降到指定位置时，夹紧装置又必须将摇臂夹紧。本机床摇臂的松开、升（或降）、夹紧这个过程能够自动完成。将十字开关扳到上升位置（即向上），触点 SA1b 闭合，接触器 KM4 吸合，摇臂升降电动机启动正转，这时摇臂还不会移动，电动机通过传动机构，先使一个辅助螺母在丝杆上旋转上升，辅助螺母带动夹紧装置使之松开。当夹紧装置松开的时候，带动行程开关 SQ2，其触点 SQ2（6—14）闭合，为接通接触器 KM5 做好准备。摇臂松开后，辅助螺母继续上升，带动一个主螺母沿着丝杆上升，主螺母则推动摇臂上升。摇臂升到预定高度，将十字开关扳到中间位置，触点 SA1b 断开，接触器 KM4 断电释放，电动机停转，摇臂停止上升。由于行程开关 SQ2（6—14）仍旧闭合着，所以在 KM4 释放后，接触器即通电吸合，摇臂升降电动机即反转，这时电动机只是通过辅助螺母使夹紧装置将摇臂夹紧，但摇臂并不下降。当摇臂完全夹紧时，行程开关 SQ2（6—14）即断开，接触器 KM5 就断电释放，电动机 M4 停转。

摇臂下降的过程与上述情况相同。

SQ1 是组合行程开关，它的两对动断触点分别作为摇臂升、降的极限位置控制，起终端保护作用。当摇臂上升或下降到极限位置时，由撞块使 SQ1（10—11）或（14—15）断开，切断接触器 KM4 和 KM5 的通路，使电动机停转，从而起到了保护作用。SQ1 为自动复位的组合行程开关，SQ2 为不能自动复位的组合行程开关。摇臂升降机构除了电气限位保护以外，还有机械极限保护装置，在电气保护装置失灵时，机械极限保护装置可以起保护作用。

④ 立柱和主轴箱的夹紧控制。本机床的立柱分内、外两层，外立柱可以围绕内立柱做 360°的旋转。内外主柱之间有夹紧装置。立柱的夹紧和放松由液压装置进行，电动机拖动一台齿轮泵，电动机正转时，齿轮泵送出压力油使立柱夹紧；电动机反转时，齿轮泵送出压力油使立柱放松。

立柱夹紧电动机用按钮 SB1 和 SB2 及接触器 KM2 和 KM3 控制，其控制方式为点动控制。按下按钮 SB1 或 SB2，KM2 或 KM3 就通电吸合，使电动机正转或反转，将立柱夹紧或放松；松开按钮，KM2 或 KM3 就断电释放，电动机即停止。

立柱的夹紧、松开与主轴箱的夹紧、松开有电气上的联锁。立柱松开，主轴箱也松开，立柱夹紧，主轴箱也夹紧，当按 SB2 接触器时 KM3 吸合，立柱松开，KM3（6—22）闭合，中间继电器 KA 通电吸合并自保。KA 的一个动合触点接通电磁阀 YV，使液压装置将主轴箱松开。

在立柱放松的整个时间内，中间继电器 KA 和电磁阀 YV 始终保持工作状态。按下按钮 SB1，接触器 KM2 通电吸合，立柱被夹紧。KM2 的动断辅助触点（22—23）断开，KA 断电释放，电磁阀 YV 断电，液压装置将主轴箱夹紧。

在该控制电路里，不能用接触器 KM2 和 KM3 来直接控制电磁阀 YV。因为电磁阀必须保持通电状态，主轴箱才能松开，一旦 YV 断电，液压装置立即将主轴箱夹紧。KM2 和 KM3 均是点动工作方式，当按下 SB2 使立柱松开后放开按钮，KM3 断电释放，立柱不会再夹紧，这样是为了使放开 SB2 后，YV 仍能始终通电，就不能用 KM3 来直接控制 YV，而必须用一只中间继电器 KA，在 KM3 断电释放后，KA 仍能保持吸合，使电磁阀 YV 始终通电，从而使主轴箱始终松开。只有当按下 SB1，使 KM2 吸合，立柱夹紧，KA 才会释放，YV 才断电，主轴箱也被夹紧。

8.3.3　Z3040B 型摇臂钻床常见电气故障检修

摇臂钻床的工作过程是由电气与机械、液压系统紧密结合实现的。在维修中不仅要注意电气部分能否正常工作，也要注意它与机械和液压部分的协调关系。Z3040 型摇臂钻床常见电气故障及检修方法见表 8-4。

表 8-4　Z3040B 型摇臂钻床常见电气故障现象、原因、检修

故 障 现 象	故 障 原 因	故 障 检 修
操作时一点反应也没有	1）电源没有接通 2）FU3 烧断或 L11、L21 导线有断路或脱落	1）检查插头、电源引线、电源闸刀 2）检查 FU3，L11、L21 线
按 SB3，KM 不能吸合，但操作 SA6，KM6 能吸合	36—37—38—KM 线圈—L11 中有断路或接触不良	用万用表电阻挡对相关线路进行测量
控制电路不能工作	1）FU5 烧断 2）FR 因主轴电动机过载而断开 3）5 号线或 6 号线断开 4）TC1 变压器线圈断路 5）TC1 初级进线 U21、V21 中有断路 6）KM 接触器中 L1 相或 L2 相主触点烧坏 7）FU1 中 U11、V11 相熔断	1）检查 FU5 2）对 FR 进行手动复位 3）查 5、6 号线 4）查 TC1 5）查 U21、V21 线 6）检查 KM 主触点并修复或更换 7）检查 FU1
主轴电动机不能启动	1）十字开关接触不良 2）KM4（7—8）、KM5（8—9）常闭触点接触不良 3）KM1 线圈损坏	1）更换十字开关 2）调整触点位置或更换触点 3）更换线圈
主轴电动机不能停转	KM1 主触点熔焊	更换触点
摇臂升降后，不能夹紧	1）SQ2 位置不当 2）SQ2 损坏 3）连到 SQ2 的 6、10、14 号线中有脱落或断路	1）调整 SQ2 位置 2）更换 SQ2 3）检查 6、10、14 号线
摇臂升降方向与十字开关标注的扳动方向相反	摇臂升降电动机 M4 相序接反	更换 M4 相序
立柱能放松，但主轴箱不能放松	1）KM3（6—22）接触不良 2）KA（6—22）或 KA（6—24）接触不良 3）KM2（22—23）常闭触点不通 4）KA 线圈损坏 5）YV 线圈开路 6）22、23、24 号线中有脱落或断路	用万用表电阻挡检查相关部位并修复

【技能训练】——做一做

1．训练内容

根据 Z3040B 型摇臂钻床的电气原理图，在模拟 Z2040B 型摇臂钻床上排除电气故障，故障现象为：主轴电动机 M2 不能工作，其余电动机均正常工作，且电源指示及照明工作正常。

2．训练要求

① 必须穿戴好劳保用品并进行安全文明操作。

② 能正确地操作模拟 Z3040B 型摇臂钻床，能再次准确验证故障现象。

③ 能根据故障现象在电气原理图上准确标出最小的故障范围。

④ 能依据电路原理图快速查找到模拟机床上的对应器件及导线。

⑤ 用电阻测量法快速检测出故障点，并安全修复。

3．器材与工具

模拟 Z3040B 型摇臂钻床及配套电路图 1 套；万用表 1 块；电工工具 1 套。

4．训练步骤

（1）六步故障排除法的训练

① 记录故障现象如下：

_____。

② 写出故障原因：

a.　_____。

b._____。

c._____。

③ 写出最小的故障范围：

_____。

④ 确定的故障部位为：

_____。

⑤ 是否确认故障已修？

_____。

⑥ 故障修复后的再试车：

a.故障修复做了哪些事？

_____。

b.是否做好了再次试车的全部检查？

_____。

c.试车的所有功能是否正常？

_____。

（2）试车成功后，待教师对该任务的训练情况进行评价，并口试回答教师提出的问题后，方可进行设备的断电和短接线的拆除。

（3）完成一个故障后，学生可再用类似的方法排除教师设置的其他故障。

5．成绩评定

本项任务的评分标准见表 8-2。

【问题研讨】——想一想

（1）Z3040B 型摇臂钻床的电力拖动方式与控制要求有哪些？

（2）Z3040B 型摇臂钻床电气控制线路中十字开关 SA 的作用是什么？

（3）简述 Z3040B 型摇臂钻床的摇臂是通过什么机构夹紧与放松的？在摇臂上升与下降操作中，机床是怎样实现自动夹紧与放松的？

（4）简述 Z3040B 型摇臂钻床立柱与主轴箱的夹紧与放松的过程。

（5）Z3040B 型摇臂钻床中，摇臂升降电动机不能上升运行，其余电动机正常工作，且电源指示及照明。试分析故障的可能原因及故障部位怎样确定。

（6）Z3040B 型摇臂钻床的摇臂升降后，不能夹紧。试分析故障的可能原因及故障部位怎样确定。

（7）Z3040B 型摇臂钻床电气控制线路的控制电路不能工作。试分析故障的可能原因及故障部位怎样确定。

附录 维修电工（中级）电气控制线路的安装技能操作模拟试题

维修电工（中级）技能操作（电气控制线路的安装与调试）模拟试题（一）

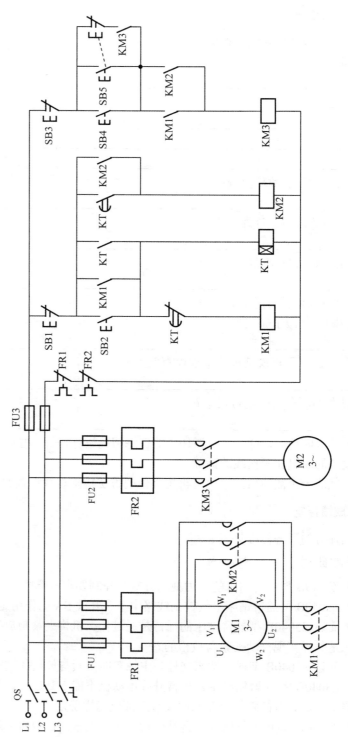

注：KT 时间调整为 5s

维修电工（中级）技能操作（电气控制线路的安装与调试）模拟试题（二）

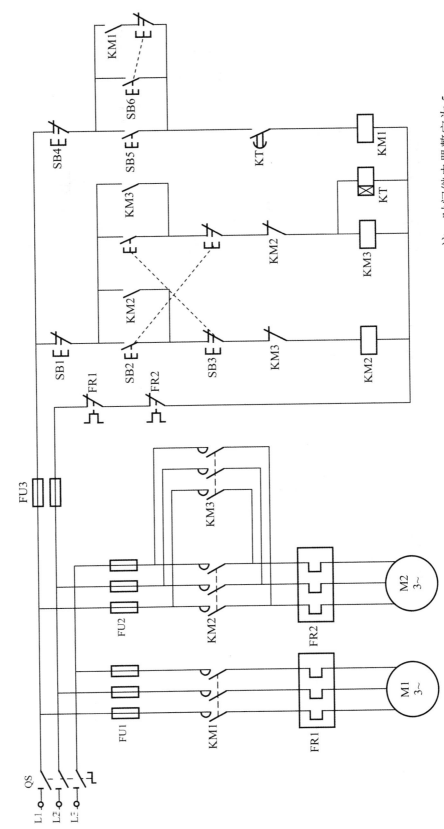

注：时间继电器整定为5s

维修电工（中级）技能操作（电气控制线路的安装与调试）模拟试题（三）

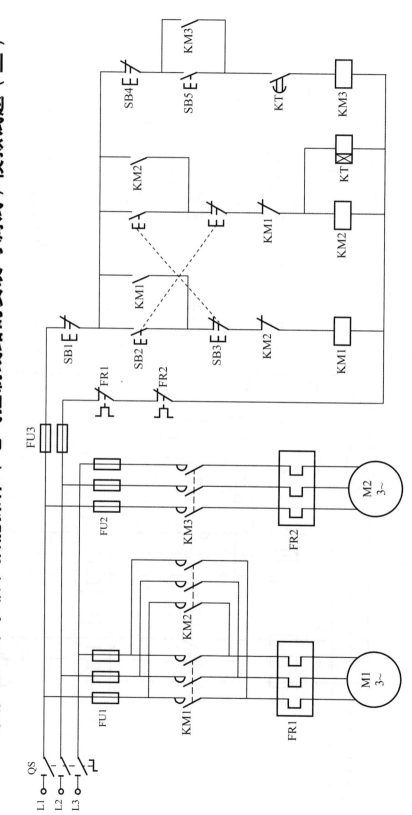

注：时间继电器整定为 5s

维修电工（中级）技能操作（电气控制线路的安装与调试）模拟试题（四）

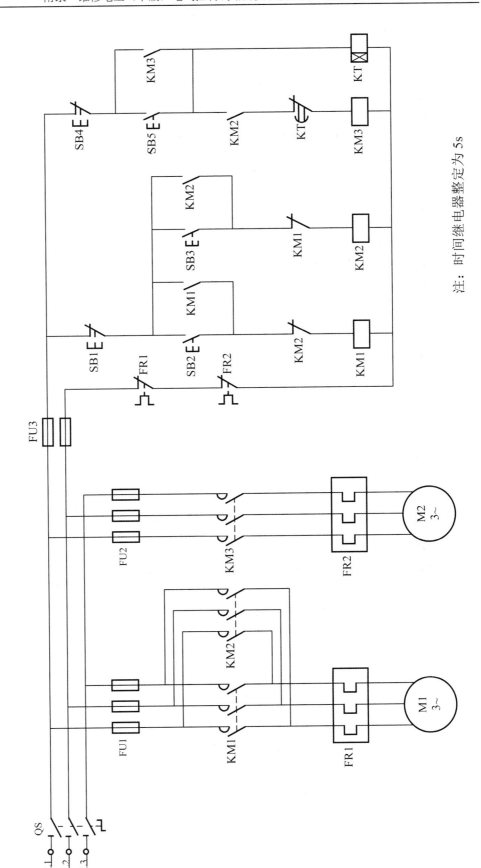

注：时间继电器整定为 5s

维修电工（中级）技能操作（电气控制线路的安装与调试）模拟试题（五）

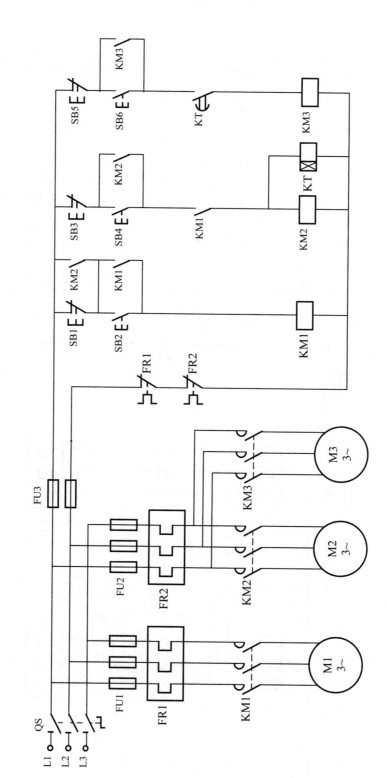

注：时间继电器整定为 5s

维修电工（中级）技能操作（电气控制线路的安装与调试）模拟试题（六）

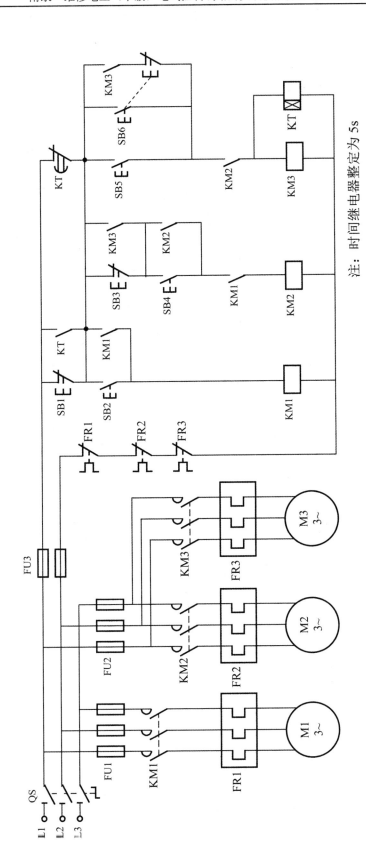

注：时间继电器整定为5s

维修电工（中级）技能操作（电气控制线路的安装与调试）模拟试题（七）

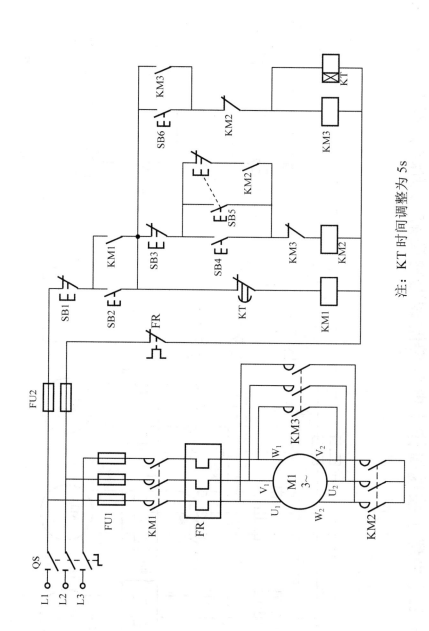

注：KT 时间调整为 5s

维修电工（中级）操作技能（电气控制线路的安装与调试）考核评分表

序　号	质检内容	配　分	评分标准	扣　分	得　分
1	画全元件布置图	5	每漏画、错画一处扣 2 分		
2	元器件布置合理，排列顺序科学、牢固、美观，有利配线和修理	15	1. 元器件未摆放固定牢靠的，每处扣 2 分		
			2. 摆放不合理，影响操作和维修的，每处扣 3 分		
			3. 元器件布局次序颠倒的，每处扣 2 分		
3	配线合理、整齐，美观，导线无裸露，无交叉、叠压，便于检查和更换元件	40	1. 布线横不平，竖不直，弯角大小不一的，每处扣 2 分		
			2. 导线有叠压交叉点的，每处扣 2 分		
			3. 导线裸露过长或压线不正确的，每处扣 2 分		
			4. 扎线不符合标准或漏扎的，每处扣 1 分		
			5. 配线每散乱，难于检验，不准试运转，扣 20 分		
4	线路功能	40	1. 一次试运转成功得 40 分		
			2. 每返修一次扣 20 分（排除故障时间 15 分钟）		
5	按时完成配线自检		每超时 5 分钟，扣 10 分		
备注	1. 考生自检只能用表测试，经监考人员同意方可通电试运转。未经监考人员同意通电试运转的，扣 20 分。 2. 超时，最多只允许 40 分钟，扣 40 分，以后不再延时，计时以完工交卷为准。 3. 扣分不受配分限制。 4. 替考作弊者取消考试资格，按 0 分处理。 5. 考生必须佩戴准考证。			总分	
考试时间	210min	开始时间		结束时间	
考生姓名		准考证号		考　评　员	

参 考 文 献

[1] 熊幸明. 电工电子技能训练（第2版）[M]. 北京：电子工业出版社，2013.1.

[2] 刘涛. 电工技能训练[M]. 北京：电子工业出版社，2002.6.

[3] 孔繁瑞，邵林. 电工技术综合实训[M]. 北京：北京师范大学出版社，2005.8.

[4] 马克联. 电工基本技能实训指导[M]. 北京：化学工业出版社，2001.7.

[5] 刘希村，谭政. 电工技能实训[M]. 北京：中国电力出版社，2010.9.

[6] 周乐挺. 电工与电子技术实训[M]. 北京：电子工业出版社，2004.3.

[7] 董武. 维修电工技能与实训[M]. 北京：电子工业出版社，2011.1.

[8] 江华圣. 电工技能实训[M]. 北京：人民邮电出版社，2006.1.

[9] 君兰工作室. 电工技能[M]. 北京：科学出版社，2010.6.

[10] 王胜. 电工基本操作[M]. 北京：化学工业出版社，2008.7.

[11] 魏连荣. 电工技能训练[M]. 北京：化学工业出版社，2008.4.

[12] 林嵩. 电气控制线路安装与维修[M]. 北京：中国铁道出版社，2012.8.

[13] 赵旭升. 电机与电气控制[M]. 北京：化学工业出版社，2009.8.

[14] 冉文. 电机与电气控制[M]. 西安：西安电子科技大学出版社，2006.6.

[15] 徐建俊. 电机与电气控制项目教程[M]. 北京：机械工业出版社，2008.9.

[16] 李明. 电机与电力拖动[M]. 北京：电子工业出版社，2006.8.

[17] 祁和义，王建. 维修电工实训与技能考核训练教程[M]. 北京：机械工业出版社，2008.1.

[18] 牛永奎，张晶. 电机与拖动[M]. 北京：清华大学出版社，2007.8.

[19] 张永花，杨强. 电机及控制技术[M]. 北京：中国铁道出版社，2010.3.